W0263877

Damerow / Herr

Hilfsbuch für die praktische Werkstoffabnahme in der Metallindustrie

Vierte erweiterte und verbesserte Auflage

Von

Ober-Ing. **O. Niezoldi**
Leiter der Versuchsanstalt der Borsig AG., Berlin-Tegel

Mit 38 Abbildungen

Springer-Verlag Berlin Heidelberg GmbH
1955

Ursprünglich erschienen bei Springer-Verlag OHG., Berlin/Göttingen/Heidelberg. 1944

ISBN 978-3-540-01878-0 ISBN 978-3-662-12015-6 (eBook)
DOI 10.1007/978-3-662-12015-6

Vorwort zur dritten Auflage.

Dem steigenden Bedürfnis einer im neuen Deutschland erweckten, nach neuen Hilfsmitteln ausspähenden Industrie verdankt unser Hilfsbuch, das in der dritten Auflage vorliegt, seine Entstehung. Es lehnt sich an das im Jahre 1935 erschienene Werk „Die praktische Werkstoffabnahme in der Metallindustrie" an.

Dem Anfänger soll das Buch eine Grundlage zum Studium der Prüfverfahren und dem geübten Praktiker eine Erleichterung und Zeitersparnis bei seinen Prüfungen, die, insbesondere bei der Werkstoffabnahme, oft durch umständliche Berechnungen bei der Auswertung der Versuchsergebnisse stark verzögert werden, bieten. Im Text- und Tabellenteil sind die neueren Erkenntnisse und Normänderungen, die Ergänzungen und Abänderungen notwendig machten, berücksichtigt. Trotz des beschränkten Raumes wurde auch auf die vermehrten Hilfsmittel in der Werkstoffprüfung sowie auf eine Reihe berechtigter Wünsche und Verbesserungsvorschläge Rücksicht genommen. Leider mußte eine Anzahl wertvoller Anregungen unverwertet vorläufig zurückgestellt werden.

Allen, die uns bei unserer Arbeit beraten und unterstützt haben, sei an dieser Stelle unser Dank und unsere Anerkennung ausgesprochen.

Berlin-Tegel, im Oktober 1944.

Dr. E. Damerow. **Dipl.-Ing. A. Herr.**

Vorwort zur vierten Auflage.

Im Mai 1953 ist Herr Dr. Damerow verstorben, Herr Herr im April 1945.

Der Verlag bat mich daher um die Bearbeitung der Neuauflage des vorliegenden Buches.

Ich kam diesem Wunsch um so lieber nach, als mich mit beiden Autoren ein jahrelanges gutes Arbeitsverhältnis verband.

Wesentlicher Änderungen bedarf ein Buch, das bereits in der 4. Auflage vorliegt, nicht mehr.

Es war aber notwendig, die neuen Normenblätter zu berücksichtigen und die durch sie bedingten Änderungen in dem Buch vorzunehmen. Ferner wurden die Zahlentafeln 61 und 62 über 40 mm Durchmesser hinaus bis zu 50 mm Durchmesser erweitert.

Bei den Änderungen und dem Korrekturlesen des Werkes wurde ich von meinen Mitarbeitern, Herrn Ziegenhirt und Herrn Siemann, weitestgehend unterstützt, wofür ich ihnen auch an dieser Stelle meinen Dank sage.

Berlin, im Januar 1955

O. Niezoldi.

Inhaltsverzeichnis.

I. Prüfverfahren.

A. Ermittelung der Festigkeit.

Zugversuch[1] **(Druckversuch).** Die Durchführung und Auswertung des Versuchs sind in DIN 50145 und 50146 festgelegt. Die gebräuchliche Bezeichnung für die Zugfestigkeit[2] σ_B erhält vor dem B besondere Zeiger, wenn die Festigkeitseigenschaften entsprechend der Art der Beanspruchung besonders gekennzeichnet werden sollen (σ_{bB} = Biegefestigkeit, σ_{dB} = Druckfestigkeit, σ_{zB} = Zugfestigkeit, vgl. DIN 1602) und ergibt sich nach der Formel

$$\sigma_B = \frac{P_{\text{max}}\,(\text{kg})}{F_0\,(\text{mm}^2)}$$

aus der aufgebrachten Höchstlast P in kg bezogen auf den ursprünglichen Querschnitt der Probe, den Ausgangsquerschnitt F_0 in mm², vor dem Versuch. Die Probestabquerschnitte mit zugelassenen Ausnahmen sind nach DIN 50125 genormt, wobei Werkstücke mit kleinen Querschnitten (kleine Stäbe, kleine Rohre usw.) wie ganze Proben behandelt werden.

Abmessungen der Probestäbe. Die Versuchslänge (L_v) der Probe, das ist die Länge zwischen den Übergängen zu den Stabköpfen oder bei durchgehend zylindrischen oder ganzprismatischen Stäben die Länge zwischen den Einspannvorrichtungen, ist für alle Probestabformen gleich der Summe aus der gewählten Meßlänge (L_0) am Anfang des Versuches und dem Durchmesser (d) des Probestabes: $L_v = L_0 + d$ (Abb. 1).

Beispiel. Probestab d = 20 mm $\quad L_0$ = 100 mm,

$$L_v = L_0 + d = 100 + 20 = 120 \text{ mm}.$$

Das Maß für die Längenänderung beim Zugversuch ist ΔL.

Der in den Normvorschriften DIN 50125 festgelegte Normalstab mit einem Durchmesser von 20 mm hat als sog. langer Normalstab die Meßlänge 10 d (10facher Durchmesser = 200 mm) und als sog. kurzer Normalstab die Meßlänge 5 d (5facher Durchmesser = 100 mm). Lassen sich aus besonderen Gründen (Materialmangel, Art der Probenlage im Werkstück u. dgl.) die Abmessungen für die Normalstäbe nicht einhalten, dann können, um vergleichbare Prüfergebnisse zu erhalten, in solchen Fällen die Abmessungen der Normalstäbe proportional verkleinert werden, sofern sich das proportionale Verhältnis der Meßlänge zum Durchmesser des Probestabes nicht ändert. Auf diese Weise gelangt man zum

---

[1] Sämtliche hier und in der Folge angezogenen Normblätter sind vom Beuth-Vertrieb GmbH., Berlin W 15, Uhlandstraße 175, zu beziehen.

[2] Kennzeichen wie K, Kz, Fz (Kraft-, Kraftzugwirkung, Festigkeit beim Zugversuch) u.a. finden sich im Maschinenbau und auf verwandten Gebieten.

langen bzw. zum kurzen Proportionalstab. In den obengenannten Normvorschriften ist die Meßlänge für den langen Proportionalstab $10\,d = 11{,}3 \cdot \sqrt{F_0}$ und für den kurzen Proportionalstab $5\,d = 5{,}65 \cdot \sqrt{F_0}$ angegeben, wobei für den Stabquer-

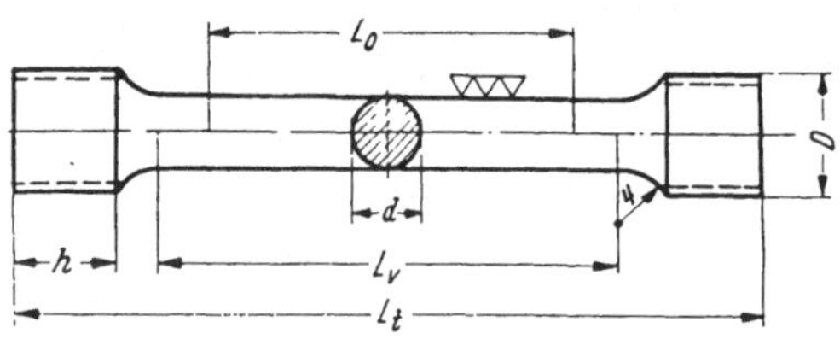

Abb. 1 s. Zahlentafel 1.

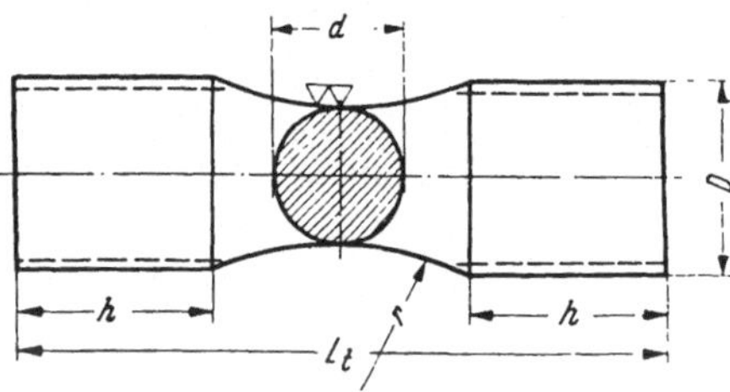

Abb. 2 s. Zahlentafel 2.

schnitt (F_0) bei anderen als kreisförmigen Querschnitten der Durchmesser des dem Stabquerschnitt flächengleichen Kreises gilt. Auf dieser Grundlage berechnen sich die beiden Formelgrößen für die Meßlängen der Proportionalstäbe folgendermaßen:

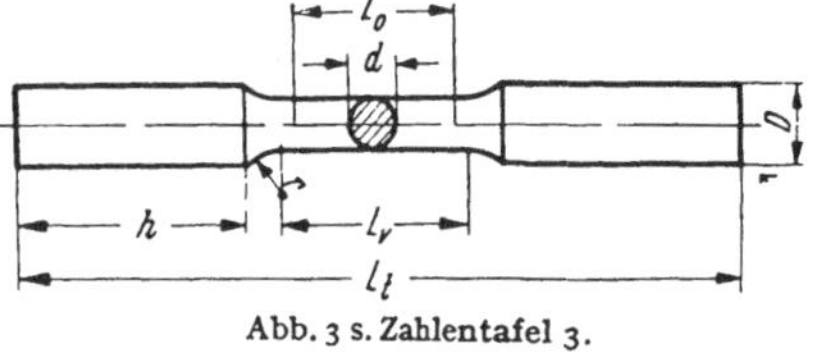

Abb. 3 s. Zahlentafel 3.

$$F_0 = \frac{\pi \cdot d^2}{4},$$

$$d = \sqrt{\frac{4 \cdot F_0}{\pi}} = 1{,}13 \cdot \sqrt{F_0}.$$

Die Meßlänge (L_0) beträgt für den

Maße in mm

langen Normalstab	$10\,d = 200$,
kurzen Normalstab	$5\,d = 100$,
langen Proportionalstab	$10\,d = 11{,}3 \cdot \sqrt{F_0}$,
kurzen Proportionalstab	$5\,d = 5{,}65 \cdot \sqrt{F_0}$.

In besonderen Fällen, in denen Feinmeßversuche u.dgl. vorgenommen werden sollen, oder in denen es auf Zeitgewinn und Kostenersparnis bei der Probenherstellung, auch ohne Rücksicht auf den Werkstoffverbrauch, ankommt, werden für die Zerreißproben der Langstab ($L_0 = 200$ mm) oder der Kurzstab ($L_0 = 100$ mm) je nach Vereinbarung gewählt. Für beide Stäbe kann der Querschnitt F_0 beliebig genommen werden (vgl. hierzu DIN 50125).

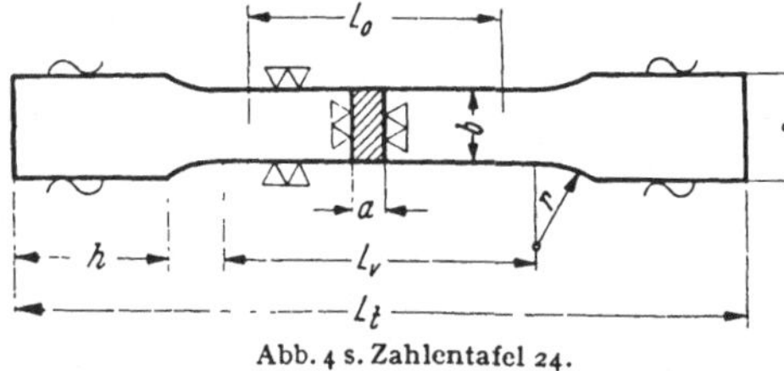

Abb. 4 s. Zahlentafel 24.

Die Herstellung der Probestäbe für Zugversuche wird im Abnahmewesen auch in besonderen Ausführungen (z.B. durch die Klassifikationsgesellschaften u.a.) vorgeschrieben (vgl. die Zahlentafeln 1 bis 3 und 22 bis 25a). Hierbei erhalten die Probestäbe besondere Kurzzeichen. Ein R mit einer Kennziffer (z.B. R 5) bedeutet einen Rundstab mit einem Stabdurchmesser $d = 5$ mm und einem Gewindekopf auf jeder Stabseite mit einem metrischen Gewinde (z.B. M 8). Die Flachstäbe erhalten das Kurzzeichen F mit einer Kennziffer (z. B. F 4). Ein vorgesetztes S (z. B. SR oder SF) weist auf Sonderabmessungen hin (Zahlentafeln 23 bis 25).

Gemäß DIN 50125 werden kleine Rohre als Ganzes zerrissen. Sinngemäß sind damit Rohre gemeint, aus denen sich Zerreißstäbe in den üblichen Abmessungen nicht herausschneiden lassen. Für den Ausgangsquerschnitt gilt in diesen Fällen

$$F_0 = (Da^2 - Di^2) \cdot \frac{\pi}{4}.$$

Soll der Zugversuch an Proben ausgeführt werden, die Rohren mit größeren Durchmessern ($\gtreqless$ 30 mm) entnommen wurden, so ist der Probenquerschnitt aus dem Produkt der Stabbreite und der Wanddicke $F_0 = c \cdot s$ zu ermitteln (Abb. 6).

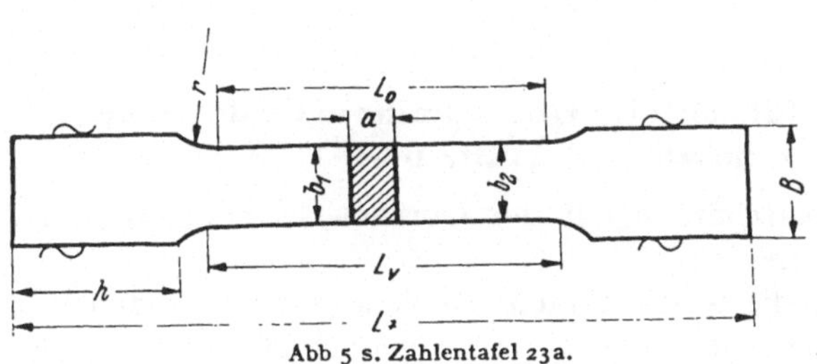

Abb 5 s. Zahlentafel 23a.

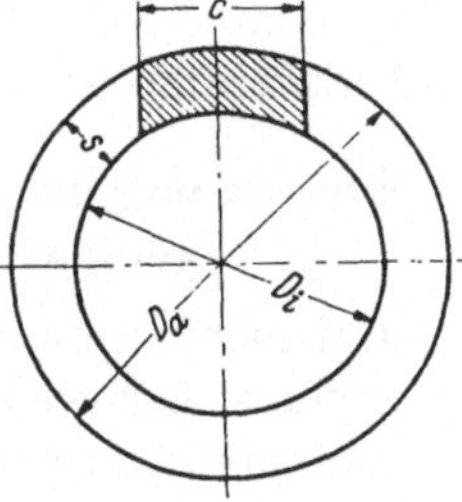

Abb. 6 s. Zahlentafel 25.

Hierbei ist zu berücksichtigen, daß die Oberfläche der Rohre infolge von Unebenheiten, Riefen, Zunderschichten u. dgl. meist sehr ungleichmäßig ausfällt, so daß für die Ermittelung des Probenquerschnittes eine Messung bestenfalls mit 0,1 mm Genauigkeit durchführbar ist. Allgemein wird daher der Querschnitt der Proben aus Rohren mit unbearbeiteten Mantelflächen als Rechtecke bestimmt, die etwas kleiner als die wirklichen bogenförmigen Querschnitte sind, und die Differenz zwischen dem gemessenen und dem wirklichen Querschnitt unberücksichtigt gelassen (vgl. Zahlentafel 25).

Beispiel. Bestimmung der Querschnittsdifferenz.

	Rohr I	Rohr II
Rohrdurchmesser *Di*	32,0 mm	80,0 mm
Rohrdurchmesser *Da*	35,6 mm	100,4 mm
Wandstärke *s*	1,8 mm	10,2 mm
Meßbreite *c*	8 mm	22 mm
wirklicher Querschnitt	14,6 mm²	228,5 mm²
gemessener Querschnitt	14,4 mm²	224,4 mm²
Querschnittsdifferenz	1,4 vH	1,8 vH

Der ungünstigste Fall tritt bei diesen Ermittelungen ein, wenn der Wert für die Meßbreite c so groß ist wie der Wert für den Innendurchmesser Di. In diesem Fall würde bei einem Rohr mit einem Außendurchmesser $Da = 30$ mm und einer Wandstärke $s = 6{,}7$ mm der wirkliche Probenquerschnitt 127,6 mm² groß sein, während sich für das entsprechende Rechteck $c \cdot s = 16{,}6 \cdot 6{,}7 = 111{,}2$ mm² ergibt. Die Differenz aus diesen beiden Querschnitten beträgt somit etwa 12 vH.

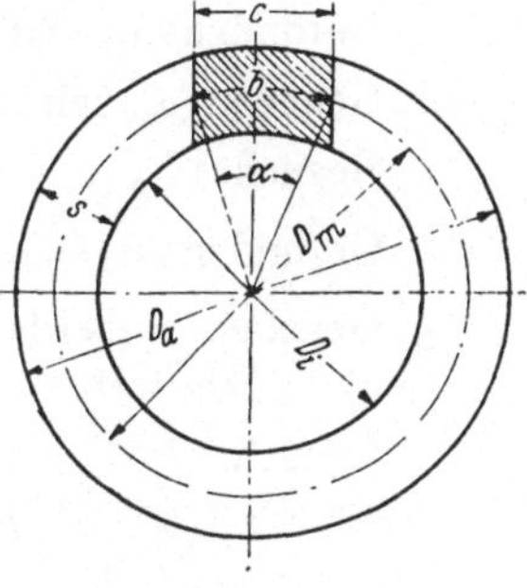

Abb. 7 s. Zahlentafel 25a.

An Proben, die glatten oder bearbeiteten Rohren entnommen werden, ist der Stabquerschnitt genau zu ermitteln. Zweckmäßig wird zusammen mit der Probe ein Rohrabschnitt bei der Prüfung vorgelegt, an dem die zur Feststellung des Probenquerschnittes erforderlichen Größen *Da* und *Di* genau gemessen werden können. Hieraus ergibt sich der mittlere Durchmesser $D_m = \frac{Da + Di}{2}$. Der Wert für die Stabbreite c wird als Sehne zum Bogen b an der Probe gemessen (Abb. 7). Der zugehörige Winkel α wird aus $\sin \alpha = c/D_m$ bestimmt. Dann ist

$$F_0 = D_m \cdot \pi \cdot \frac{\alpha}{360} \cdot s$$

(vgl. Zahlentafel 25a).

Ermittelung der Meßlänge für beliebige Querschnitte unter Benutzung gebräuchlicher Rechentafeln (z. B. Hütte Bd. I, Tafel 1).

Bei nicht kreisförmigen Querschnitten gilt der Durchmesser des dem Stabquerschnitt flächengleichen Kreises.

Beispiel. Es ist zu ermitteln die 5- bzw. 10fache Meßlänge für einen Flachstab mit den Abmessungen $10 \cdot 20$ mm, entsprechend einem Querschnitt von 200 mm².

Für 5fache Meßlänge ist: $L_0 = 5{,}65 \cdot \sqrt{200} = 79{,}90 \sim 80$ mm.

Für 10fache Meßlänge ist: $L_0 = 11{,}3 \cdot \sqrt{200} = 159{,}80 \sim 160$ mm.

Man sucht in der Zahlentafel unter $\frac{n^2 \cdot \pi}{4}$ die dem errechneten Querschnitt (200 mm²) nächstliegende Zahl 201,062 und findet in der waagerechten Reihe unter $n = 16$ die gesuchte 10fache Meßlänge $L_0 = 10n = 160$ mm.

Für die 5fache Meßlänge ergibt sich sinngemäß der Wert $L_0 = 5n = 80$ mm.

n	n^2	n^3	$\sqrt{n}$	$\sqrt[3]{n}$	$\ln n$	$\frac{1000}{n}$	πn	$\frac{n^2 \cdot \pi}{4}$	n
16	—	—	—	—	—	—	—	201,062	16

Da in den meisten Fällen praktisch die Meßlänge auf ganze 10 mm auf- bzw. abgerundet wird, kann jeweils die Meßlänge aus der Zahlentafel ermittelt werden.

Beispiele für Proben mit rechteckigen Querschnitten (Flachstäbe usw.)

1. Gegeben: a und b.
   Gesucht: L_0 für die 10fache Meßlänge.
   Gefunden: $L_0 = 11{,}3 \cdot \sqrt{F_0} = 11{,}3 \cdot \sqrt{a \cdot b}$.
2. Gegeben: L_0 zehnfach.
   Gesucht: F_0 $\quad L_0 = 11{,}3 \cdot \sqrt{a \cdot b}$.
   Gefunden: $F_0 = a \cdot b = \frac{L_0^2}{127{,}7}$.
3. Gegeben: a (bei Blechproben mit Walzhaut über die rohen Außenseiten gemessen) L_0 zehnfach.
   Gesucht: b $\quad L_0 = 11{,}3 \cdot \sqrt{a \cdot b}$,
   $L_0^2 = 127{,}7 \cdot a \cdot b$.
   Gefunden: $b = \frac{L_0^2}{127{,}7 \cdot a}$.

4. Gegeben: b $\quad L_0$ zehnfach.

Gesucht: a

$$L_0 = 11{,}3 \cdot \sqrt{a \cdot b},$$

$$L_0^2 = 127{,}7 \cdot a \cdot b.$$

Gefunden:

$$a = \frac{L_0^2}{127{,}7 \cdot b}.$$

Ermittelung der Meßlänge für Rohre, die im ganzen zerrissen werden.

(Abmessungen in mm.)

Rohre mit kleinen Durchmessern, die noch mit den Einspannvorrichtungen der Zerreißmaschine zu fassen sind, werden als Einheiten zerrissen. Sofern die Meßlänge für solche Rohrproben nicht besonders vorgeschrieben ist, bestimmt man sie nach der Formel

$$L_0 \text{ (10fache Meßlänge)} = 11{,}3 \cdot \sqrt{F_0},$$

wobei F_0 die Kreisringfläche bedeutet.

Beispiel.

Gegeben: $Da = 30$ mm,
$Di = 20$ mm.

Gesucht: L_0 zehnfach.

Zunächst wird die Kreisringfläche F_0 aus den gebräuchlichen Zahlentafeln (s. o.) ermittelt, und zwar

Für $Da = n = 30$ die Fläche $\quad \frac{n^2 \pi}{4} = 706{,}858\ \text{mm}^2$

Für $Di = n = 20$ die Fläche $\quad \frac{n^2 \pi}{4} = 314{,}159\ \text{mm}^2$.

Als Differenz ergibt sich die Kreisringfläche $F_0 = 392{,}699\ \text{mm}^2$.

Man sucht wieder unter $n^2 \pi/4$ die dem errechneten Wert für F_0 nächstliegende Zahl $= 380{,}133$ und findet unter $n = 22$ die gesuchte Meßlänge $L_0 = 10n = 220$ mm.

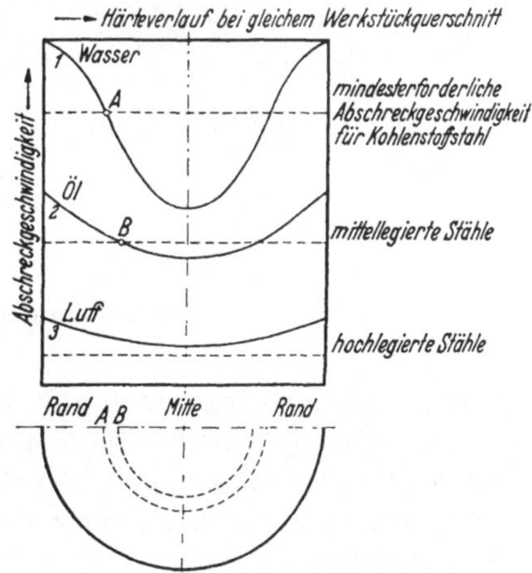

Abb. 8. Bildliche Darstellung der Durchhärtung verschieden legierter Stähle (nach Rys).

Vorausgesetzt, daß eine Zerreißmaschine periodisch auf ihre richtige Anzeige geprüft[1] und einwandfrei bedient wird, werden Fehlergebnisse für die Zugfestigkeit kaum auftreten. Dagegen erfordert die Feststellung der Streckgrenze (σ_s) besondere Sorgfalt. So können ungeeignete Einspannvorrichtungen, die den Probestab nicht während der ganzen Versuchsdauer festhalten oder zentrisch zur Belastung stellen, die Streckgrenzenbestimmung unmöglich machen. Jedes Lockern, Nachrücken, einseitiges Ziehen der Probe verwischt oder verändert die Lage der Streckgrenze. Für sie gelten unverbrauchte Riffelungen, sattes Anliegen der Klemmbacken oder der Gewindeköpfe in den Einspannmuttern als unerläßliche Versuchsbedingungen. Das Ablesen der Streckgrenze aus dem Maschinendiagramm ohne jede weitere Kontrolle kann zu Irrtümern führen.

[1] Vgl. DIN 1604, Richtlinien für die Überwachung von Werkstoffprüfmaschinen.

Da bei den meisten Nichteisenmetallen und härteren Stahlarten nicht immer durch Zurückgehen oder Stillstehen der Lastanzeige der Beginn des Fließens eines Werkstoffes, also die Streckgrenze (σ_s), angezeigt wird, so wird man häufig den ihr gleichgestellten Spannungswert, die 0,2-Grenze, feststellen müssen. Diese entspricht derjenigen Spannung, bei der die bleibenden Dehnungen 0,2 vH der ursprünglichen Meßlänge erreicht haben. Sie wird mit geeigneten, im Handel befindlichen Dehnungsmessern bestimmt. Die Belastungsgeschwindigkeit unterliegt besonderen Vereinbarungen. Nach den Normvorschriften DIN 50146 soll die Belastungszunahme im Bereich der Streckgrenze 1 kg/mm² in 1 Sekunde nicht überschreiten[1].

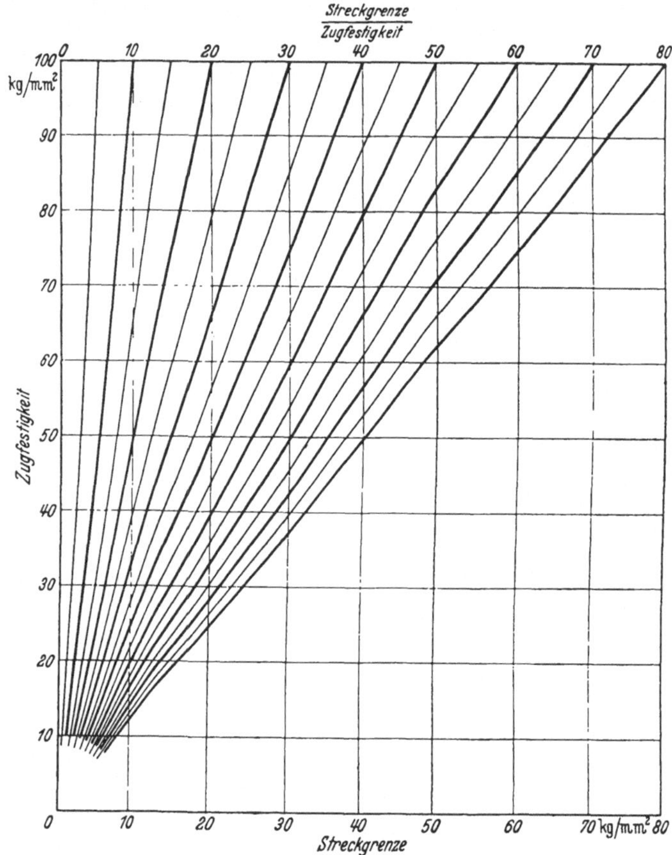

Abb. 9. Das Verhältnis zwischen der Streckgrenze und der Zugfestigkeit im Schaubild.

Für die Lage der Festigkeit (σ_B) ist in erster Linie der Kohlenstoffgehalt im Stahl, für andere wichtige Eigenschaften, wie Streckgrenze, Dehnung, Kerbzähigkeit, sind außerdem die Menge anderer Legierungsbestandteile und die Warmbehandlung verantwortlich. Die Beurteilung der Lage der Streckgrenze ist daher nicht ohne Kenntnis der Glüh- bzw. Härtungsvorgänge möglich. Aus der Abb. 8

[1] Eine ausführliche Behandlung der Streck- bzw. 0,2-Grenze findet sich in DAMEROW, Werkstoffabnahme usw. und in DIN 50144.

geht hervor, daß der Kohlenstoffstahl eine andere Durchhärtung als ein entsprechend legierter Stahl aufweist. Die nach dem Glühen erfolgte Abschreckwirkung ist bei ersterem nicht regelmäßig. Das Verhältnis von Streckgrenze zur Festigkeit wird vom Rand eines Stückes nach seinem Inneren zu ungünstiger. Für die Berechnung des Verhältnisses zwischen Streckgrenze und Zugfestigkeit, das in Abnahmevorschriften vorgesehen ist, bietet die Abb. 9 eine erhebliche Erleichterung.

Ermittelung der Dehnung (Stauchung). Die Dehnung (Stauchung) (ε) in Hundertteilen ist die Verlängerung (Verkürzung) (ΔL) des Probestabes während des Versuches in der Kraftrichtung im Verhältnis zur ursprünglichen Meßlänge (L_0)

$$\varepsilon = \frac{\Delta L}{L_0} \cdot 100.$$

Bestimmung der Bruchdehnung (Endstauchung). Die Bruchdehnung (Endstauchung) (δ) in Hundertteilen ist beim Zugversuch (Druckversuch) die Verlängerung (Verkürzung) des Probestabes am Ende des Versuches, d. h. nach erfolgtem Bruch (Enddruck). (Zahlentafeln 7 bis 22 [Dehnungen].)

Bei dem Zugversuch (Druckversuch) gilt als Bruchdehnung (Stauchung) in Hundertteilen.

$$\delta = \frac{\Delta L}{L_0} \cdot 100.$$

Soll der Wert für die Stauchung besonders gekennzeichnet werden, so gibt man dem ε bzw. dem δ das negative Vorzeichen.

Ausmessen der Bruchdehnung. 1. Die Meßlänge (L_0) wird auf dem Probestab markiert. Gemessen wird die Längenzunahme (Längenabnahme) zwischen den markierten Endmarken auf dem Probestück, durch die man die ursprüngliche

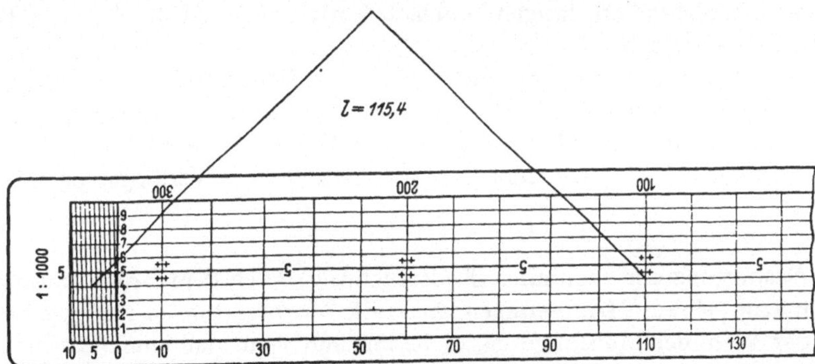

Abb. 10 Transversalmaßstab.

Meßlänge begrenzt hat. Die genaue Bestimmung der Längenzunahme (Längenabnahme) (ΔL) erfolgt durch Abgreifen mittels Zirkels zwischen den Begrenzungsmarken und Übertragen auf den Transversalmaßstab (vgl. Abb. 10). Hieraus ergibt sich die Bruchdehnung (δ) in Hundertteilen.

Beispiel. $L_0 = 100$ mm, $L = 115{,}4$ mm, dann ist

$$\Delta L = L - L_0 = 115{,}4 - 100 = 15{,}4 \text{ mm}$$

$$\delta = \frac{\Delta L}{L_0} \cdot 100 = \frac{15{,}4}{100} \cdot 100 = 15{,}4 \text{ vH}.$$

Beispiel. Gegeben: $F_0 = 8 \cdot 27 = 216\ \text{mm}^2$,

$L_0 = 11{,}3 \cdot \sqrt{216} = 166\ \text{mm}$,

$L = 210\ \text{mm}$.

Gesucht: δ,

$$\Delta L = L - L_0 = 210 - 166 = 44\ \text{mm},$$

$$\delta = \frac{\Delta L}{L_0} \cdot 100 = \frac{44}{166} \cdot 100 = 26{,}5\ \text{vH}.$$

Der Versuch ist ungültig und kann wiederholt werden, wenn die Probe beim Zerreißversuch innerhalb eines der Enddrittel der Meßlänge zu Bruch ging und nur die Dehnung nicht genügte.

2. Die Meßlänge (L_0) wird zwischen den Endmarken auf einem Längsriß des Probestabes in Zwischenmarken geteilt. Den langen Normalstab, den langen Proportionalstab und den Langstab teilt man in 20 gleiche Teile, den kurzen Normalstab, den kurzen Proportionalstab und den Kurzstab in 10 gleiche Teile.

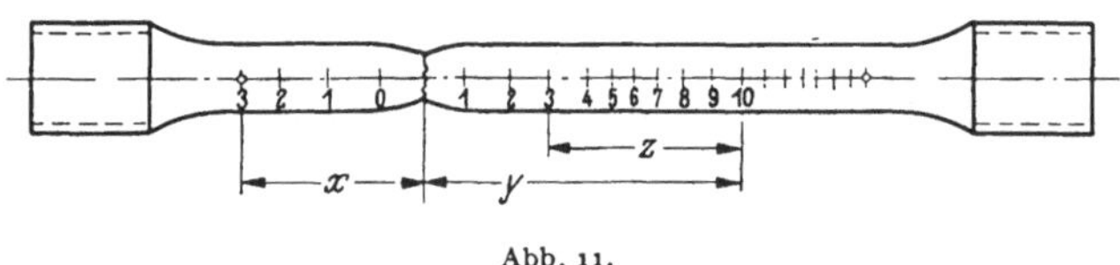

Abb. 11.

Falls die Dehnung infolge Bruches in der Nähe der Endmarken nicht genügt, wird sie durch 3 Messungen nach folgendem Beispiel bestimmt (vgl. Abb. 11):

1. Messung: Abstand x von der Begrenzungsmarke am kurzen Bruchstück bis zum Bruch messen.

2. Messung: Vom Teilstrich 0 ausgehend werden 10 Teilungen, die der halben Meßlänge entsprechen, am langen Bruchstück abgezählt. Abstand y vom Bruch bis Teilstrich 10 messen.

3. Messung: Die in diesem Beispiel dem kurzen Bruchstück, von 0 aus gerechnet, zur halben Meßlänge (10 Teile) fehlenden 7 Teile werden am langen Bruchstück von 10 aus zurückgezählt. Die gemessene Länge von 10 bis 3 ist z.

Die Abstände x, y, z auf dem Längsriß messen. Die Verlängerung ist dann

$$\Delta L = x + y + z - L_0.$$

Die Auswertung der Dehnung (Endstauchung) nach dem Bruch (Enddruck) kann nur dann einwandfrei gelingen, wenn die Vorbereitungen richtig sind.

Bei der Wahl der Meßlänge ist zu berücksichtigen, daß eine Verminderung der Meßlänge die Vergrößerung des Wertes der Bruchdehnung bedingen kann. In diesem Fall ist nämlich der Anteil an der örtlichen Dehnung im gedehnten (eingeschnürten) Teil des Probestabes nach Erreichung der Höchstlast größer als die gleichmäßige Dehnung des Stabes innerhalb der ganzen Meßlänge bis zur größten Belastung. Daher wird bei der Messung der Dehnung am kurzen Normal-(Proportional-)Stab ($L_0 = 5\,d$) ein größerer Wert als am langen Normal-(Proportional-) Stab ($L_0 = 10\,d$) ermittelt.

In vielen Fällen pflegt man sich mit 2 Endmarken, die für die Meßlänge auf den Stab aufgetragen werden, zu begnügen. Manche Versuchsbedingungen sehen aber eine weitere Teilung vor, die man mit einer Reißnadel und sog. Ratsche auf den Stab aufträgt. Bei dieser Handhabung ist ein Verrutschen der Führung möglich. Zur Verhütung dieses Mangels, aus Zeitersparnis und zur Kontrolle der Teilung werden mit Vorteil Teilmaschinen verwendet, die mit großer Sicherheit eine einwandfreie Teilung der Probestabmeßlängen liefern.

Da jedes Ankörnen und Anreißen, wenn dies mit scharfen Werkzeugen geschieht, Kerbwirkungen erzeugt, sind besonders bei spröden, d.h. kerbempfindlichen Werkstoffen stumpfe Werkzeuge zu benützen.

Ermittelung der Einschnürung. Die Einschnürung (Ausbauchung) (ψ) in Hundertteilen ist die Beziehung zwischen der Verminderung (Zunahme) (ΔF) des Probenquerschnittes nach dem Bruch (Ende des Versuches) und dem Probenquerschnitt am Anfang des Versuches (Ausgangsquerschnitt F_0).

Am Rundstab wird die Einschnürung aus zwei senkrecht zueinander stehenden Durchmessern kleinsten Querschnittes im Mittel an der Stelle des Probestabes bestimmt, an der die größte Querschnittsverminderung eingetreten ist. Am Flachstab werden die kleinste Breite und die kleinste Dicke gemessen und aus ihrem Produkt die Querschnittsverminderung errechnet.

Bei dem Zugversuch (Druckversuch) gilt als Einschnürung (Ausbauchung) in Hundertteilen

$$\psi = \frac{\Delta F}{F_0} \cdot 100^1 .$$

Soll der Wert für die Ausbauchung besonders gekennzeichnet werden, so gibt man dem ψ das negative Vorzeichen.

Ermittelung der Werte für Zugfestigkeit, Dehnung und Einschnürung mit Hilfe des Rechenschiebers.

Rundstäbe. *a) Zugfestigkeit.* Beispiel (Abb. 12): Bestimmung von σ_B bei $d = 15$ mm und Höchstlast $P = 7900$ kg. C der Zunge (Z) des Rechenschiebers

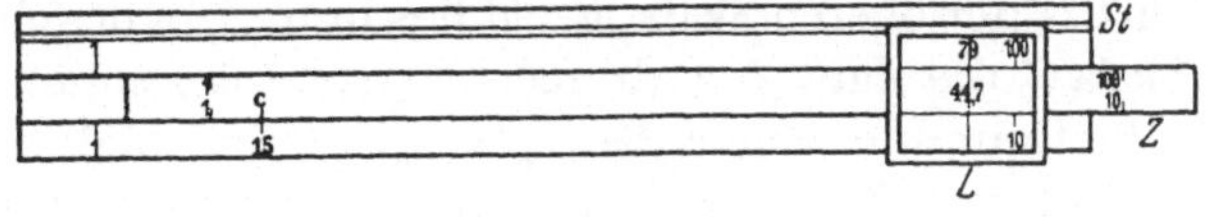

Abb. 12.

auf 15 der unteren Skala des Stabes (St) einstellen. Strich des Läufers (L) auf 7900 der oberen Skala des Stabes schieben und auf der oberen Skala der Zunge (Z) den Wert für $\sigma_B = 44{,}7$ kg/mm² ablesen.

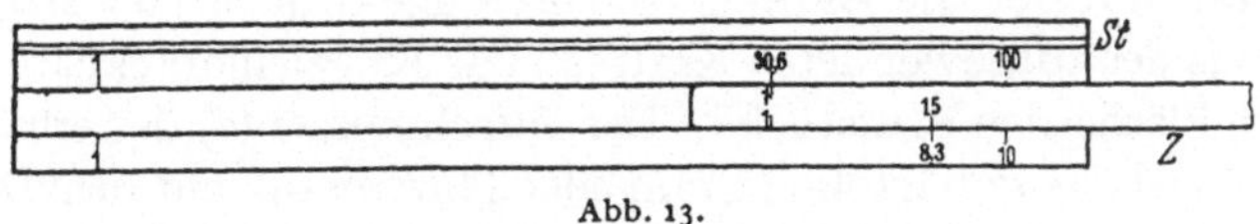

Abb. 13.

b) Einschnürung. Beispiel (Abb. 13): Bestimmung von ψ bei $d_0 = 15$ mm, $d_1 = 8{,}3$ mm. Stelle 15 der unteren Skala Z auf 8,3 der unteren Skala St und lies auf der oberen Skala St über 1 der oberen Skala Z den Wert 30,6 ab. 100 − 30,6 = 69,5 ergibt $\psi = 69{,}4$ vH.

[1] Für den Rundstab gilt auch die Beziehung

$$\psi = \frac{d^2 - d_1^2}{d^2} \cdot 100 .$$

Flachstäbe. *a) Zugfestigkeit.* 1. Beispiel (Abb. 14): Bestimmung von σ_B bei dem Querschnitt $F_0 = a \cdot b = 17{,}8 \cdot 35{,}0 = 623$ mm² und Höchstlast $P = 22000$ kg.

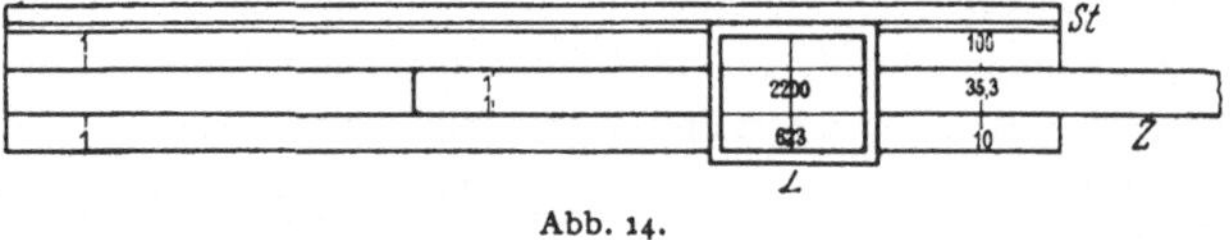

Abb. 14.

Stelle 22000 der unteren Skala Z auf 623 der unteren Skala St und lies über der 10 der unteren Skala St auf der unteren Skala Z den Wert für $\sigma_B = 35{,}3$ kg/mm² ab.

2. Beispiel (Abb. 15): Bestimmung von σ_B bei dem Querschnitt $F_0 = a \cdot b = 12{,}8 \cdot 18{,}5 = 236{,}8$ mm² und $P = 8300$ kg. Stelle 8300 der unteren Skala Z auf

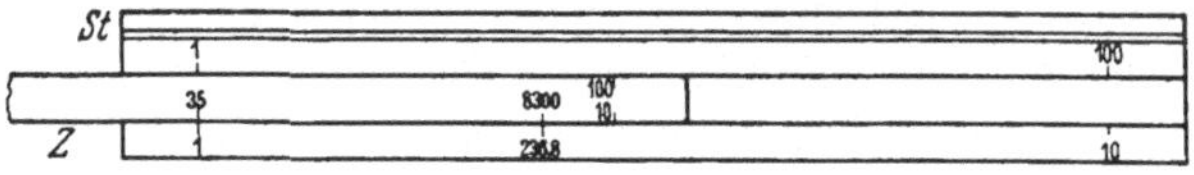

Abb. 15.

236,8 der unteren Skala St und lies links über der 1 der unteren Skala St auf der unteren Skala Z den Wert für $\sigma_B = 35{,}0$ kg/mm² ab.

b) Dehnung. Beispiel:

$$F_0 = 8 \cdot 27 = 216 \text{ mm}^2,$$
$$L_0 \doteq 11{,}3 \sqrt{216} = 166,$$
$$L = 210 \text{ mm}.$$

Stelle 166 auf der unteren Zungenskala auf 210 der unteren Stabskala und lies unter 1 der unteren Zungenskala auf der unteren Stabskala die Zahl 1,265 ab. Multipliziere mit 100 und subtrahiere von dem erhaltenen Produkt 126,5 die Zahl 100. Dann ergibt sich 126,5 − 100 der Wert für $\delta = 26{,}5$ vH.

c) Einschnürung. 1. Beispiel: Bestimmung von ψ bei dem Ausgangsquerschnitt 623 mm² und dem Bruchquerschnitt $a_1 \cdot b_1 = 11{,}2 \cdot 18{,}5$. Stelle 11,2 der oberen Skala Z auf 623 der oberen Skala St und lies unter 18,5 der oberen Skala St auf der oberen Skala Z die Zahl 33,3 ab. 100 − 33,3 = 66,7 ergibt $\psi = 66{,}7$ vH.

2. Beispiel: Bestimmung von ψ bei $F_0 = 236{,}8$ mm² und $F_1 = 8{,}6 \cdot 11{,}8$. Stelle 8,6 der oberen Skala Z auf 236,8 der oberen Skala St und lies unter 11,8 der oberen Skala St auf der oberen Skala Z die Zahl 42,9 ab. 100 − 42,9 = 57,1 ergibt $\psi = 57{,}1$ vH.

B. Bestimmung der Härte.

a) Die Brinell-Probe. Die Brinell-Härte (Kugeldruckhärte) (HB) in kg/mm² ist das Verhältnis der aufgewendeten Kraft (P) zur Kugeleindruckfläche (f) auf der blanken ebenen Fläche des Prüfstückes. Der Durchmesser (d) des erhaltenen Eindruckes einer Kugel aus gehärtetem Stahl oder Hartmetall mit dem Durchmesser (D) bei der Eindrucktiefe (h) wird mit einem Meßmikroskop festgestellt und die Härte in kg/mm² aus den gegebenen und gefundenen Werten nach der Formel errechnet:

$$HB = \frac{2\,P}{\pi \cdot D \cdot (D - \sqrt{D^2 - d^2})} \text{ kg/mm}^2,$$

nach DIN 50351:

$$HB = \frac{P}{{}^1/_2\,\pi \cdot D \cdot (D - \sqrt{D^2 - d^2})} \text{ kg/mm}^2.$$

Diese Faustformel wird wie folgt abgeleitet:

1. In den Dreiecken BCE und ABC (s. Abb. 16) ergibt sich für

$$\operatorname{tg}\alpha = \frac{h}{\frac{d}{2}} = \frac{2h}{d} = \frac{\frac{d}{2}}{D-h} = \frac{d}{2(D-h)}, \qquad \frac{2h}{d} = \frac{d}{2(D-h)},$$

$$2h \cdot 2(D-h) = d^2$$

$$4hD - 4h^2 - d^2 = 0 \qquad 4h^2 - 4Dh + d^2 = 0.$$

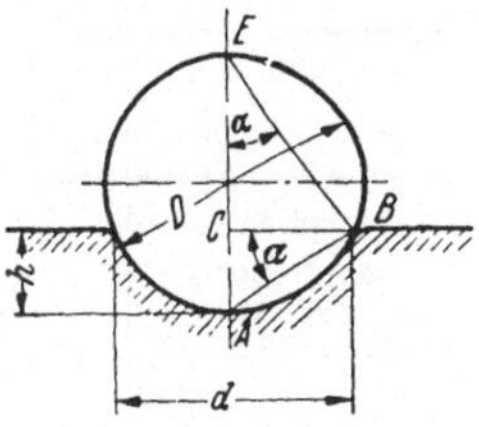

Die Auflösung erfolgt nach dem Beispiel

$$x^2 + px + q = 0, \qquad x = -\frac{p}{2} \pm \sqrt{\frac{p^2}{4} - q}.$$

Abb. 16.

Es sind $x = 2h$; $p = -2D$; $q = d^2$. Daraus folgt

$$2h = -\frac{-2D}{2} - \sqrt{\frac{4D^2}{4} - d^2} = D - \sqrt{D^2 - d^2},$$

$$h = \frac{D - \sqrt{D^2 - d^2}}{2},$$

$$HB = \frac{P}{f} = \frac{P}{\pi \cdot D \cdot h} = \frac{2P}{\pi \cdot D \cdot (D - \sqrt{D^2 - d^2})}.$$

2. Nach dem Pythagoräischen Lehrsatz (s. Abb. 17) ist

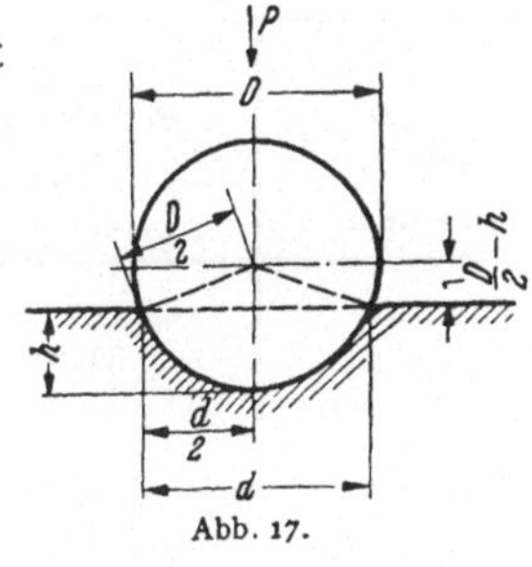

Abb. 17.

$$\left(\frac{D}{2} - h\right)^2 = \left(\frac{D}{2}\right)^2 - \left(\frac{d}{2}\right)^2,$$

$$\sqrt{\left(\frac{D}{2} - h\right)^2} = \sqrt{\frac{D^2}{4} - \frac{d^2}{4}} = \frac{1}{2}\sqrt{D^2 - d^2},$$

$$h = \frac{D}{2} - \frac{1}{2}\sqrt{D^2 - d^2} = \frac{1}{2}(D - \sqrt{D^2 - d^2}),$$

$$\frac{D}{2} - h = \frac{1}{2}\sqrt{D^2 - d^2},$$

$$HB = \frac{P}{f} = \frac{P}{\pi \cdot D \cdot h} = \frac{P}{\pi \cdot D \cdot \frac{1}{2} D (D - \sqrt{D^2 - d^2})} = \frac{2P}{\pi \cdot D \cdot (D - \sqrt{D^2 - d^2})}.$$

Ist der Kugeleindruck unrund, so wird für die Auswertung des Versuches der mittlere Durchmesser aus zwei zueinander senkrechten Messungen ermittelt.

Der Kugeldruckversuch ist nach DIN 50351 genormt. Der Mittelwert aus mindestens zwei Versuchen ist für die Härtebestimmung maßgebend.

Versuchsbedingungen: Stoßfreie, während der Dauer von etwa 10 Sekunden gleichmäßig zu steigernde Belastung bis zum erforderlichen Enddruck und Einhalten dieses Druckes in der Regel während der Dauer von 10 Sekunden für alle metallischen Werkstoffe[1], für fließende Werkstoffe (Lagermetalle usw.) von mindestens 30 Sekunden. P soll in der Regel nur so groß sein, daß der Durchmesser des Kugeleindruckes $d = 0{,}2$ bis $0{,}7\,D$ ist. In der Regel für Stahl $P = 30\,D^2$, für

[1] Abkürzungen der Belastungszeiten bis auf 1 Sekunde können mit den neuerdings entwickelten Schnellprüfgeräten, die nach Art der ROCKWELL-Probe mit Vorlast und Hauptlast arbeiten, erreicht werden. Derartige Schnellversuche sind jedoch nicht für Abnahmeprüfungen, sondern nur bei internen Betriebsüberwachungen, Reihenuntersuchungen u. dgl. anwendbar, da die dabei ermittelten Prüfergebnisse sinngemäß höher als die Original-BRINELL-Werte liegen.

Nichteisenteile und ihre Legierungen $P = 10\,D^2$. Die Härten $\geqq 25$ kg/mm² werden in ganzen Zahlen, die Härten $\leqq 25$ kg/mm² auf 0,1 kg/mm² genau angegeben (Zahlentafel 27 bis 35).

Allgemein gelten für Stahl, Metall und deren Legierungen zwischen dem Kugeldurchmesser (*D*) und der Belastung (*P*) in Abhängigkeit von der Probendicke (*a*) folgende Beziehungen:

a mm	*D* mm	*P* kg					
		$30\,D^2$	$10\,D^2$	$5\,D^2$	$2{,}5\,D^2$	$1{,}25\,D^2$	$0{,}5\,D^2$
$\geqq 6$	10	3000	1000	500	250	125	50
von 6 bis 3	5	750	250	125	62,5	31,25	12,5
$\leqq 3$	2,5	187,5	62,5	31,2	15,6	7,8	3,12
	1,25	46,9	15,6	7,81	3,91	1,95	

Geringere Kugeldurchmesser mit entsprechenden Belastungen für größere Probendicken sind zulässig. (Für die Prüfung bei Mindestdicken vgl. die Zahlentafel 26). Die Bedingungen für den jeweiligen Kugeldruckversuch werden durch die Angabe des Belastungsgrades, des Kugeldurchmessers und der Belastungsdauer gekennzeichnet, sofern die beiden letzteren nicht gleich 10 mm und 10 Sekunden sind. Beispiele: *HB* 30 kennzeichnet die bei $30\,D^2$ mit 10 *D* in 10 Sekunden *HB* 10/5–20 die bei $10\,D^2$ mit 5 *D* in 20 Sekunden ermittelte Brinell-Härte. (Zur Schreibweise vgl. DIN 50351.)

D mm	*P* kg bei gewöhnlicher Temperatur[1] $1{,}25\,D^2$	bei höherer Temperatur[1] $0{,}5\,D^2$
10	125	50,0
5	31,2	12,5
2,5	7,8	3,1

Für Härteprüfungen an weichen Werkstoffen (Blei usw.) gibt die nebenstehende Tafel Richtwerte.

Zwischen Brinell-Härte (*HB*) und Festigkeit (σ_B) bestehen angenäherte Beziehungen. Der Kugeldruckversuch ist zwar vorerst eine Prüfung auf Härte eines Werkstoffes, er gewinnt aber seine eigentliche Bedeutung durch seine Beziehung zur Zugfestigkeit. Bei Stahl ist diese Beziehung zu einer selbstverständlichen Umrechnung geworden, für die verschiedene Umrechnungsfaktoren gebräuchlich sind. Für Stahl in den meisten Fällen gilt nach DIN 50351 die angenäherte Beziehung

$$\sigma_B \approx 0{,}35\,HB\,30.$$

(Vgl. die Zahlentafeln 36 bis 49 und 52: Brinell-Härte – Zugfestigkeit [errechnet].)

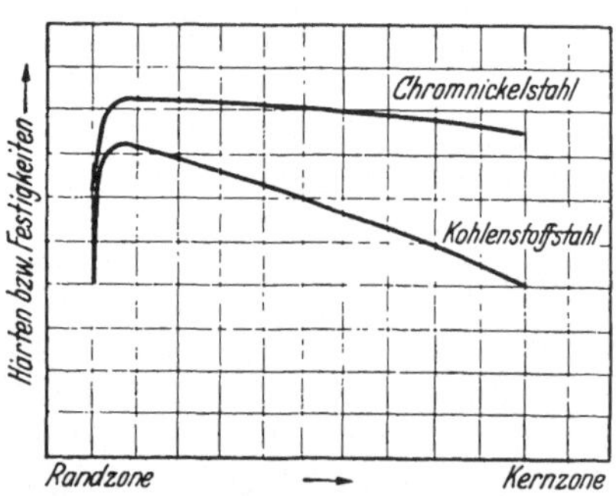

Abb. 18. Abhängigkeit der Prüfergebnisse von der Probenlage bei verg. Cr-Ni-Stahl und verg. C-Stahl

Schon aus der Abb. 8 ist zu ersehen, daß die Probenlage für das Ergebnis maßgebende Bedeutung hat. Bei der Kugeldruckprobe, deren Lage noch größeren Schwankungen ausgesetzt ist (vgl. Abb. 18), ist eine genaue Feststellung nur dann gegeben, wenn sich die Beteiligten über ihre Entnahme klar sind.

[1] Die Härteprüfung nach Brinell bei höheren Temperaturen bis 400° C ist durch DIN 50132 vorgenormt.

Der Kugeldruckversuch wird mehr als irgendeine andere Prüfung von Fehlerquellen umgeben. Im Schrifttum wird auf sie immer wieder aufmerksam gemacht. So müssen die Einrichtungen eines Kugeldruckgerätes es gestatten, konische oder runde Probestücke so zu lagern, daß der Stempel senkrecht zur Prüfebene des zu prüfenden Stückes steht. Nur dann kann die Gewähr für eine kreisrunde Kugelkalotte gegeben werden. Die Prüfergebnisse sind auch dann nicht nachprüfbar und falsch, wenn die Härteprüfmaschine während des Versuches nicht erschütterungsfrei steht oder das zu prüfende Stück nicht ruhig bzw. federnd gelagert ist. Solche Fehlergebnisse können durch die Verwendung neuzeitlicher Prüfmaschinen ausgeschlossen werden, die auch eine wesentliche Verkleinerung der Prüflasten und der Kugeldurchmesser gestatten (Zahlentafeln 27 bis 32).

Ebenso wie die Kugel bei der Brinell-Prüfung infolge ihrer eigenen zu geringen Härte oder zu harter Prüfstücke sich bleibend verformen kann, werden nicht selten Absplitterungen des Diamanten beim Rockwellversuch (s.u.) vorkommen. In beiden Fällen sind die Ergebnisse der Prüfung für die Beurteilung eines Werkstoffes nicht heranzuziehen. In solchen Fällen wird die Vickers-Probe ausgeführt (s.u.).

Nicht zuletzt sollte man die Auswertung des Kugeldruckversuches sehr genau nehmen. Dabei mag zugegeben werden, daß die Ablesung selbst subjektiv ausfällt, aber die Verwendung ungeeigneter Meßmikroskope ausgeschaltet werden kann. Zum Ausmessen kleinerer Kugeleindrücke reichen die gewöhnlichen Mikroskope mit Vergrößerungen abgestimmten festen Wertes nicht mehr aus, man muß dann eine stärkere Vergrößerung durch Verlängerung des Tubus einsetzen können oder Okularschraubenmikrometer, auch Komparatoren, verwenden. Man vergleiche die Wertunterschiede kleinster Kugelkalottendurchmesser gegenüber den großen in den Zahlentafeln.

b) Die Härteprüfung mit Vorlast, die auf den Grundlagen der von P. Ludwick erstmalig angegebenen Kegeldruckprobe später von S. P. Rockwell entwickelte, sogenannte Rockwell-*Probe*. Die Härteprüfung nach Rockwell ist in DIN 50103 genormt, wird in der Regel an harten Werkstoffen mit einem an der Spitze mit $r = 0{,}2$ mm abgerundeten Diamantkegel von 120° Spitzenwinkel vorgenommen, der als Eindringwerkzeug unter der Vorlast (P_0) von 10 kg und der Zusatzlast (P_1) von 140 kg, also mit der wirksamen Gesamtprüflast (P) von 150 kg, in die Oberflächenschicht des zu prüfenden Werkstückes eingetrieben wird. Die hierbei erreichte Eindrucktiefe wird als Unterschied zwischen dem Eindruck der Zusatzlast und dem Eindruck der Vorlast von dem Prüfgerät an einer Meßuhr angezeigt. Die auf diese Weise erhaltene Rockwell-Härtezahl erhält das Kennzeichen HRc. Das zugesetzte c besagt, daß die Prüfung mit dem Diamantkegel (conus) vorgenommen wurde zum Unterschied von der

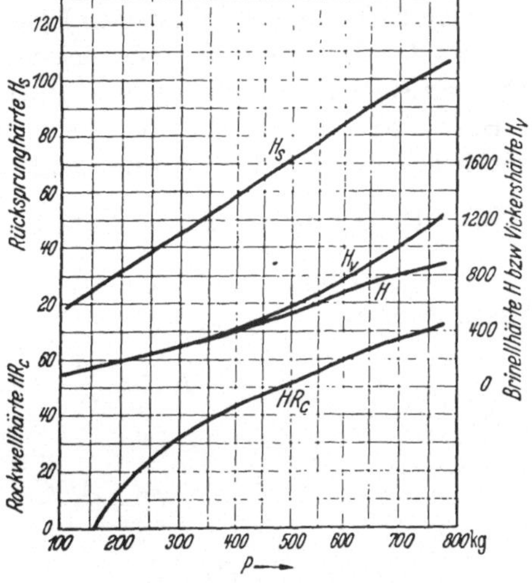

Abb. 19. Vergleich der Ergebnisse anerkannter Härteprüfverfahren.
H = HB HR_c = HRc H_v = HV.

ROCKWELL-Probe mit der Kugel (HRb; b = ball), die für weiche Werkstoffe zwar bestimmt, aber von der BRINELL-Probe verdrängt ist. Zugesetzte Zahlen (z. B. HRc 150) zeigen die aufgebrachte Gesamtprüflast (z. B. $P = 150$ kg) an (vgl. Zahlentafeln 57 und 58). Erwähnt sei noch, daß außer diesen Verfahren eine ganze Reihe von ROCKWELL-Prüfungen mit abweichenden Kugeldurchmessern und Prüflasten andererorts im Gebrauch sind. Die Maßeinheit für die bleibende Eindringtiefe e nach Wegnahme der Zusatzlast ist 0,002 mm und entspricht 1 ROCKWELL-Härtegrad[1]. Die ROCKWELL-Härte wird nach folgendem Beispiel abgeleitet.

Beispiel: Ist die von der Prüfmaschine angezeigte Eindrucktiefe $e_1 = 7$ (= 7/100), dann ist $\mathrm{H\,R\,c} = 100 - \frac{e_1}{e} = 100 - \frac{0{,}070}{0{,}002} = 100 - \frac{7{,}0}{0{,}2} = 100 - 35 = 65$ (andere Schreibweisen C 65, *HvD* 65).

Nur in Sonderfällen und durch einwandfreie Vergleichsversuche können Umrechnungen der ROCKWELL-Härte auf BRINELL-Härte bzw. Festigkeit vorgenommen werden, da allgemein gültige Beziehungen zwischen diesen Prüfverfahren nicht bestehen (vgl. Abb. 19 und Zahlentafeln 57 und 58).

In allen Fällen, in denen die Härteprüfung mit Vorlast nicht vorgeschrieben ist, wähle man die VICKERS-Probe.

c) Die VICKERS-Probe, Härteprüfung nach VICKERS. Die VICKERS-Härte HV in kg/mm² ergibt sich aus dem Verhältnis der aufgewendeten Druckkraft (P) in kg zur Oberfläche (O) des erhaltenen Eindrucktrichters (Pyramidenmantels) in mm², der bei dem Versuch von einer vierseitigen Pyramide mit dem Spitzenwinkel von 136° an einer ebenen Stelle des Prüfstückes erzeugt wird. Eine zugesetzte Zahl, z. B. HV 30, zeigt an, daß der Versuch mit der Regelbelastung $P = 30$ kg ausgeführt wurde. Für die Prüfung bei Mindestdicken vgl. Zahlentafel 43.

Die Härteprüfung nach VICKERS ist durch DIN 50133 genormt[2].

Aus den Abb. 20 und 21 ergibt sich folgende Ableitung der Formel für die VICKERS-Härte:

$$HV = \frac{P}{O},$$

$$O = \frac{4\,a\,h}{2}, \qquad h = \frac{a}{2 \cdot \sin\alpha},$$

$$O = \frac{4\,a}{2} \cdot \frac{a}{2 \cdot \sin\alpha} = \frac{a^2}{\sin\alpha}.$$

[1] Bei der Prüfung sehr dünner Proben und sehr dünner Schichten wird das SUPER-ROCKWELL-Verfahren angewendet. Vorlast (3 kg) und Zusatzlasten (12, 27 und 42 kg) sind wesentlich verkleinert. Die Maßeinheit beträgt 0,001 mm. Bei Abnahmeprüfungen nicht zugelassen.

[2] Spröde Werkstoffe, sehr dünne Oberflächenschichten, Folien u. dgl. werden mittels der im Handel befindlichen Kleinhärteprüfer oder Mikrohärteprüfer untersucht, die mit Drucklasten von 5 g bzw. 0,2 g bis 100 g arbeiten.

Die Eindruckdiagonale d wird bei dem Versuch in 1/100 mm gemessen.

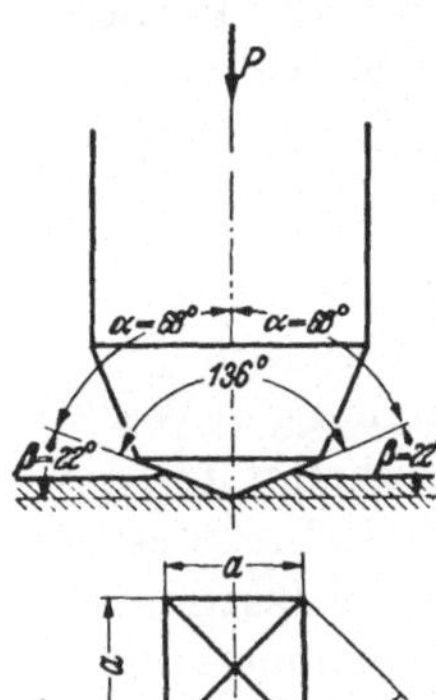

Abb. 20.

$$d^2 = 2a^2,$$

$$O = \frac{d^2}{2 \cdot \sin\alpha} = \frac{d^2}{2 \cdot \sin 68^\circ}$$

oder nach DIN-Vornorm DVM 133:

$$O = \frac{d^2}{2 \cdot \cos\beta} = \frac{d^2}{2 \cdot \cos 22^\circ} = \frac{d^2}{1{,}8544},$$

$$HV = \frac{P}{O} = \frac{P \cdot 1{,}8544}{d^2}.$$

Liegen die erhaltenen Werte für die Pyramidenhärte unter 25, so wird auf 0,1, liegen sie über 25, so wird auf ganze Zahlen aufgerundet. Die VICKERS-Härten bei verschiedenen Drucklasten sind in den Zahlentafeln 44 bis 56 enthalten.

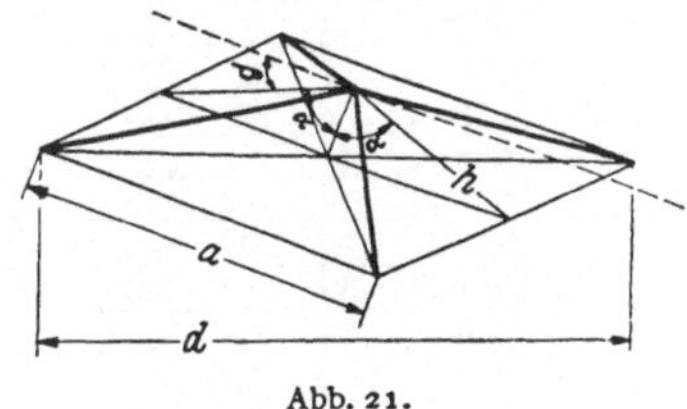

Abb. 21.

Die erhaltenen Härtezahlen stimmen mit den BRINELL-Härten bis 300 kg/mm², d. h. so lange überein, bis die Verformung der Stahlkugel unter zunehmender Drucklast in höheren Härtebereichen eintritt. Es bestehen daher auch bei der VICKERS-Probe die gleichen angenäherten Beziehungen zwischen der Härte und der Festigkeit wie bei der Brinellprobe (s. Abb. 19 und die Zahlentafeln 57 und 59).

d) Die Rücksprunghärteprobe. Dieses dynamische Prüfverfahren findet in den Fällen Anwendung, in denen die übrigen Härteprüfverfahren wegen allzu großer Härte des zu prüfenden Werkstoffes versagen. Mit entsprechend ausgebildeten Vorrichtungen wird der Rücksprung eines aus einer bestimmten Höhe auf das Werkstück frei fallenden Werkzeuges (Hammer, Kugel usw.) gemessen. Den verwendeten Vorrichtungen entsprechend bezeichnet man die aus den Rücksprunghöhen erhaltenen Härtezahlen auch als Skleroskop-, Duroskophärten usw. und sucht sie mit den bei den übrigen Härteprüfverfahren erhaltenen Härtezahlen in Beziehung zu setzen (s. Schaubild Abb. 19). Hierbei lassen sich nur angenäherte Werte erreichen, da die Größe der Rücksprunghöhe von den jeweiligen Werkstoffeigenschaften abhängt (vgl. Zahlentafel 58).

C. Bestimmung der Biegbarkeit.

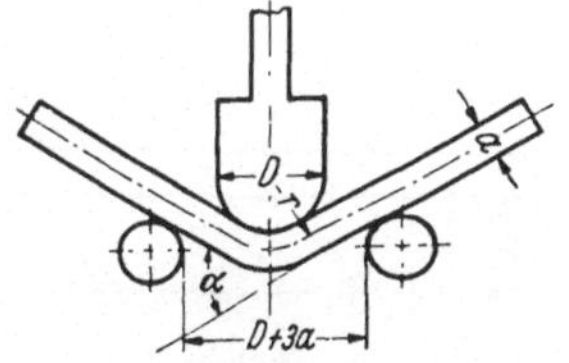

Abb. 22.

a) Faltversuch. Diese technologische Prüfung ist für ganze Profile, Flachstäbe von 30 bis 50 mm Breite mit gerundeten Kanten ($r \approx 0{,}1\,a$, Abb. 22) und Rundstäbe von nicht über 30 mm Durchmesser durch DIN 1605 Bl. 4 genormt, sofern nicht nach Sondervorschriften oder sonstigen Vereinbarungen geprüft wird[1].

Versuchsbedingungen: Langsames, stetiges Biegen (Falten) der Probe um einen Dorn mit vorgeschriebenem Durchmesser (D) bis zu einem vorgeschriebenen Winkel[2] oder Vorbiegen um einen Dorn von beliebigem Durchmesser und an-

[1] Vgl. Faltversuch an Schweißnähten nach DIN 50121.

[2] Die in einigen Abnahmevorschriften als Maß für die Verformung eines Biegestabes, welche die Dehnung und die Stauchung auf der Außen- und Innenseite der Probe berücksichtigt, angezogene TETMAJERsche Biegegröße wird nach

schließend freies vollständiges oder teilweises Zusammenfalten bis zum Anbruch auf der Außenseite der Biegestelle oder völliges Zusammendrücken beider Probenschenkel auf einer Zwischenlage vorgeschriebener Dicke, entsprechend dem vorgeschriebenen Dorndurchmesser bzw. beider Probenschenkel ohne Zwischenlage.

$r+\frac{a}{2}=$	Biegegröße für: $a=20$	25	30 mm
76	15,2	19,2	24,6
74	15,6	20,3	25,4
72	16,1	21,0	26,3
70	16,7	21,7	27,3
68	17,2	22,5	28,3
66	17,8	23,4	29,4
64	18,5	24,3	30,6
62	19,2	25,3	31,9
60	20,0	26,3	33,3
58	20,8	27,5	34,9
56	21,7	28,8	36,6
54	22,7	30,1	38,5
52	23,8	31,7	40,6
50	25,0	33,4	42,9
48	26,3	35,2	45,4
46	27,8	37,3	48,4
44	29,4	39,7	51,8
42	31,2	42,4	55,6
40	33,3	45,5	60,0
38	35,7	49,0	65,2
36	38,5	53,2	71,4
34	41,7	58,1	79,0
32	45,4	64,1	88,2
30	50,0	71,4	100,0 %
28	55,6	80,6	
26	62,5	92,6 %	
24	71,4		
22	83,3		
20 mm	100,0 %		

Abb. 23.

b) Biegeversuch. Die im elastischen Bereich liegende Durchbiegung wird an Proben mit kreisförmigen Querschnitten oder in Sonderfällen auch an fertigen Werkstücken mit ähnlichen Querschnitten bestimmt und mit Biegbarkeit bezeichnet. Die Ermittelung der Biegefestigkeit erfolgt unter allmählich gesteigerter Belastung bis zum Bruch der stabförmigen Probe. Die Abmessungen der Proben und die Prüfbedingungen sind, sofern sie nicht genormt sind, besonders zu vereinbaren.

Bei der Ermittelung der Biegefestigkeit an Gußeisenstäben soll die Laststeigerungsgeschwindigkeit in 30 s am 30-mm-Stab 5 mm und am 10-mm-Stab 2,5 mm Durchbiegung (f) nicht überschreiten. Die Stützweite L_s ist auf $20 \cdot d$ festgesetzt (vgl. DIN 1691 und DIN 50110). Ist die Bruchbelastung P_{kg}, die Stützweite L_s mm und das für einen nach dem Versuch festgestellten mittleren Stabdurchmesser d mm geltende Widerstandsmoment $W = \frac{\pi \cdot d^3}{32}$, so ergibt sich für die Biegefestigkeit σ_{bB} in kg/mm²

$$\sigma_{bB} = \frac{P \cdot L_s}{4\,W}$$

bei einer in der Stabmitte angreifenden Belastung (vgl. Abb. 24 und die Zahlentafeln 63 bis 70). Da sich jedoch in Abhängigkeit vom Durchmesser des Probestabes d die Stützweite L_s und das Widerstandsmoment W ändern, entspricht dem jeweils vorliegenden Stabdurchmesser ein zugehöriger Festwert c, der sich aus dem Verhältnis $\frac{L_s}{4\,W}$ errechnet (s. Zahlentafeln 60 und 62). Hieraus folgt

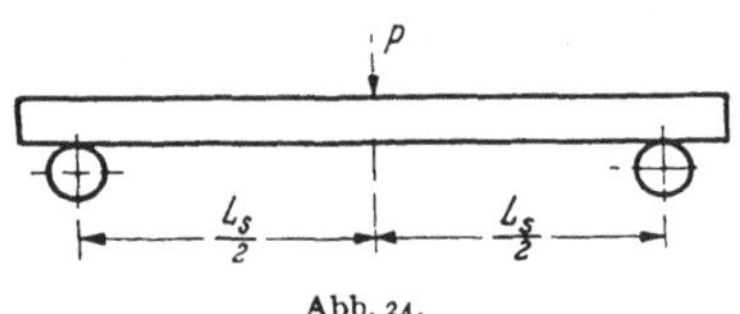

Abb. 24.

$$\sigma_{bB} = P \cdot c.$$

der Formel $Bg = 50\,a/r$ bestimmt, wobei r der Biegehalbmesser in der Mitte der ursprunglichen Probendicke a ist. Beim Falten oder Biegen um einen Dorn von vorgeschriebenem Durchmesser (D) (Abb. 22) ergeben sich angenähert folgende Biegegrößen:

D	0	0,5 a	1,0 a	1,5 a	2,0 a	2,5 a	3,0 a
Bg	100	67	50	40	33	28	25

Zur Ermittelung von Biegegrößen bei häufiger Wiederholung gleicher Versuche bedient man sich der Biegegrößenschablonen (Abb. 23).

Beispiel. Gegeben: $d = 30$ mm, $L_s = 600$ mm, $W = 2650{,}7$ mm³, $P = 1000$ kg.

$$c = \frac{L_s}{4\,W} = \frac{600}{4 \cdot 2650{,}7} = 0{,}0566 \text{ (s. Zahlentafel 62).}$$

Die gesuchte Biegefestigkeit ist

$$\sigma_{bB} = P \cdot c = 1000 \cdot 0{,}0566 = 56{,}6 \text{ kg/mm}^2 \text{ (s. Zahlentafel 67).}$$

b) Hin- und Herbiegeversuch. Die Hin- und Herbiegbarkeit wird an Drähten, Federblechen und Federbändern bestimmt und durch die Biegezahl, das ist die Zahl der Hin- und Herbiegungen bis zum Bruch (s. u.), ausgedrückt.

Die Prüfung der ***Drähte*** ist nach DIN 51201 genormt. Die Drahtprobenlänge beträgt etwa 80 mm, der Drahtdurchmesser soll 7 mm nicht überschreiten. Die Prüfvorrichtung und ihre Handhabung beim Versuch sind durch DIN 51211 vorgeschrieben. Seildrähte sind nach dem Herauslösen aus dem zu prüfenden Seilabschnitt vorsichtig ohne Beschädigung zu glätten. In einer Sekunde ist in gleichmäßiger stoßfreier Bewegung eine Biegung auszuführen. Der in die Biegevorrichtung eingespannte Draht wird zunächst nach einer Seite um 90° umgebogen. Diese Biegung zählt 1. Die nächste Umbiegung erfolgt um 180° und zählt 2, und so fort. Die zuletzt vor dem Bruch gezählte Zahl ist die Biegezahl[1] (vgl. Zahlentafel 71).

Federbleche und Federbänder aus Nichteisenmetallen werden nach DIN 1781 geprüft. In diesem Normblatt werden auch Vorschriften über die Beschaffenheit der Biegevorrichtung gegeben. Beim Einspannen des Probestreifens soll seine Biegekante möglichst parallel zur Walzrichtung liegen. Die größte Blechdicke ist mit 1,2 mm angegeben. Die Probe wird zuerst um 90° umgebogen (Biegezahl = 0,5). Das Zurückbiegen in die Anfangsstellung zählt 1, das Umbiegen nach der anderen Seite um 90° zählt 1,5, das Zurückbiegen um 90° in die Anfangsstellung 2, und so fort, bis der Bruch der Probe erfolgt ist. Das maßgebende Prüfergebnis wird aus dem Mittel der Biegezahlen aus drei Versuchen an verschiedenen Blechen und Bändern gebildet.

d) Verwindeversuch. Der Verwindeversuch dient zur Ermittelung der Verwindefähigkeit von Drähten bis höchstens 7 mm Durchmesser, aus der wiederum auf die Gleichmäßigkeit des Drahtwerkstoffes geschlossen werden kann. Der Versuch wird nur an neuen Drähten ausgeführt, die frei von Oberflächenverletzungen sind. Die Versuchslänge ist im allgemeinen gleich dem hundertfachen Durchmesser und soll mindestens 50 mm und höchstens 300 mm groß sein. Der Versuch wird mit Vorrichtungen ausgeführt, die den Vorschriften nach DIN 51212 entsprechen. Eine Verwindung um 360° zählt 1, eine weitere Verwindung um 360° zählt 2, und so fort, bis der Bruch des Drahtes eintritt. Als Gütemaß gilt die Verwindezahl, das ist die Anzahl der Verwindungen auf die Versuchslänge, die eine Drahtprobe erträgt, ohne Brucherscheinungen zu zeigen (vgl. Zahlentafel 72).

e) Wickelversuch. Die Wickelprobe nach DIN 51213 dient zum Nachweis der Gleichmäßigkeit der Drahtwerkstoffe und bei der Prüfung von Drähten, die mit

[1] Besondere Angaben über Werkstoffbedingungen und Prüfverfahren finden sich in den einschlägigen Abnahmevorschriften (z. B. DIN Berg 1254, Deutsche Bundesbahnlieferbedingungen 918136 für Lastseile aus Stahldraht, Vorschrift des Deutschen Aufzugsausschusses).

anderen Stoffen überzogen oder plattiert sind, zur Ermittelung der Haftfestigkeit und Biegbarkeit der Überzüge. Die Probe wird um einen Dorn von vorgeschriebenem Durchmesser in eng aneinanderliegenden Windungen von vorgeschriebener oder vereinbarter Anzahl gewickelt. Eine nachfolgende Zurückwickelung, vollständige Streckung, Wiederaufwickelung kann verlangt werden. In jedem Falle dürfen Anrisse, Brüche oder auch Abblätterungen nicht auftreten[1].

f) Aufweitversuch. Bei der Abnahme der Rohrwerkstoffe wird der Nachweis ihrer Rißfestigkeit und guten Verformbarkeit gefordert.

Der Aufweitversuch wird an Rohren bzw. Rohrenden bis 140 mm Außendurchmesser und bis 8 mm Wanddicke ausgeführt, indem ein eingefetteter kegeliger Dorn (Kegel 1:5, Winkel 11° 25′) mit zylindrischer Fortsetzung mit dem vorgeschriebenen bzw. vereinbarten Durchmesser und abgerundeten Übergängen an dem Kegelende bei Raumtemperatur in das Rohrende mit einem Hammer oder mit einer Presse eingetrieben wird, bis der zylindrische Ansatz des Dornes etwa 30 mm tief in das Rohr eingedrungen ist (vgl. DIN 50135 und Werkstoffvorschriften für Dampfkessel Abschnitt 03). Der Aufweitversuch gilt als gelungen, wenn sich die glatten Rohrenden mit abgerundeten Kanten in der beschriebenen Weise aufweiten lassen, ohne Risse in den aufgeweiteten Rohrwandungen zu zeigen (Abb. 25). Der Gütemaßstab G_m in Hundertteilen errechnet sich aus der Gleichung

$$G_m = \frac{(D_1 - D_0)}{D_0} \cdot 100 .$$

Die erhaltenen Aufweitungen werden in Hundertteilen des inneren Rohrdurchmessers angegeben[2]. Die hierfür vorgeschriebenen oder vereinbarten Werte gelten für Kohlenstoffstahl und für legierte Stähle in den begrenzten Festigkeitsbereichen wie folgt:

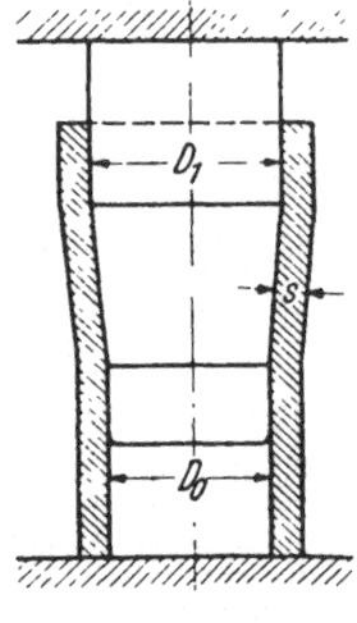

Abb. 25.

Rohrwerkstoff σ_B kg/mm²	Wanddicke s	
	≷ 4 mm	> 4 bis 8 mm
35 bis 45	10 vH	6 vH
über 45 „ 55	8 „	5 „

(Vgl. hierzu die Zahlentafel 73.)

Messingrohre nach DIN 1775 und Kondensatorrohre nach DIN 1785 werden in geglühtem Zustand ebenfalls mit verjüngtem Dorn gleicher Ausführung, jedoch mit Kegel 1:1,21 und Winkel von 45′, geprüft (vgl. DIN 50135).

g) Bördelversuch. Der Nachweis der Rißfestigkeit eines Rohrwerkstoffes gilt als gelungen, wenn sich die aus ihm gefertigten Rohre bzw. Rohrabschnitte mit abgerundeten Kanten mittels geeigneter Werkzeuge bei Raumtemperatur um-

[1] Siehe a. o.

[2] Techn. Überwachung (l.c.). $Da \lesseqgtr 140$ mm, $s \lesseqgtr 8$ mm.

bördeln lassen, ohne Risse in der gebördelten Rohrwand zu zeigen. Alle Versuchsbedingungen, insbesondere die Abmessungen der zu prüfenden Rohre (Länge, Außendurchmesser, Wanddicke s, die zu erreichenden Werte für den Bördelwinkel a und die Bördelbreite b (Abb. 26), die in Hundertteilen des ursprünglichen lichten Rohrdurchmessers angegeben wird, müssen in jedem Falle vereinbart werden, sofern besondere Vorschriften nicht vorliegen[1]. Die Ermittelung der Bördelbreite b zeigt folgendes

Beispiel: Wird für die Bördelbreite b als Mindestmaß 12 vH des lichten Rohrdurchmessers D_i verlangt, so ist

$$b = \frac{D_i \cdot 12}{100} = 0{,}12 \cdot D_i.$$

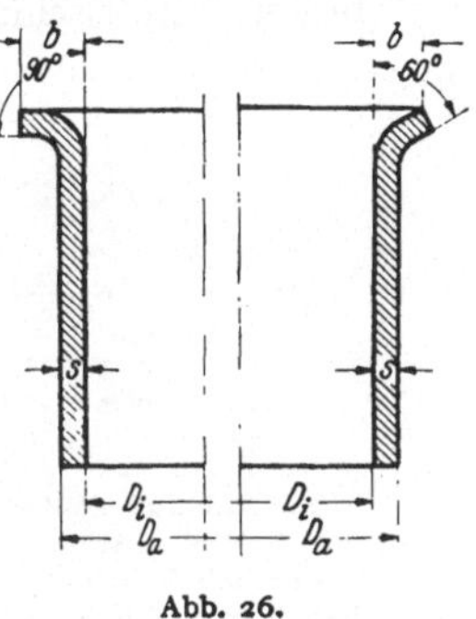

Abb. 26.

D. Ermittelung der Kerbschlagzähigkeit.

Die Kerbschlagzähigkeit ergibt sich aus der Schlagarbeit, die aufgewendet werden muß, um mit einem Schlag den Bruch einer Probe (Abb. 28 bis 32) herbeizuführen. Die Kerbschlagzähigkeit (a_k) in kgm/cm² wird durch Division der Schlagarbeit (A_{kgm}), die in einem Pendelschlagwerk für die Trennung der Probe aufgewendet werden mußte, durch den Querschnitt (F_0 cm²) der Probe erhalten. Diese Schlagarbeit (A) ist die Differenz zwischen der aufgewendeten Arbeit (A_1) und der nicht verbrauchten Arbeit (A_2). Die Werte für A_1 und A_2 errechnen sich aus der Pendellänge des Schlagwerkhammers (L), seinem Gewicht (G), seiner Fallhöhe (H), seiner Steighöhe (h) nach der Trennung der Probe sowie den beiden Winkeln zwischen Pendel und der Normalen vor dem Durchschlag (α) und nach demselben (β) (Abb. 27), wie folgt:

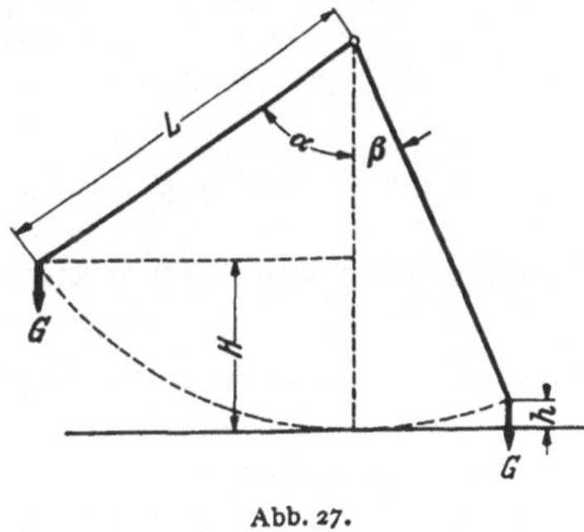

Abb. 27.

$$A = A_1 - A_2 = GH - Gh = G(L - L \cdot \cos\alpha) - G(L - L \cdot \cos\beta),$$

$$A = GL(1 - \cos\alpha) - GL(1 - \cos\beta) = GL[(1 - \cos\alpha) - (1 - \cos\beta)] = GL(\cos\beta - \cos\alpha), \text{ dann ist } a_k \text{ in kgm/cm}^2 = \frac{A}{F_0} = \frac{GL(\cos\beta - \cos\alpha)}{F_0}.$$

Die Normung des Kerbschlagbiegeversuches ist in dem Normblatt DIN 50115 mit der DVM-Probe (Abb. 28) und mit der ISA-Probe (Abb. 29) mit dem 10- bis

[1] Z. B.: Deutsche Bundesbahn $a = 90°$ $b = 0{,}12 \cdot Di$,
Germanischer Lloyd $a = 90°$ für Kohlenstoffstahl,
$a = 60°$ für legierten Stahl,
$b = 0{,}12 \cdot Di$ u. $b = 1{,}5 \cdot s$.
Techn. Überwachung (l. c.) $Da \gtrless 140$ mm; für $Da \gtrless 60$ mm, wenn $s \gtrless 0{,}13 \cdot Da$ ist,
$s \gtrless 8$ mm; $b = 1{,}5 \cdot s$ u. $b \gtrless 0{,}12 \cdot Di$,
$a = 90°$ für Werkstoffe $\sigma_{zB} = 35$ bis 45 kg/mm²,
$a = 60°$ für Werkstoffe $\sigma_{zB} = 45$ bis 55 kg/mm².

30-kgm-Pendelschlagwerk vorbereitet. Bei der Abnahme werden außerdem noch Proben mit besonderen Abmessungen (vgl. Abb. 30 bis 32) auf entsprechend gebauten Schlagwerken geprüft.

Jedem Pendelschlagwerk muß von dem Hersteller eine Maschinentafel beigegeben werden, aus der für jeden $\measuredangle\,\beta$ der zugehörige Wert für A_2 ersichtlich ist.

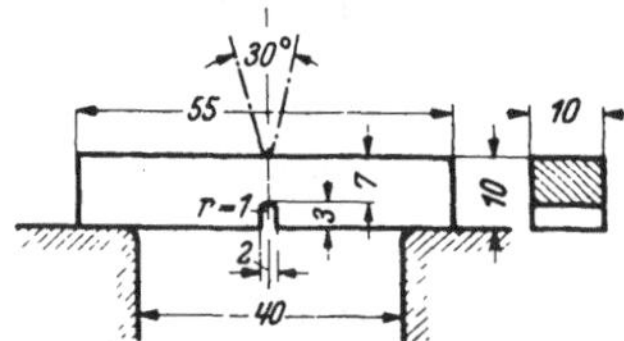

Abb. 28. DVM-Probe.
Äußere Abmessungen:
10 × 10 × 55 mm; F_0 = 10 × 7 mm.
Kerb gefräst oder geschliffen bzw. gebohrt und aufgeschnitten.

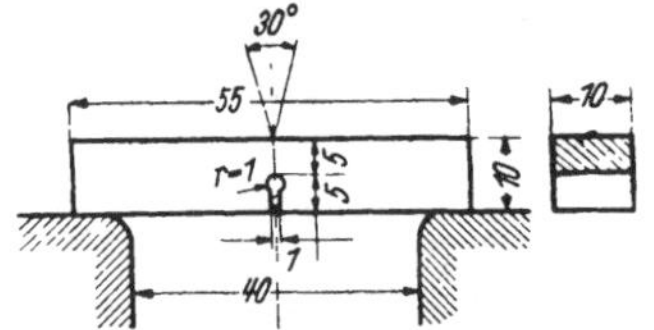

Abb. 29. ISA-Probe.
Äußere Abmessungen:
10 × 10 × 55 mm; F_0 = 10 × 5 mm.
Kerb gebohrt und aufgeschnitten.

Mit Hilfe der Maschinentafelwerte wird zweckmäßig für schnelles Arbeiten nach der Formel $\frac{A_1 - A_2}{F_0}$ für jeden Probenbruchquerschnitt eine Zahlentafel ausgerechnet, aus der unmittelbar die Kerbschlagzähigkeit für jeden erreichten $\measuredangle\,\beta$ abge-

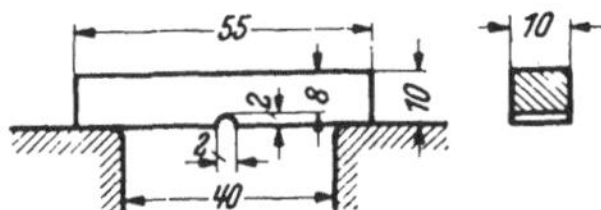

Abb. 30. Mesnager-Probe.
Äußere Abmessungen: 10 × 10 × 55 mm; F_0 = 10 × 8 mm.

lesen werden kann. An manchen Pendelschlagwerken ist eine Skala angebracht, auf der der Zeiger die verbrauchte Schlagarbeit (A) unmittelbar anzeigt, so daß sich eine Ausrechnung erübrigt.

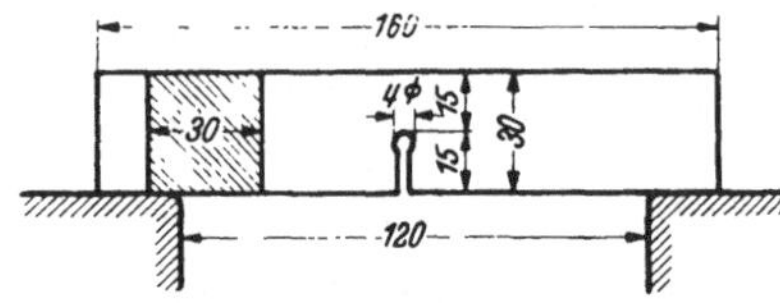

Abb. 31. Deutsche große Normprobe (Charpy-Probe).
Äußere Abmessungen:
30 × 30 × 160 mm; F_0 = 15 × 30 mm.

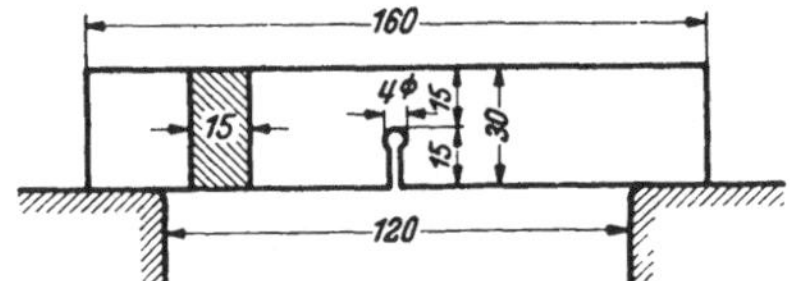

Abb. 32. VGB-Probe.
Äußere Abmessungen:
15 × 30 × 160 mm: F_0 = 15 × 15 mm.

Beispiel: Die Kerbschlagzähigkeit eines Stahles soll an einer DVM-Probe (s. Abb. 28) mit Hilfe eines 10-kgm-Pendelschlagwerkes ermittelt werden.

Gegeben: $A_1 = 10{,}000$ kgm, $F_0 = 10 \cdot 7 = 70\,\text{mm}^2 = 0{,}7\,\text{cm}^2$,
Erreichter Winkel: $\beta = 70^\circ$,
hierfür $A_2 = 3{,}469$ kgm aus der Maschinentafel (s. o.) abgelesen.

Dann ist die Kerbschlagzähigkeit des zu prüfenden Stahles

$$a_k = \frac{A_1 - A_2}{F_0} = \frac{10{,}000 - 3{,}469}{0{,}7} = \frac{6{,}531}{0{,}7} = 9{,}3\,\text{kgm/cm}^2.$$

E. Prüfung der Schweißnähte[1]).

1. Stumpfnähte.

Ermittelung der Schweißnahtfestigkeit.

a) Zugversuch. Probenahme gemäß Abbildung 33a, b, c. Ist die Nahtdicke a (Abb. 30a) gleich der zu messenden Blechdicke t, die Nahtlänge l gleich der Breite der fertig bearbeiteten Probe (Abb. 33c), so ist die Zugfestigkeit

$$\sigma_B = \frac{P \text{ kg}}{a \cdot l \text{ mm}^2}.$$

Die Bedingungen sind erfüllt für

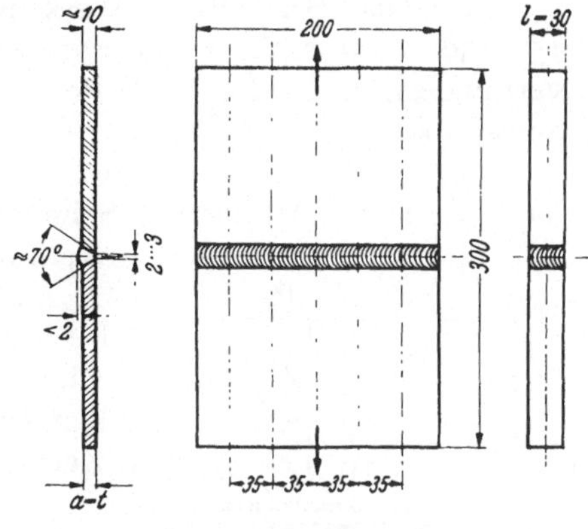

Abb. 33a, b, c.

St 37 mit $\sigma_B \geqq 37$ kg/mm² und für St 52 mit $\sigma_B \geqq 52$ kg/mm².

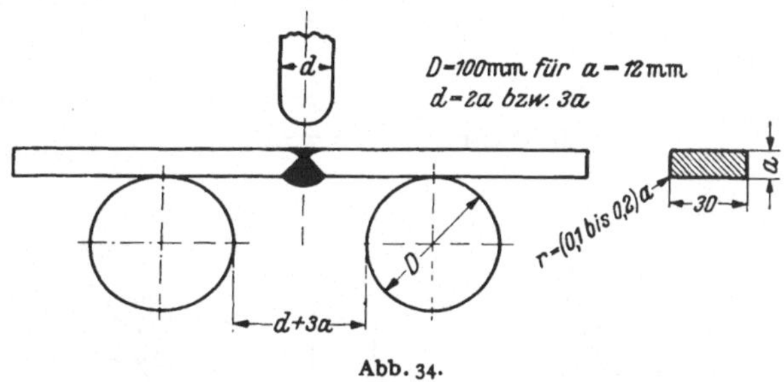

Abb. 34.

b) Faltversuch (Abb. 34). Die Bedingungen sind für alle Baustähle erfüllt, wenn sich die Probe bis zum ersten Anriß um mindestens 50° biegen läßt. Die Scheitelseite der Schweißnaht ist vorher zu ebnen (vgl. DIN 50121).

Außerdem bestehen Vorschriften über Prüfung von Schweißungen:

1. Werkstoff- und Bauvorschriften für Dampfkessel.

2. Richtlinien für die Herstellung von Hochleistungsdampfkesseln, von der Vereinigung der Großkesselbesitzer.

3. Richtlinien für den Bau und die Bestellung von Heißdampfrohrleitungen, von der Vereinigung der Großkesselbesitzer.

4. Sämtliche in- und ausländische Klassifikationsgesellschaften (z. B. Germ. Lloyd, Lloyd's Register of Shipping, American Bureau of Shipping, Büro Veritas usw.).

5. Deutsche Bundesbahn.

c) Kerbschlagbiegeversuch. Probenahme: Regel: Die DVM-Probe (Abb. 28) wird parallel zur Oberfläche des Werkstückes quer zur Schweißnaht entnommen und von der Wurzelseite der Naht aus in der Nahtmitte eingekerbt.

---

[1] DIN 50120; 50121; 50122; 50126.

Ausnahme: Bei dickeren Werkstücken kann auch die sogenannte VGB-Probe 15 × 30 × 160 (s. Abb. 32) verwendet werden. Wird die Kerbtiefe entsprechend vermindert, so ist die VGB-Probe auch für Dicken zwischen 30 und 25 mm anwendbar.

Zur Prüfung der Übergangszone zwischen Schweißung und Urwerkstoff ist nach vorheriger Ätzung der Schnittfläche die Probe so zu entnehmen, daß der Kerb in die Übergangszone fällt.

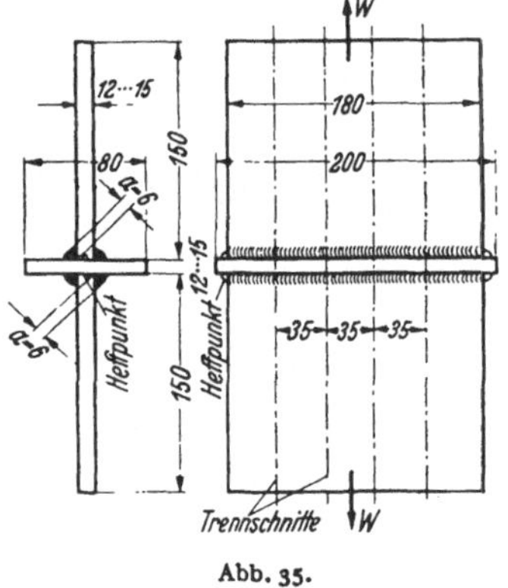

Abb. 35.

Auswertung der Versuche, wie auf Seite 19 und 20 beschrieben, wobei die Schlagarbeit, auf den Querschnitt am Grund des Kerbes bezogen und in kgm/cm² auf 0,1 kgm/cm² genau ausgedrückt, die Kerbschlagzähigkeit der Schweißnaht ergibt.

2. Kehlnähte.

Aus Stirnkehlnähten werden gemäß Abb. 35 drei Streifenkreuze von je 35 mm Breite für den Zugversuch herausgeschnitten und in der Richtung $W \leftrightarrow W$ zerrissen. Die Bedingungen sind erfüllt für

St 37 mit $\sigma_B \geqq 26$ kg/mm²

und für St 52 mit $\sigma_B \geqq 39$ kg/mm².

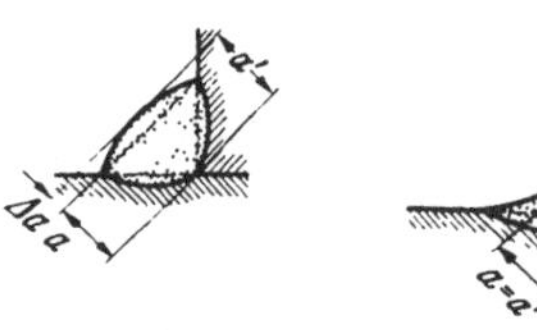

Abb. 36. Abb. 37.

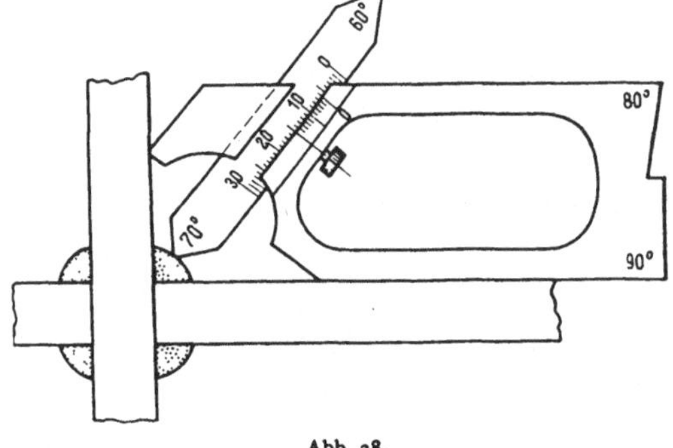

Abb. 38.

Hierbei sind:

$F = 2 \cdot a' \cdot l$,

$a' = a$ Kehlnahtdicke) $+ \Delta a$ (Wulstdicke) s. Abb. 36,

$a' = a$ (Kehlnahtdicke) bei leichten Kehlnähten s. Abb. 37,

$l =$ Länge der Kehlnaht $=$ Streifenbreite s. Abb. 33.

Die einzelnen Maße werden mit Hilfe der Meßvorrichtung (Abb. 38) festgestellt.

II. Begriffe.

Bezeichnung	Formelzeichen	Maßeinheiten bzw. math. Zeichen	Wert	Anwendung	Seite
Arbeit, verbrauchte ... aufgewendete ...... nichtverbrauchte ...	A A_1 A_2	kgm	$A = A_1 - A_2$	Kerbschlagbiegeversuch: Schlagarbeit	19
Aufweitung, Gütemaß .	G_m	%	$\frac{D_1 - D_0}{D_0} \cdot 100$	Rohrprüfung	18
Ausbauchung	$-\psi$	%	$\frac{\Delta F}{F_0} \cdot 100$	Druckversuch: Querschnittzunahme am Ende des Versuchs	9
Biegefestigkeit	σ_{bB}	kg/mm²	$\frac{P \cdot l_s}{4 \cdot W}$ [1]	Biegeversuch an Gußeisenstäben	16
Biegegröße, TETMAJERsche (Deutscher)	Bg	—	$50\,a/r$	Faltversuch (Biegeprobe)	16
Biegezahl, Gütemaß ..	—	—	Für Bleche: Mittel aus 3 Biegezahlen	Blech- u. Drahtprüfung, Anzahl der ertragenen Biegungswechsel bei der Hin- und Herbiegeprobe	17
Bördelung	—	% Di	90° für C-, 60° f. legierten Stahl	Rohrprüfung	19
BRINELL, J.A. (Schwede) = BRINELL-Härte ..	HB	kg/mm²	$\frac{2 \cdot P}{\pi \cdot D \cdot (D - \sqrt{D^2 - d^2})}$	Kugeldruckprobe bei Härteprüfungen	10
BRINELL-Härte s. u.					
Bruchdehnung	δ	%	$\frac{\Delta L}{L_0} \cdot 100$	Beim Zugversuch Dehnung des Probestabes innerhalb der Meßlänge nach erfolgtem Bruch	7
Bruchdurchbiegung ...	f_{max}	mm		Beim Biegeversuch größte Durchbiegung bei dem Bruch	16
CELSIUS, A. (Schwede) = CELSIUS-Grad ... Temperaturskala von LINNÉ und STÖRMER (Deutsche)	t	° oder ° C		Teilung des Abstandes, Eispunkt-Siedepunkt in 100 Grade	12
Dehnung	ε	%	$\frac{\Delta L}{L_0} \cdot 100$	Beim Zugversuch Dehnung des Probestabes innerhalb der Meßlänge während des Versuches	7
Deutsche große Normprobe	—	cm²	$F_0 = 1{,}5 \cdot 3{,}0$	Kerbschlagbiegeprobe	20
DVM-Probe (Deutscher Verband f. d. Materialprüfungen d. Technik)	DVM	cm²	$F_0 = 1{,}0 \cdot 0{,}7$	Deutsche kleine Normprobe für Kerbschlagbiegeversuche	20

[1] P in der Stabmitte angreifend.

Bezeichnung	Formelzeichen	Maßeinheiten bzw. math. Zeichen	Wert	Anwendung	Seite
Eindrucktiefe					
BRINELL-Probe	h	mm		Härteprüfungen	10
ROCKWELL-Probe ..	e	0,002 mm			14
VICKERS-Probe	h	mm			14
Einschnürung (Kontraktion)	ψ	%	$\frac{\Delta F}{F_0} \cdot 100$	Beim Zugversuch größte Querschnittsverminderung an der Bruchstelle	9
FAHRENHEIT, G. D. (Deutscher) .... = FAHRENHEIT-Grad	t	° F		Teilung des Abstandes Eispunkt-Siedepunkt in 180 Grade	
Festigkeit, allgemein ..	σ_B	—	—	Werkstoffeigenschaft	1
Zugfestigkeit	σ_{zB}	kg/mm²	$\frac{P_{max}}{F_0}\frac{kg}{mm^2}$	Zugversuch	
Druckfestigkeit	σ_{dB}	kg/mm²		Druckversuch	
Biegefestigkeit	σ_{bB}	kg/mm²	$P \cdot c$	Biegeversuch	
Härte, Härtezahl	—	—	—	Werkstoffeigenschaft	
BRINELL-(Kugeldruck-)Härte	$H\,B$	kg/mm²	$\frac{2 \cdot P}{\pi \cdot D(D - \sqrt{D^2 - d^2})}$	Kugeldruckprobe	10
VICKERS-(Pyramiden-/druck/-)Härte ...	$H\,V$	kg/mm²	$\frac{P \cdot 1{,}8544}{d^2}$	VICKERS-Probe	14
ROCKWELL-(Vorlast-) Härte	$H\,Rc$	0,002 mm	$100 - \frac{e_1}{e}$	ROCKWELL-Probe	14
ISA-Probe .... (International Federation of the National Standardizing Assoc.)	—	cm²	$F_0 = 1{,}0 \cdot 0{,}5$	Kerbschlagbiegeprobe für Werkstoffe mit ungewöhnlicher großer Kerbschlagzähigkeit	20
KELVIN = KELVIN-Grad	T	° abs oder ° K		Bezeichnung für die absolute Temperatur 0° = − 273° C	19
Kerbschlagzähigkeit...	a_k	kgm/cm²	$\frac{A_1 - A_2}{F_0}$	Kerbschlagbiegeversuch durch Pendelhammer	
Längen					
-Änderung	ΔL	mm	$L - L_0$	Maß beim Zugversuch	1
Versuchslänge	L_v	mm	$L_0 + d$	Maß beim Zugversuch	
Meßlänge, ursprüngl.	L_0	mm	verschieden	Maß beim Zugversuch	
— jeweilige	L	mm	verschieden	Maß beim Zugversuch	
MESNAGER-Probe ..... (A. MESNAGER, Franzose)	—	cm²	$F_0 = 1{,}0 \cdot 0{,}8$	Kerbschlagbiegeprobe (besond. Vorschrift)	20
ROCKWELL-Härte s. Härte	Auf den Grundlagen der Kegeldruckprobe von P. LUDWICK (Deutscher) entwickelt				
Stauchung	$-\varepsilon$	%	$\frac{\Delta L \cdot 100}{L_0}$	Beim Druckversuch Verkürzung der Probe innerhalb der Meßlänge während des Versuches	7

Bezeichnung	Formel-Zeichen	Maßeinheiten bzw. math. Zeichen	Wert	Anwendung	Seite
Streckgrenze, allgemein (Fließgrenze) .... — obere .... — untere 0,2-Grenze	σ_S (F) σ_{So} σ_{Su} $\sigma_{0,2}$	kg/mm²	$\frac{P}{F_0}$	Beim Zugversuch Grenzspannung, bei der trotz weiter zunehmender Dehnung des Probestabes die Kraftanzeiger der Prüfmaschine erstmalig unverändert bleibt oder zurückgeht. Beginn des Fließens	5
Trägheitsmoment	J	cm⁴	$\frac{\pi \cdot d^4}{64}$	für Kreisquerschnitte	107
VGB-Probe .... (Vereinigung d. Großkesselbesitzer)		cm²	$F_0 = 1,5 \cdot 1,5$	Kerbschlagbiegeversuch	20
Widerstandsmoment...	W	mm³	$\frac{\pi \cdot d^3}{32}$	Biegeversuch an Gußeisen-Rundstäben[1]	16
c-Wert	c	$\frac{1}{mm^2}$	$\frac{L_S}{4\,W}$		

[1] P in der Stabmitte angreifend.

III. Schrifttumnachweis.

Arbeitsergebnisse des Deutschen Normenausschusses: Normblätter, Veröffentlichungen; DIN Taschenbuch 19. Materialprüfnormen fur metallische Werkstoffe.

Bureau Veritas, Materialprufung.

British Standards Institution, Abnahmevorschriften.

DAMEROW, E.: Die praktische Werkstoffabnahme.

DAMEROW, E.: Über zulässige Streuungen bei den Härteprüfergebnissen. Z. Die Abnahme VI, 7, S. 43/45 und 8, S. 49/51.

DAMEROW, E. A., u. W. STEURER: Technologische Prüfungen. Handbuch der Werkstoffprüfung Bd. II.

DVM u. G. JENSCH: Tafeln zur Ermittlung der Härte.

FREYTAG, Fr.: Hilfsbuch für den Maschinenbau.

Germanischer Lloyd, Werkstoffvorschriften .

HENGEMÜHLE, W.: Härteprüfung. Handbuch der Werkstoffprufung Bd. II.

HERR, A.: Die Härteprüfung nach VICKERS. Z. Die Abnahme I, 8, S. 91/94 und II, 7, S. 82.

„HÜTTE": Des Ingenieurs Taschenbuch.

KÖRBER, F., u. A. KRISCH: Festigkeitsprüfung bei ruhender Belastung. Handbuch der Werkstoffprüfung Bd. II.

Lloyds Register of Shipping, Prüfungen von Materialien.

Vorschrift des Deutschen Aufzugsausschusses.

Werkstoff- und Bauvorschriften für Dampfkessel.

IV. Tafeln für Festigkeitsbestimmungen.

Zahlentafel 1. *Rundstäbe* (außer Gußeisen)[1].

Maße in mm — Abb. 1.

d[2]	F_0	L_0	L_v	L_t	r	h	D
		Kurze Proportionalstäbe ($L_0 = 5\,d$).					
3	7,1	15	18	32	Kleinstmaß r = 4 mm	5	M 6
4	12,6	20	24	40		6	M 8
5	19,6	25	30	50		7	M 8
6	28,3	30	36	60		8	M 10
8	50,3	40	48	75		10	M 12
10	78,5	50	60	90		12	M 16
12	113,1	60	72	110		15	M 18
14	153,9	70	84	125		17	M 20
15	176,7	75	90	135		18	M 24
16	201,1	80	96	145		20	M 24
18	254,5	90	108	160		22	M 27
20	314,2	100	120	175		24	M 30
25	490,9	125	150	220		31	M 36
			Kurzer Normalstab.				
20	314,2	100	120	214	30	30	M 30
		Lange Proportionalstäbe ($L_0 = 10\,d$).					
3	7,1	30	33	47	Kleinstmaß r = 4 mm	5	M 6
4	12,6	40	44	60		6	M 8
5	19,6	50	55	75		7	M 8
6	28,3	60	66	90		8	M 10
8	50,3	80	88	115		10	M 12
10	78,5	100	110	140		12	M 16
12	113,1	120	132	170		15	M 18
14	153,9	140	154	195		17	M 20
15	176,7	150	165	210		18	M 24
16	201,1	160	176	225		20	M 24
18	254,5	180	198	250		22	M 27
20	314,2	200	220	275		24	M 30
25	490,9	250	275	345		31	M 36
			Langer Normalstab.				
20	314,2	200	220	314	30	30	M 30

Zahlentafel 2. *Rundstäbe aus Gußeisen.*

Maße in mm — Abb. 2.

d	F_0	L_t	r	h	D	d	F_0	L_t	r	h	D
6	28,3	54	50±5	13	M 10	20	314,2	115	50±5	36	M 30
8	50,3	63		16	M 12	25	490,9	134		44	M 36
10	78,5	74		20	M 16	32	864,3	160		55	M 45
12,5	122,7	85		24	M 20	40	1256,6	190		68	M 56
16	201,1	100		30	M 24						

Die Proben werden nach der Normvorschrift DIN 1691,6 entnommen und nach DIN 50109 fertigbearbeitet.

Zahlentafel 3. *Rundstäbe aus Temperguß.*

Maße in mm — Abb. 3.

d	F_0	L_0	L_v	L_t	r	$h\approx$	D	d	F_0	L_0	L_v	L_t	r	$h\approx$	D
6	28,3	18	20	90	6	30	10	15	176,7	45	50	180	8	60	19
9	63,0	27	30	120	6	40	13	18	254,5	54	60	210	10	70	22
12	113,0	36	40	150	8	50	16								

Vgl. hierzu DIN 1692.

[1] Sondervorschriften:

Abnahme	F_0	L_0
Germanischer Lloyd	$\leqq 250$	$11{,}3\sqrt{F_0}$
	$\geqq 250$	200,0

[2] Die Toleranz für d beträgt in Sonderfällen ± 0,03 mm. Ist die Abweichung größer, so ist für den gemessenen Durchmesser der Querschnitt zu ermitteln (Zahlentafeln 4 und 5).

Zahlentafel 4. *Ermittelung der Probenquerschnitte für Rundstäbe.*
Kreisinhalte für die Durchmesser von 1,0 bis 50,9 mm.

Ø	F_0 mm^2									
mm	0	1	2	3	4	5	6	7	8	9
1	0,79	0,95	1,1	1,3	1,5	1,8	2,0	2,3	2,5	2,8
2	3,1	3,5	3,8	4,2	4,5	4,9	5,3	5,7	6,2	6,6
3	7,1	7,5	8,0	8,6	9,1	9,6	10,2	10,8	11,3	11,9
4	12,6	13,2	13,9	14,5	15,2	15,9	16,6	17,3	18,1	18,9
5	19,6	20,4	21,2	22,1	22,9	23,8	24,6	25,5	26,4	27,3
6	28,3	29,2	30,2	31,2	32,2	33,2	34,2	35,3	36,3	37,4
7	38,5	39,6	40,7	41,9	43,0	44,2	45,4	46,6	47,8	49,0
8	50,3	51,5	52,8	54,1	55,4	56,7	58,1	59,4	60,8	62,2
9	63,6	65,0	66,5	67,9	69,4	70,9	72,4	73,9	75,4	77,0
10	78,5	80,1	81,7	83,3	84,9	86,6	88,2	89,9	91,6	93,3
11	95,0	96,8	98,5	100,3	102,1	103,9	105,7	107,5	109,4	111,2
12	113,1	115,0	116,9	118,8	120,8	122,7	124,7	126,7	128,7	130,7
13	132,7	134,8	136,8	138,9	141,0	143,1	145,3	147,4	149,6	151,7
14	153,9	156,1	158,4	160,6	162,9	165,1	167,4	169,7	172,0	174,4
15	176,7	179,1	181,5	183,9	186,3	188,7	191,1	193,6	196,1	198,6
16	201,1	203,6	206,1	208,7	211,2	213,8	216,4	219,0	221,7	224,3
17	227,0	229,7	232,4	235,1	237,8	240,5	243,3	246,1	248,8	251,6
18	254,5	257,3	260,2	263,0	265,9	268,8	271,7	274,6	277,6	280,6
19	283,5	286,5	289,5	292,6	295,6	298,6	301,7	304,8	307,9	311,0
20	314,2	317,3	320,5	323,7	326,9	330,1	333,3	336,5	339,8	343,1
21	346,4	349,7	353,0	356,3	359,7	363,1	366,4	369,8	373,3	376,7
22	380,1	383,6	387,1	390,6	394,1	397,6	401,2	404,7	408,3	411,9
23	415,5	419,1	422,7	426,4	430,1	433,7	437,4	441,2	444,9	448,6
24	452,4	456,2	460,0	463,8	467,6	471,4	475,3	479,2	483,1	487,0
25	490,9	494,8	498,8	502,7	506,7	510,7	414,7	518,7	522,8	526,9
26	530,9	535,0	539,1	543,3	547,4	551,5	555,7	559,9	564,1	568,3
27	572,6	576,8	581,1	585,3	589,6	594,0	598,3	602,6	607,0	611,4
28	615,8	620,2	624,6	629,0	633,5	637,9	642,4	646,9	651,4	656,0
29	660,5	665,1	669,7	674,3	678,9	683,5	688,1	692,8	697,5	702,2
30	706,9	711,6	716,3	721,1	725,8	730,6	735,4	740,2	745,1	749,9
31	754,8	759,6	764,5	769,4	774,4	779,3	784,2	789,2	794,2	799,2
32	804,2	809,3	814,3	819,4	824,5	829,6	834,7	839,8	845,0	850,1
33	855,3	860,5	865,7	870,9	876,2	881,4	886,7	892,0	897,3	902,6
34	907,9	913,3	918,6	924,0	929,4	934,8	940,2	945,7	951,1	956,6
35	962,1	967,6	973,1	978,7	984,2	989,8	995,4	1001,0	1006,6	1012,2
36	1017,9	1023,5	1029,2	1034,9	1040,6	1046,4	1052,1	1057,9	1063,6	1069,4
37	1075,2	1081,0	1086,9	1092,7	1098,6	1104,5	1110,4	1116,3	1122,2	1128,2
38	1134,1	1140,1	1146,1	1152,1	1158,1	1164,2	1170,2	1176,3	1182,4	1188,5
39	1194,6	1200,7	1206,9	1213,0	1219,2	1225,4	1231,6	1237,9	1244,1	1250,4
40	1256,6	1262,9	1269,2	1275,6	1281,9	1288,3	1294,6	1301,0	1307,4	1313,8
41	1320,3	1326,7	1333,2	1339,7	1346,1	1352,7	1359,2	1365,7	1372,3	1378,9
42	1385,4	1392,1	1398,7	1405,3	1412,0	1418,6	1425,3	1432,0	1438,7	1445,5
43	1452,2	1459,0	1465,7	1472,5	1479,3	1486,2	1493,0	1499,9	1506,7	1513,6
44	1520,5	1527,5	1534,4	1541,3	1548,3	1555,3	1562,3	1569,3	1576,3	1583,4
45	1590,4	1597,5	1604,6	1611,7	1618,8	1626,0	1633,1	1640,3	1647,5	1654,7
46	1661,9	1669,1	1676,4	1683,7	1690,9	1698,2	1705,5	1712,9	1720,2	1727,6
47	1734,9	1742,3	1749,7	1757,2	1764,6	1772,1	1779,5	1787,0	1794,5	1802,0
48	1809,6	1817,1	1824,7	1832,3	1839,8	1847,5	1855,1	1862,7	1870,4	1878,1
49	1885,7	1893,5	1901,2	1908,9	1916,7	1924,4	1932,2	1940,0	1947,8	1955,7
50	1963,5	1971,4	1979,2	1987,1	1995,0	2003,0	2010,9	2018,9	2026,8	2034,8

Zahlentafel 5. *Umrechnungsfaktoren für abweichende Rundstabquerschnitte.*
T_0 = Abmaß. f = Faktor. Maße in mm.

Ø	d = 4 mm			d = 6 mm			d = 10 mm		
T_0 0,01	d	F_0	f	d	F_0	f	d	F_0	f
−10	3,90	11,946	1,051	5,90	27,340	1,033	9,90	76,977	1,020
− 9	1	12,007	1,046	1	27,433	1,030	1	77,133	1,018
− 8	2	12,069	1,041	2	27,525	1,027	2	77,288	1,016
− 7	3	12,130	1,036	3	27,618	1,023	3	77,444	1,014
− 6	4	12,192	1,031	4	27,712	1,020	4	77,600	1,012
− 5	3,95	12,254	1,026	5,95	27,805	1,017	9,95	77,756	1,010
− 4	6	12,316	1,020	6	27,899	1,013	6	77,913	1,008
− 3	7	12,379	1,015	7	27,992	1,010	7	78,069	1,006
− 2	8	12,441	1,010	8	28,086	1,007	8	78,226	1,004
− 1	9	12,504	1,005	9	28,180	1,003	9	78,383	1,002
± 0	4,00	12,566	1,000	6,00	28,274	1,000	10,00	78,540	1,000
+ 1	1	12,629	0,995	1	28,369	0,997	1	78,697	0,998
+ 2	2	12,692	0,990	2	28,463	0,993	2	78,854	0,996
+ 3	3	12,756	0,985	3	28,558	0,990	3	79,012	0,994
+ 4	4	12,819	0,980	4	28,653	0,987	4	79,169	0,992
+ 5	4,05	12,883	0,976	6,05	28,748	0,983	10,05	79,327	0,990
+ 6	6	12,946	0,971	6	28,843	0,980	6	79,485	0,988
+ 7	7	13,010	0,966	7	28,938	0,977	7	79,643	0,986
+ 8	8	13,074	0,961	8	29,033	0,973	8	79,802	0,984
+ 9	9	13,138	0,956	9	29,129	0,967	9	79,960	0,982
+10	4,10	13,203	0,951	6,10	29,225	0,960	10,10	80,118	0,980
	d = 5 mm			d = 8 mm			d = 12 mm		
−10	4,90	18,857	1,040	7,90	49,017	1,025	11,90	111,22	1,017
− 9	1	18,935	1,036	1	49,141	1,023	1	111,41	1,015
− 8	2	19,012	1,032	2	49,265	1,020	2	111,60	1,014
− 7	3	19,089	1,028	3	49,390	1,018	3	111,78	1,012
− 6	4	19,167	1,024	4	49,514	1,015	4	111,97	1,010
− 5	4,95	19,244	1,020	7,95	49,639	1,012	11,95	112,16	1,009
− 4	6	19,322	1,016	6	49,764	1,010	6	112,35	1,007
− 3	7	19,400	1,012	7	49,889	1,007	7	112,54	1,005
− 2	8	19,478	1,008	8	50,015	1,005	8	112,72	1,003
− 1	9	19,557	1,004	9	50,140	1,002	9	112,91	1,002
± 0	5,00	19,635	1,000	8,00	50,266	1,000	12,00	113,10	1,000
+ 1	1	19,714	0,996	1	50,391	0,997	1	113,29	0,998
+ 2	2	19,792	0,992	2	50,517	0,995	2	113,48	0,997
+ 3	3	19,871	0,988	3	50,643	0,992	3	113,66	0,995
+ 4	4	19,950	0,984	4	50,769	0,990	4	113,85	0,993
+ 5	5,05	20,030	0,980	8,05	50,896	0,988	12,05	114,04	0,992
+ 6	6	20,109	0,976	6	51,022	0,985	6	114,23	0,990
+ 7	7	20,189	0,972	7	51,149	0,983	7	114,42	0,988
+ 8	8	20,268	0,968	8	51,276	0,980	8	114,60	0,986
+ 9	9	20,348	0,964	9	51,403	0,978	9	114,79	0,985
+10	5,10	20,428	0,961	8,10	51,530	0,975	12,10	114,99	0,983

Zahlentafel 5. *Umrechnungsfaktoren für abweichende Rundstabquerschnitte.*
(Fortsetzung.)

Ø	d = 14 mm			d = 16 mm			d = 20 mm		
T_0 0,01	d	F_0	f	d	F_0	f	d	F_0	f
−10	13,90	151,75	1,014	15,90	198,56	1,012	19,90	311,03	1,010
− 9	1	151,96	1,012	1	198,81	1,011	1	311,34	1,009
− 8	2	152,18	1,011	2	199,06	1,010	2	311,66	1,008
− 7	3	152,40	1,010	3	199,31	1,008	3	311,97	1,007
− 6	4	152,62	1,008	4	199,56	1,007	4	312,28	1,006
− 5	13,95	152,84	1,007	5	199,81	1,006	19,95	312,60	1,005
− 4	6	153,06	1,006	6	200,06	1,005	6	312,91	1,004
− 3	7	153,28	1,004	7	200,31	1,004	7	313,22	1,003
− 2	8	153,50	1,003	8	200,56	1,002	8	313,53	1,002
− 1	9	153,72	1,001	9	200,81	1,001	9	313,85	1,001
± 0	14,00	153,94	1,000	16,00	201,06	1,000	20,00	314,16	1,000
+ 1	1	154,16	0,999	1	201,31	0,999	1	314,48	0,999
+ 2	2	154,38	0,997	2	201,56	0,998	2	314,79	0,998
+ 3	3	154,60	0,996	3	201,81	0,996	3	315,11	0,997
+ 4	4	154,82	0,994	4	202,06	0,995	4	315,42	0,996
+ 5	14,05	155,04	0,993	5	202,31	0,994	20,05	315,74	0,995
+ 6	6	155,26	0,992	6	202,56	0,993	6	316,05	0,994
+ 7	7	155,48	0,990	7	202,81	0,992	7	316,37	0,993
+ 8	8	155,70	0,989	8	203,06	0,990	8	316,68	0,992
+ 9	9	155,92	0,987	9	203,31	0,989	9	317,00	0,991
+10	14,10	156,15	0,986	16,10	203,56	0,988	20,10	317,31	0,990

Ø	d = 15 mm			d = 18 mm			d = 25 mm		
−10	14,90	174,37	1,013	17,90	251,65	1,011	24,90	486,96	1,008
− 9	1	174,61	1,012	1	251,93	1,010	1	487,35	1,007
− 8	2	174,84	1,010	2	252,21	1,009	2	487,74	1,006
− 7	3	175,08	1,009	3	252,50	1,008	3	488,13	1,006
− 6	4	175,31	1,008	4	252,78	1,007	4	488,52	1,005
− 5	14,95	175,55	1,007	5	253,05	1,006	24,95	488,91	1,004
− 4	6	175,78	1,005	6	253,34	1,004	6	489,30	1,003
− 3	7	176,02	1,004	7	253,62	1,003	7	489,69	1,002
− 2	8	176,25	1,003	8	253,90	1,002	8	490,08	1,002
− 1	9	176,49	1,001	9	254,19	1,001	9	490,47	1,001
± 0	15,00	176,72	1,000	18,00	254,47	1,000	25,00	490,87	1,000
+ 1	1	176,96	0,999	1	254,75	0,999	1	491,27	0,999
+ 2	2	177,19	0,997	2	255,03	0,998	2	491,66	0,998
+ 3	3	177,43	0,996	3	255,32	0,997	3	492,05	0,998
+ 4	4	177,66	0,995	4	255,60	0,996	4	492,44	0,997
+ 5	15,05	177,90	0,993	5	255,88	0,994	25,05	492,83	0,996
+ 6	6	178,14	0,992	6	256,17	0,993	6	493,22	0,995
+ 7	7	178,37	0,991	7	256,45	0,992	7	493,61	0,994
+ 8	8	178,61	0,990	8	256,73	0,991	8	494,01	0,994
+ 9	9	178,84	0,988	9	257,02	0,990	9	494,40	0,993
+10	15,10	179,08	0,987	18,10	257,30	0,989	25,10	494,80	0,992

Zahlentafel 6. *Abmessungen und Meßlängen für Rundstäbe.*
Maße in mm.

Ø	F_0	L_0		Ø	F_0	L_0		Ø	F_0	L_0	
		5 *d*	10 *d*			5 *d*	10 *d*			5 *d*	10 *d*
1,0	0,785	5	10	6,0	28,27	30	60	11,0	95,03	55	110
1	0,950		11	1	29,22		61	1	96,77		111
2	1,131	6	12	2	30,19	31	62	2	98,52	56	112
3	1,327		13	3	31,17		63	3	100,3		113
4	1,539	7	14	4	32,17	32	64	4	102,1	57	114
5	1,767		15	5	33,18		65	5	103,9		115
6	2,011	8	16	6	34,21	33	66	6	105,7	58	116
7	2,270		17	7	35,26		67	7	107,5		117
8	2,545	9	18	8	36,32	34	68	8	109,4	59	118
9	2,835		19	9	37,39		69	9	111,2		119
2,0	3,142	10	20	7,0	38,48	35	70	12,0	113,1	60	120
1	3,464		21	1	39,59		71	1	115,0		121
2	3,801	11	22	2	40,72	36	72	2	116,9	61	122
3	4,155		23	3	41,85		73	3	118,8		123
4	4,524	12	24	4	43,01	37	74	4	120,8	62	124
5	4,909		25	5	44,18		75	5	122,7		125
6	5,309	13	26	6	45,36	38	76	6	124,7	63	126
7	5,726		27	7	46,57		77	7	126,7		127
8	6,158	14	28	8	47,78	39	78	8	128,7	64	128
9	6,605		29	9	49,02		79	9	130,7		129
3,0	7,069	15	30	8,0	50,27	40	80	13,0	132,7	65	130
1	7,548		31	1	51,53		81	1	134,8		131
2	8,042	16	32	2	52,81	41	82	2	136,8	66	132
3	8,553		33	3	54,11		83	3	138,9		133
4	9,079	17	34	4	55,42	42	84	4	141,0	67	134
5	9,621		35	5	56,75		85	5	143,1		135
6	10,18	18	36	6	58,09	43	86	6	145,3	68	136
7	10,75		37	7	59,45		87	7	147,4		137
8	11,34	19	38	8	60,82	44	88	8	149,6	69	138
9	11,95		39	9	62,21		89	9	151,7		139
4,0	12,57	20	40	9,0	63,62	45	90	14,0	153,9	70	140
1	13,20		41	1	65,04		91	1	156,1		141
2	13,85	21	42	2	66,48	46	92	2	158,4	71	142
3	14,52		43	3	67,93		93	3	160,6		143
4	15,21	22	44	4	69,40	47	94	4	162,9	72	144
5	15,90		45	5	70,88		95	5	165,1		145
6	16,62	23	46	6	72,38	48	96	6	167,4	73	146
7	17,35		47	7	73,90		97	7	169,7		147
8	18,10	24	48	8	75,43	49	98	8	172,0	74	148
9	18,86		49	9	76,97		99	9	174,4		149
5,0	19,64	25	50	10,0	78,54	50	100	15,0	176,7	75	150
1	20,43		51	1	80,12		101	1	179,1		151
2	21,24	26	52	2	81,71	51	102	2	181,5	76	152
3	22,06		53	3	83,32		103	3	183,9		153
4	22,90	27	54	4	84,95	52	104	4	186,3	77	154
5	23,76		55	5	86,59		105	5	188,7		155
6	24,63	28	56	6	88,25	53	106	6	191,1	78	156
7	25,52		57	7	89,92		107	7	193,6		157
8	26,42	29	58	8	91,61	54	108	8	196,1	79	158
9	27,34		59	9	93,31		109	9	198,6		159
6,0	28,27	30	60	11,0	95,03	55	110	16,0	201,1	80	160

Zahlentafel 6. *Abmessungen und Meßlängen für Rundstäbe.* (Fortsetzung.)

Ø	F_0	L_0		Ø	F_0	L_0		Ø	F_0	L_0	
		5 d	10 d			5 d	10 d			5 d	10 d
16,0	201,1	80	160	21,5	363,1		215	29,0	660,5	145	290
1	203,6		161	6	366,4	108	216	2	669,7	146	292
2	206,1	81	162	7	370,0		217	4	678,9	147	294
3	208,7		163	8	373,3	109	218	6	688,1	148	296
4	211,2	82	164	9	376,7		219	8	697,5	149	298
5	213,8		165	22,0	380,1	110	220	30,0	706,9	150	300
6	216,4	83	166	1	383,6		221	2	716,3	151	302
7	219,0		167	2	387,1	111	222	4	725,8	152	304
8	221,7	84	168	3	390,6		223	6	735,4	153	306
9	224,3		169	4	394,1	112	224	8	745,1	154	308
17,0	227,0	85	170	5	397,6		225	31,0	754,8	155	310
1	229,7		171	6	401,2	113	226	2	764,5	156	312
2	232,4	86	172	7	404,7		227	4	774,4	157	314
3	235,1		173	8	408,3	114	228	6	784,3	158	316
4	237,8	87	174	9	411,9		229	8	794,2	159	318
5	240,5		175	23,0	415,5	115	230	32,0	804,2	160	320
6	243,3	88	176	1	419,1		231	2	814,3	161	322
7	246,1		177	2	422,7	116	232	4	824,5	162	324
8	248,8	89	178	3	426,4		233	6	834,7	163	326
9	251,6		179	4	430,1	117	234	8	845,0	164	328
18,0	254,5	90	180	5	433,7		235	33,0	855,3	165	330
1	257,3		181	6	437,4	118	236	2	865,7	166	332
2	260,2	91	182	7	441,2		237	4	876,2	167	334
3	263,0		183	8	444,9	119	238	6	886,7	168	336
4	265,9	92	184	9	448,6		239	8	897,3	169	338
5	268,8		185	24,0	452,4	120	240	34,0	908,0	170	340
6	271,7	93	186	1	456,2		241	2	918,6	171	342
7	274,6		187	2	460,0	121	242	4	929,4	172	344
8	277,6	94	188	3	463,8		243	6	940,2	173	346
9	280,6		189	4	467,6	122	244	8	951,1	174	348
19,0	283,5	95	190	5	471,4		245	35,0	962,1	175	350
1	286,5		191	6	475,3	123	246	2	973,1	176	352
2	289,5	96	192	7	479,2		247	4	984,2	177	354
3	292,6		193	8	483,1	124	248	6	995,4	178	356
4	295,6	97	194	9	487,0		249	8	1006,6	179	358
5	298,6		195	25,0	490,9	125	250	36,0	1017,8	180	360
6	301,7	98	196	2	498,8	126	252	2	1029,2	181	362
7	304,8		197	4	506,8	127	254	4	1040,6	182	364
8	307,9	99	198	6	514,7	128	256	6	1052,0	183	366
9	311,0		199	8	522,8	129	258	8	1063,6	184	368
20,0	314,2	100	200	26,0	530,9	130	260	37,0	1075,2	185	370
1	317,3		201	2	539,1	131	262	2	1086,9	186	372
2	320,5	101	202	4	574,4	132	264	4	1098,6	187	374
3	323,7		203	6	555,7	133	266	6	1110,4	188	376
4	326,9	102	204	8	564,1	134	268	8	1122,2	189	378
5	330,1		205	27,0	572,6	135	270	38,0	1134,1	190	380
6	333,3	103	206	2	581,1	136	272	2	1146,1	191	382
7	336,5		207	4	589,6	137	274	4	1158,1	192	384
8	339,8	104	208	6	598,3	138	276	6	1170,2	193	386
9	343,1		209	8	607,0	139	278	8	1182,3	194	388
21,0	346,4	105	210	28,0	615,8	140	280	39,0	1194,6	195	390
1	349,7		211	2	624,6	141	282	2	1206,9	196	392
2	353,0	106	212	4	633,5	142	284	4	1219,2	197	394
3	356,3		213	6	642,4	143	286	6	1231,6	198	396
4	359,7	107	214	8	651,4	144	288	8	1244,1	199	398
5	363,1		215	29,0	660,5	145	290	40,0	1256,6	200	400

R 3

Zahlentafel 7. *Rundstab* $d = 3$ mm. $F_0 = 7{,}069$ mm².

Zugfestigkeiten.

P kg	σ_B kg/mm²	P kg	σ_B kg/mm²	P kg	σ_B kg/mm²	P kg	σ_B kg/mm²	P kg	σ_B kg/mm²	P kg	σ_B kg/mm²
125	17,68	275	38,91	425	60,12	575	81,34	725	102,56	875	123,78
30	18,39	80	39,61	30	60,83	80	82,05	30	103,27	80	124,49
35	19,10	85	40,32	35	61,54	85	82,76	35	103,98	85	125,20
40	19,81	90	41,03	40	62,25	90	83,47	40	104,69	90	125,90
45	20,52	95	41,73	45	62,95	95	84,17	45	105,39	95	126,61
150	21,22	300	42,44	450	63,66	600	84,88	750	106,10	900	127,32
55	21,93	05	43,15	55	64,37	05	85,59	55	106,81	05	128,03
60	22,64	10	43,86	60	65,08	10	86,30	60	107,51	10	128,73
65	23,34	15	44,56	65	65,78	15	87,00	65	108,22	15	129,44
70	24,05	20	45,27	70	66,49	20	87,71	70	108,93	20	130,15
175	24,76	325	45,98	475	67,20	625	88,42	775	109,64	925	130,86
80	25,47	30	46,69	80	67,91	30	89,12	80	110,34	30	131,56
85	26,17	35	47,39	85	68,61	35	89,83	85	111,05	35	132,27
90	26,88	40	48,10	90	69,32	40	90,54	90	111,76	40	132,98
95	27,59	45	48,81	95	70,03	45	91,25	95	112,47	45	133,69
200	28,30	350	49,51	500	70,73	650	91,95	800	113,17	950	134,39
05	29,00	55	50,22	05	71,44	55	92,66	05	113,88	55	135,10
10	29,71	60	50,93	10	72,15	60	93,37	10	114,59	60	135,81
15	30,42	65	51,64	15	72,86	65	94,08	15	115,30	65	136,51
20	31,12	70	52,34	20	73,56	70	94,78	20	116,00	70	137,22
225	31,83	375	53,05	525	74,27	675	95,49	825	116,71	975	137,93
30	32,54	80	53,76	30	74,98	80	96,20	30	117,42	80	138,64
35	33,25	85	54,47	35	75,69	85	96,90	35	118,12	85	139,34
40	33,95	90	55,17	40	76,39	90	97,61	40	118,83	90	140,05
45	34,66	95	55,88	45	77,10	95	98,32	45	119,54	95	140,76
250	35,37	400	56,59	550	77,81	700	99,03	850	120,25	1000	141,47
55	36,08	05	57,30	55	78,51	05	99,73	55	120,95		
60	36,78	10	58,00	60	79,22	10	100,44	60	121,66		
65	37,49	15	58,71	65	79,93	15	101,15	65	122,37		
70	38,20	20	59,42	70	80,64	20	101,85	70	123,07		

Dehnungen. $L_0 = 15$ mm.

ΔL mm	δ vH	ΔL mm	δ vH	ΔL mm	δ vH	ΔL mm	δ vH	ΔL mm	δ vH	ΔL mm	δ vH
0,0	0,00	1,0	6,67	2,0	13,33	3,0	20,00	4,0	26,67	5,0	33,33
1	0,67	1	7,33	1	14,00	1	20,67	1	27,33	1	34,00
2	1,33	2	8,00	2	14,67	2	21,33	2	28,00	2	34,67
3	2,00	3	8,67	3	15,33	3	22,00	3	28,67	3	35,33
4	2,67	4	9,33	4	16,00	4	22,67	4	29,33	4	36,00
5	3,33	5	10,00	5	16,67	5	23,33	5	30,00	5	36,67
6	4,00	6	10,67	6	17,33	6	24,00	6	30,67	6	37,33
7	4,67	7	11,33	7	18,00	7	24,67	7	31,33	7	38,00
8	5,33	8	12,00	8	18,67	8	25,33	8	32,00	8	38,67
9	6,00	9	12,67	9	19,33	9	26,00	9	32,67	9	39,33
										6,0	40,00

Einschnürungen. *Rundstab* $d = 3$ mm.

d_1 mm	φ vH	d_1 mm	φ vH	d_1 mm	φ vH	d_1 mm	φ vH	d_1 mm	φ vH	d_1 mm	φ vH
3,0	0,00	2,7	18,99	2,4	36,00	2,1	50,99	1,8	63,99	1,5	75,00
2,9	6,56	2,6	24,90	2,3	41,22	2,0	55,55	1,7	67,89		
2,8	12,89	2,5	30,56	2,2	46,23	1,9	59,89	1,6	71,55		

Zahlentafel 8. *Rundstab* $d = 4$ mm. $F_0 = 12{,}566$.

Zugfestigkeiten. R 4

P kg	σ_B kg/mm²	P kg	σ_B kg/mm²	P kg	σ_B kg/mm²	P kg	σ_B kg/mm²	P kg	σ_B kg/mm²
300	23,87	500	39,79	700	55,71	900	71,62	1100	87,54
10	24,67	10	40,59	10	56,50	10	72,42	10	88,33
20	25,47	20	41,38	20	57,30	20	73,21	20	89,13
30	26,26	30	42,18	30	58,09	30	74,01	30	89,93
40	27,06	40	42,97	40	58,89	40	74,81	40	90,72
350	27,85	550	43,77	750	59,69	950	75,60	1150	91,52
60	28,65	60	44,57	60	60,48	60	76,40	60	92,31
70	29,45	70	45,36	70	61,28	70	77,19	70	93,11
80	30,24	80	46,16	80	62,07	80	77,99	80	93,91
90	31,04	90	46,95	90	62,87	90	78,79	90	94,70
400	31,83	600	47,75	800	63,66	1000	79,58	1200	95,50
10	32,63	10	48,54	10	64,46	10	80,38	10	96,29
20	33,42	20	49,34	20	65,26	20	81,17	20	97,09
30	34,22	30	50,14	30	66,05	30	81,97	30	97,88
40	35,02	40	50,93	40	66,85	40	82,76	40	98,68
450	35,81	650	51,73	850	67,64	1050	83,56	1250	99,48
60	36,61	60	52,52	60	68,44	60	84,36	60	100,27
70	37,40	70	53,32	70	69,24	70	85,15	70	101,07
80	38,20	80	54,12	80	70,03	80	85,95	80	101,86
90	39,00	90	54,91	90	70,83	90	86,74	90	102,66
500	39,79	700	55,71	900	71,62	1100	87,54	1300	103,45

Dehnungen. $L_0 = 20$ mm.

ΔL mm	δ vH	ΔL mm	δ vH	ΔL mm	δ vH	ΔL mm	δ vH	ΔL mm	δ vH	ΔL mm	δ vH
0,0	0,00	1,0	5,00	2,0	10,00	3,0	15,00	4,0	20,00	5,0	25,00
1	0,50	1	5,50	1	10,50	1	15,50	1	20,50	1	25,50
2	1,00	2	6,00	2	11,00	2	16,00	2	21,00	2	26,00
3	1,50	3	6,50	3	11,50	3	16,50	3	21,50	3	26,50
4	2,00	4	7,00	4	12,00	4	17,00	4	22,00	4	27,00
										5,5	27,50
0,5	2,50	1,5	7,50	2,5	12,50	3,5	17,50	4,5	22,50	6	28,00
6	3,00	6	8,00	6	13,00	6	18,00	6	23,00	7	28,50
7	3,50	7	8,50	7	13,50	7	18,50	7	23,50	8	29,00
8	4,00	8	9,00	8	14,00	8	19,00	8	24,00	9	29,50
9	4,50	9	9,50	9	14,50	9	19,50	9	24,50	6,0	30,00
										1	30,50
1,0	5,00	2,0	10,00	3,0	15,00	4,0	20,00	5,0	25,00	2	31,00

Einschnürungen. *Rundstab* $d = 4$ mm.

d_1 mm	φ vH	d_1 mm	φ vH	d_1 mm	φ vH	d_1 mm	φ vH	d_1 mm	φ vH
4,0	0,00	3,5	23,44	3,0	43,75	2,5	60,94	2,0	75,00
9	4,93	4	27,75	9	47,44	4	64,00	9	77,44
8	9,75	3	31,94	8	51,00	3	66,94	8	79,75
7	14,44	2	36,00	7	54,43	2	69,75	7	81,94
6	19,00	1	39,93	6	57,75	1	72,43	6	84,00
3,5	23,44	3,0	43,75	2,5	60,94	2,0	75,00	1,5	85,94

Zahlentafel 9. *Rundstab* $d = 5$ mm. $F_0 = 19{,}635$ mm².

R 5

Zugfestigkeiten.

P kg	σ_B kg/mm²	P kg	σ_B kg/mm²	P kg	σ_B kg/mm²	P kg	σ_B kg/mm²	P kg	σ_B kg/mm²	P kg	σ_B kg/mm²
300	15,28	600	30,56	900	45,84	1200	61,12	1500	76,40	1800	91,67
10	15,79	10	31,07	10	46,35	10	61,63	10	76,90	10	92,18
20	16,30	20	31,58	20	46,86	20	62,13	20	77,41	20	92,69
30	16,81	30	32,09	30	47,37	30	62,64	30	77,92	30	93,20
40	17,32	40	32,60	40	47,87	40	63,15	40	78,43	40	93,71
350	17,83	650	33,11	950	48,38	1250	63,66	1550	78,94	1850	94,22
60	18,34	60	33,61	60	48,89	60	64,17	60	79,45	60	94,73
70	18,84	70	34,12	70	49,40	70	64,88	70	79,96	70	95,24
80	19,35	80	34,63	80	49,91	80	65,19	80	80,47	80	95,75
90	19,86	90	35,14	90	50,42	90	65,70	90	80,98	90	96,26
400	20,37	700	35,65	1000	50,93	1300	66,21	1600	81,49	1900	96,77
10	20,88	10	36,16	10	51,44	10	66,72	10	82,00	10	97,28
20	21,39	20	36,67	20	51,95	20	67,23	20	82,51	20	97,79
30	21,90	30	37,18	30	52,46	30	67,74	30	83,02	30	98,29
40	22,41	40	37,69	40	52,97	40	68,25	40	83,53	40	98,80
450	22,92	750	38,20	1050	53,48	1350	68,76	1650	84,03	1950	99,31
60	23,43	60	38,71	60	53,99	60	69,27	60	84,54	60	99,82
70	23,94	70	39,22	70	54,50	70	69,77	70	85,05	70	100,33
80	24,45	80	39,73	80	55,00	80	70,28	80	85,56	80	100,84
90	24,96	90	40,24	90	55,51	90	70,79	90	86,07	90	101,35
500	25,47	800	40,74	1100	56,02	1400	71,30	1700	86,58	2000	101,86
10	25,98	10	41,25	10	56,53	10	71,81	10	87,09	10	102,37
20	26,48	20	41,76	20	57,04	20	72,32	20	87,60	20	102,88
30	26,99	30	42,27	30	57,55	30	72,83	30	88,11	30	103,39
40	27,50	40	42,78	40	58,06	40	73,34	40	88,62	40	103,90
550	28,01	850	43,29	1150	58,57	1450	73,85	1750	89,13	2050	104,41
60	28,52	60	43,80	60	59,08	60	74,36	60	89,64	60	104,92
70	29,03	70	44,31	70	59,59	70	74,87	70	90,15	70	105,43
80	29,54	80	44,82	80	60,10	80	75,38	80	90,66	80	105,94
90	30,05	90	45,33	90	60,61	90	75,89	90	91,16	90	106,44
600	30,56	900	45,84	1200	61,12	1500	76,40	1800	91,67	2100	106,95

Dehnungen. $L_0 = 25$ mm.

ΔL mm	δ vH	ΔL mm	δ vH	ΔL mm	δ vH	ΔL mm	δ vH	ΔL mm	δ vH	ΔL mm	δ vH	ΔL mm	δ vH
0,0	0,00	1,5	6,00	3,0	12,00	4,5	18,00	6,0	24,00	7,5	30,00	9,0	36,00
1	0,40	6	6,40	1	12,40	6	18,40	1	24,40	6	30,40	1	36,40
2	0,80	7	6,80	2	12,80	7	18,80	2	24,80	7	30,80	2	36,80
3	1,20	8	7,20	3	13,20	8	19,20	3	25,20	8	31,20	3	37,20
4	1,60	9	7,60	4	13,60	9	19,60	4	25,60	9	31,60	4	37,60
0,5	2,00	2,0	8,00	3,5	14,00	5,0	20,00	6,5	26,00	8,0	32,00	9,5	38,00
6	2,40	1	8,40	6	14,40	1	20,40	6	26,40	1	32,40	6	38,40
7	2,80	2	8,80	7	14,80	2	20,80	7	26,80	2	32,80	7	38,80
8	3,20	3	9,20	8	15,20	3	21,20	8	27,20	3	33,20	8	39,20
9	3,60	4	9,60	9	15,60	4	21,60	9	27,60	4	33,60	9	39,60
1,0	4,00	2,5	10,00	4,0	16,00	5,5	22,00	7,0	28,00	8,5	34,00	10,0	40,00
1	4,40	6	10,40	1	16,40	6	22,40	1	28,40	6	34,40	1	40,40
2	4,80	7	10,80	2	16,80	7	22,80	2	28,80	7	34,80	2	40,80
3	5,20	8	11,20	3	17,20	8	23,20	3	29,20	8	35,20	3	41,20
4	5,60	9	11,60	4	17,60	9	23,60	4	29,60	9	35,60	4	41,60
1,5	6,00	3,0	12,00	4,5	18,00	6,0	24,00	7,5	30,00	9,0	36,00	10,5	42,00

Einschnürungen. *Rundstab* $d = 5$ mm.

d_1 mm	φ vH	d_1 mm	φ vH	d_1 mm	φ vH	d_1 mm	φ vH	d_1 mm	φ vH	d_1 mm	φ vH
5,0	0,00	4,5	19,00	4,0	36,00	3,5	51,00	3,0	64,00	2,5	75,00
9	3,96	4	22,56	9	39,16	4	53,76	9	66,36	4	76,96
8	7,84	3	26,04	8	42,24	3	56,44	8	68,64	3	78,84
7	11,64	2	29,44	7	45,24	2	59,04	7	70,84	2	80,64
6	15,36	1	32,76	6	48,16	1	61,56	6	72,96	1	82,36
4,5	19,00	4,0	36,00	3,5	51,00	3,0	64,00	2,5	75,00	2,0	84,00

Zahlentafel 10. *Rundstab* $d = 6$ mm. $F_0 = 28{,}274$ mm².

Zugfestigkeiten. **R 6**

P kg	σ_B kg/mm²	P kg	σ_B kg/mm²	P kg	σ_B kg/mm²	P kg	σ_B kg/mm²	P kg	σ_B kg/mm²
500	17,68	1000	35,37	1500	53,05	2000	70,74	2500	88,42
10	18,04	10	35,72	10	53,41	10	71,09	10	88,77
20	18,39	20	36,08	20	53,76	20	71,44	20	89,13
30	18,75	30	36,43	30	54,11	30	71,80	30	89,48
40	19,10	40	36,78	40	54,47	40	72,15	40	89,84
550	19,45	1050	37,14	1550	54,82	2050	72,50	2550	90,19
60	19,81	60	37,49	60	55,17	60	72,86	60	90,54
70	20,16	70	37,84	70	55,53	70	73,21	70	90,90
80	20,51	80	38,20	80	55,88	80	73,57	80	91,25
90	20,87	90	38,55	90	56,24	90	73,92	90	91,60
600	21,22	1100	38,91	1600	56,59	2100	74,27	2600	91,96
10	21,58	10	39,26	10	56,94	10	74,63	10	92,31
20	21,93	20	39,61	20	57,30	20	74,98	20	92,66
30	22,28	30	39,97	30	57,65	30	75,33	30	93,02
40	22,64	40	40,32	40	58,00	40	75,69	40	93,37
650	22,99	1150	40,67	1650	58,36	2150	76,04	2650	93,73
60	23,34	60	41,03	60	58,71	60	76,40	60	94,08
70	23,70	70	41,38	70	59,07	70	76,75	70	94,43
80	24,05	80	41,74	80	59,42	80	77,10	80	94,79
90	24,40	90	42,09	90	59,77	90	77,46	90	95,14
700	24,76	1200	42,44	1700	60,13	2200	77,81	2700	95,49
10	25,11	10	42,80	10	60,48	10	78,16	10	95,85
20	25,47	20	43,15	20	60,83	20	78,52	20	96,20
30	25,82	30	43,50	30	61,19	30	78,87	30	96,56
40	26,17	40	43,86	40	61,54	40	79,22	40	96,91
750	26,53	1250	44,21	1750	61,89	2250	79,58	2750	97,26
60	26,88	60	44,56	60	62,25	60	79,93	60	97,62
70	27,23	70	44,92	70	62,60	70	80,29	70	97,97
80	27,59	80	45,27	80	62,96	80	80,64	80	98,32
90	27,94	90	45,63	90	63,31	90	80,99	90	98,68
800	28,30	1300	45,98	1800	63,66	2300	81,35	2800	99,03
10	28,65	10	46,33	10	64,02	10	81,70	10	99,39
20	29,00	20	46,69	20	64,37	20	82,05	20	99,74
30	29,36	30	47,04	30	64,72	30	82,41	30	100,09
40	29,71	40	47,39	40	65,08	40	82,76	40	100,45
850	30,06	1350	47,75	1850	65,43	2350	83,12	2850	100,80
60	30,42	60	48,10	60	65,79	60	83,47	60	101,15
70	30,77	70	48,46	70	66,14	70	83,82	70	101,51
80	31,13	80	48,81	80	66,49	80	84,18	80	101,86
90	31,48	90	49,16	90	66,85	90	84,53	90	102,21
900	31,83	1400	49,52	1900	67,20	2400	84,88	2900	102,57
10	32,19	10	49,87	10	67,55	10	85,24	10	102,92
20	32,54	20	50,22	20	67,91	20	85,59	20	103,28
30	32,89	30	50,58	30	68,26	30	85,95	30	103,63
40	33,25	40	50,93	40	68,61	40	86,30	40	103,98
950	33,60	1450	51,28	1950	68,97	2450	86,65	2950	104,34
60	33,95	60	51,64	60	69,32	60	87,01	60	104,69
70	34,31	70	51,99	70	69,68	70	87,36	70	105,04
80	34,66	80	52,35	80	70,03	80	87,71	80	105,40
90	35,02	90	52,70	90	70,38	90	88,07	90	105,75
1000	35,37	1500	53,05	2000	70,74	2500	88,42	3000	106,10

R 6 **Dehnungen.** $L_0 = 30$ mm.

ΔL mm	δ vH	ΔL mm	δ vH	ΔL mm	δ vH	ΔL mm	δ vH
0,0	0,00	3,0	10,00	6,0	20,00	9,0	30,00
1	0,33	1	10,33	1	20,33	1	30,33
2	0,67	2	10,67	2	20,67	2	30,67
3	1,00	3	11,00	3	21,00	3	31,00
4	1,33	4	11,33	4	21,33	4	31,33
0,5	1,67	3,5	11,67	6,5	21,67	9,5	31,67
6	2,00	6	12,00	6	22,00	6	32,00
7	2,33	7	12,33	7	22,33	7	32,33
8	2,67	8	12,67	8	22,67	8	32,67
9	3,00	9	13,00	9	23,00	9	33,00
1,0	3,33	4,0	13,33	7,0	23,33	10,0	33,33
1	3,67	1	13,67	1	23,67	1	33,67
2	4,00	2	14,00	2	24,00	2	34,00
3	4,33	3	14,33	3	24,33	3	34,33
4	4,67	4	14,67	4	24,67	4	34,67
1,5	5,00	4,5	15,00	7,5	25,00	10,5	35,00
6	5,33	6	15,33	6	25,33	6	35,33
7	5,67	7	15,67	7	25,67	7	35,67
8	6,00	8	16,00	8	26,00	8	36,00
9	6,33	9	16,33	9	26,33	9	36,33
2,0	6,67	5,0	16,67	8,0	26,67	11,0	36,67
1	7,00	1	17,00	1	27,00	1	37,00
2	7,33	2	17,33	2	27,33	2	37,33
3	7,67	3	17,67	3	27,67	3	37,67
4	8,00	4	18,00	4	28,00	4	38,00
2,5	8,33	5,5	18,33	8,5	28,33	11,5	38,33
6	8,67	6	18,67	6	28,67	6	38,67
7	9,00	7	19,00	7	29,00	7	39,00
8	9,33	8	19,33	8	29,33	8	39,33
9	9,67	9	19,67	9	29,67	9	39,67
3,0	10,00	6,0	20,00	9,0	30,00	12,0	40,00

Einschnürungen. *Rundstab* $d = 6{,}0$ mm.

d_1 mm	φ vH	d_1 mm	φ vH	d_1 mm	φ vH	d_1 mm	φ vH
6,0	0,00	5,0	30,55	4,0	55,56	3,0	75,00
9	3,30	9	33,31	9	57,75	9	76,64
8	6,55	8	36,00	8	59,89	8	78,22
7	9,75	7	38,64	7	61,97	7	79,75
6	12,89	6	41,22	6	64,00	6	81,22
5,5	15,97	4,5	43,75	3,5	65,97	2,5	82,64
4	19,00	4	46,22	4	67,89	4	84,00
3	21,97	3	48,64	3	69,75	3	85,31
2	24,89	2	51,00	2	71,56	2	86,56
1	27,75	1	53,30	1	73,30	1	87,75
5,0	30,55	4,0	55,56	3,0	75,00	2,0	88,89

Zahlentafel 11. *Rundstab* $d = 8$ mm. $F_0 = 50{,}266$ mm^2.

Zugfestigkeiten. **R 8**

P kg	σ_B kg/mm²	P kg	σ_B kg/mm²	P kg	σ_B kg/mm²	P kg	σ_B kg/mm²	P kg	σ_B kg/mm²	P kg	σ_B kg/mm²
500	9,95	1050	20,89	1600	31,83	2150	42,77	2700	53,71	3250	64,66
10	10,15	60	21,09	10	32,03	60	42,97	10	53,91	60	64,86
20	10,35	70	21,29	20	32,23	70	43,17	20	54,11	70	65,05
30	10,54	80	21,49	30	32,43	80	43,37	30	54,31	80	65,25
40	10,74	90	21,69	40	32,63	90	43,57	40	54,51	90	65,45
550	10,94	1100	21,88	1650	32,83	2200	43,77	2750	54,71	3300	65,65
60	11,14	10	22,08	60	33,02	10	43,97	60	54,91	10	65,85
70	11,34	20	22,28	70	33,22	20	44,17	70	55,11	20	66,05
80	11,54	30	22,48	80	33,42	30	44,36	80	55,31	30	66,25
90	11,74	40	22,68	90	33,62	40	44,56	90	55,51	40	66,45
600	11,94	1150	22,88	1700	33,82	2250	44,76	2800	55,70	3350	66,65
10	12,14	60	23,08	10	34,02	60	44,96	10	55,90	60	66,84
20	12,33	70	23,28	20	34,22	70	45,16	20	56,10	70	67,04
30	12,53	80	23,48	30	34,42	80	45,36	30	56,30	80	67,24
40	12,73	90	23,67	40	34,62	90	45,56	40	56,50	90	67,44
650	12,93	1200	23,87	1750	34,82	2300	45,76	2850	56,70	3400	67,64
60	13,13	10	24,07	60	35,01	10	45,96	60	56,90	10	67,84
70	13,33	20	24,27	70	35,21	20	46,16	70	57,10	20	68,04
80	13,53	30	24,47	80	35,41	30	46,35	80	57,30	30	68,24
90	13,73	40	24,67	90	35,61	40	46,55	90	57,49	40	68,44
700	13,93	1250	24,87	1800	35,81	2350	46,75	2900	57,69	3450	68,64
10	14,13	60	25,07	10	36,01	60	46,95	10	57,89	60	68,83
20	14,32	70	25,27	20	36,21	70	47,15	20	58,09	70	69,03
30	14,52	80	25,47	30	36,41	80	47,35	30	58,29	80	69,23
40	14,72	90	25,66	40	36,61	90	47,55	40	58,49	90	69,43
750	14,92	1300	25,86	1850	36,80	2400	47,75	2950	58,69	3500	69,63
60	15,12	10	26,06	60	37,00	10	47,95	60	58,89	10	69,83
70	15,32	20	26,26	70	37,20	20	48,14	70	59,09	20	70,03
80	15,52	30	26,46	80	37,40	30	48,34	80	59,29	30	70,23
90	15,72	40	26,66	90	37,60	40	48,54	90	59,48	40	70,43
800	15,92	1350	26,86	1900	37,80	2450	48,74	3000	59,68	3550	70,62
10	16,11	60	27,06	10	38,00	60	48,94	10	59,88	60	70,82
20	16,31	70	27,26	20	38,20	70	49,14	20	60,08	70	71,02
30	16,51	80	27,45	30	38,40	80	49,34	30	60,28	80	71,22
40	16,71	90	27,65	40	38,60	90	49,54	40	60,48	90	71,42
850	16,91	1400	27,85	1950	38,79	2500	49,74	3050	60,68	3600	71,62
60	17,11	10	28,05	60	38,99	10	49,93	60	60,88	10	71,82
70	17,31	20	28,25	70	39,19	20	50,13	70	61,08	20	72,02
80	17,51	30	28,45	80	39,39	30	50,33	80	61,27	30	72,22
90	17,71	40	28,65	90	39,59	40	50,53	90	61,47	40	72,42
900	17,91	1450	28,85	2000	39,79	2550	50,73	3100	61,67	3650	72,61
10	18,10	60	29,05	10	39,99	60	50,93	10	61,87	60	72,81
20	18,30	70	29,25	20	40,19	70	51,13	20	62,07	70	73,01
30	18,50	80	29,44	30	40,39	80	51,33	30	62,27	80	73,21
40	18,70	90	29,64	40	40,58	90	51,53	40	62,47	90	73,41
950	18,90	1500	29,84	2050	40,78	2600	51,73	3150	62,67	3700	73,61
60	19,10	10	30,04	60	40,98	10	51,92	60	62,87	10	73,81
70	19,30	20	30,24	70	41,18	20	52,12	70	63,07	20	74,01
80	19,50	30	30,44	80	41,38	30	52,32	80	63,26	30	74,21
90	19,70	40	30,64	90	41,58	40	52,52	90	63,46	40	74,40
1000	19,89	1550	30,84	2100	41,78	2650	52,72	3200	63,66	3750	74,60
10	20,09	60	31,04	10	41,98	60	52,92	10	63,86	60	74,80
20	20,29	70	31,23	20	42,18	70	53,12	20	64,06	70	75,00
30	20,49	80	31,43	30	42,38	80	53,32	30	64,26	80	75,20
40	20,69	90	31,63	40	42,57	90	53,52	40	64,46	90	75,40
1050	20,89	1600	31,83	2150	42,77	2700	53,71	3250	64,66	3800	75,60

R 8

Zahlentafel 11. **Zugfestigkeiten** (Fortsetzung).

P kg	σ_B kg/mm²	P kg	σ_B kg/mm²	P kg	σ_B kg/mm²	P kg	σ_B kg/mm²	P kg	σ_B kg/mm²	P kg	σ_B kg/mm²
3800	75,60	4000	79,58	4200	83,56	4400	87,53	4600	91,51	4800	95,49
10	75,80	10	79,78	10	83,76	10	87,73	10	91,71	10	95,69
20	76,00	20	79,98	20	83,95	20	87,93	20	91,91	20	95,89
30	76,20	30	80,17	30	84,15	30	88,13	30	92,11	30	96,09
40	76,39	40	80,37	40	84,35	40	88,33	40	92,31	40	96,29
3850	76,59	4050	80,57	4250	84,55	4450	88,53	4650	92,51	4850	96,49
60	76,79	60	80,77	60	84,75	60	88,73	60	92,71	60	96,69
70	76,99	70	80,97	70	84,95	70	88,93	70	92,91	70	96,89
80	77,19	80	81,17	80	85,15	80	89,13	80	93,11	80	97,08
90	77,39	90	81,37	90	85,35	90	89,33	90	93,30	90	97,28
3900	77,59	4100	81,57	4300	85,55	4500	89,52	4700	93,50	4900	97,48
10	77,79	10	81,77	10	85,74	10	89,72	10	93,70	10	97,68
20	77,99	20	81,96	20	85,94	20	89,92	20	93,90	20	97,88
30	78,18	30	82,16	30	86,14	30	90,02	30	94,10	30	98,08
40	78,38	40	82,36	40	86,34	40	90,32	40	94,30	40	98,28
3950	78,58	4150	82,56	4350	86,54	4550	90,52	4750	94,50	4950	98,48
60	78,78	60	82,76	60	86,74	60	90,72	60	94,70	60	98,68
70	78,98	70	82,96	70	86,94	70	90,92	70	94,90	70	98,87
80	79,18	80	83,16	80	87,14	80	91,12	80	95,09	80	99,07
90	79,38	90	83,36	90	87,34	90	91,32	90	95,29	90	99,27
4000	79,58	4200	83,56	4400	87,53	4600	91,51	4800	95,49	5000	99,47
										10	99,67
										20	99,87
										30	100,07

Dehnungen. $L_0 = 40$ mm.

ΔL mm	δ vH	ΔL mm	δ vH	ΔL mm	δ vH	ΔL mm	δ vH	ΔL mm	δ vH	ΔL mm	δ vH	ΔL mm	δ vH
0,0	0,00	2,5	6,25	5,0	12,50	7,5	18,75	10,0	25,00	12,5	31,25	15,0	37,50
1	0,25	6	6,50	1	12,75	6	19,00	1	25,25	6	31,50	1	37,75
2	0,50	7	6,75	2	13,00	7	19,25	2	25,50	7	31,75	2	38,00
3	0,75	8	7,00	3	13,25	8	19,50	3	25,75	8	32,00	3	38,25
4	1,00	9	7,25	4	13,50	9	19,75	4	26,00	9	32,25	4	38,50
0,5	1,25	3,0	7,50	5,5	13,75	8,0	20,00	10,5	26,25	13,0	32,50	15,5	38,75
6	1,50	1	7,75	6	14,00	1	20,25	6	26,50	1	32,75	6	39,00
7	1,75	2	8,00	7	14,25	2	20,50	7	26,75	2	33,00	7	39,25
8	2,00	3	8,25	8	14,50	3	20,75	8	27,00	3	33,25	8	39,50
9	2,25	4	8,50	9	14,75	4	21,00	9	27,25	4	33,50	9	39,75
1,0	2,50	3,5	8,75	6,0	15,00	8,5	21,25	11,0	27,50	13,5	33,75	16,0	40,00
1	2,75	6	9,00	1	15,25	6	21,50	1	27,75	6	34,00	1	40,25
2	3,00	7	9,25	2	15,50	7	21,75	2	28,00	7	34,25	2	40,50
3	3,25	8	9,50	3	15,75	8	22,00	3	28,25	8	34,50	3	40,75
4	3,50	9	9,75	4	16,00	9	22,25	4	28,50	9	34,75	4	41,00
1,5	3,75	4,0	10,00	6,5	16,25	9,0	22,50	11,5	28,75	14,0	35,00	16,5	41,25
6	4,00	1	10,25	6	16,50	1	22,75	6	29,00	1	35,25	6	41,50
7	4,25	2	10,50	7	16,75	2	23,00	7	29,25	2	35,50	7	41,75
8	4.50	3	10,75	8	17,00	3	23,25	8	29,50	3	35,75	8	42,00
9	4,75	4	11,00	9	17,25	4	23,50	9	29,75	4	36,00	9	42,25
2,0	5,00	4,5	11,25	7,0	17,50	9,5	23,75	12,0	30,00	14,5	36,25	17,0	42,50
1	5,25	6	11,50	1	17,75	6	24,00	1	30,25	6	36,50	1	42,75
2	5,50	7	11,75	2	18,00	7	24,25	2	30,50	7	36,75	2	43,00
3	5,75	8	12,00	3	18,25	8	24,50	3	30,75	8	37,00	3	43,25
4	6,00	9	12,25	4	18,50	9	24,75	4	31,00	9	37,25	4	43,50
2,5	6,25	5,0	12,50	7,5	18,75	10,0	25,00	12,5	31,25	15,0	37,50	17,5	43,75

Einschnürungen. *Rundstab* d = 8 mm. **R 8**

d_1 mm	φ vH	d_1 mm	φ vH	d_1 mm	φ vH	d_1 mm	φ vH	d_1 mm	φ vH
8,0	0,00	7,0	23,44	6,0	43,75	5,0	60,94	4,0	75,00
9	2,49	9	25,61	9	45,61	9	62,49	9	76,24
8	4,94	8	27,75	8	47,44	8	64,00	8	77,44
7	7,36	7	29,86	7	49,24	7	65,49	7	78,61
6	9,75	6	31,94	6	51,00	6	66,94	6	79,75
7,5	12,11	6,5	33,99	5,5	52,74	4,5	68,36	3,5	80,86
4	14,44	4	36,00	4	54,44	4	69,75	4	81,94
3	16,74	3	37,99	3	56,11	3	71,11	3	82,99
2	19,00	2	39,94	2	57,75	2	72,44	2	84,02
1	21,24	1	41,86	1	59,36	1	73,74	1	84,99
7,0	23,44	6,0	43,75	5,0	60,94	4,0	75,00	3,0	85,94

Zahlentafel 12. *Rundstab* d = 10 mm. F_0 = 78,540 mm².
Zugfestigkeiten. **R 10**

P kg	σ_B kg/mm	P kg	σ_B kg/mm²	P kg	σ_B kg/mm²	P kg	σ_B kg/mm²	P kg	σ_B kg/mm	P kg	σ_B kg/mm
1000	12,73	1350	17,19	1700	21,65	2050	26,10	2400	30,56	2750	35,01
10	12,86	60	17,32	10	21,77	60	26,23	10	30,69	60	35,14
20	12,99	70	17,44	20	21,90	70	26,36	20	30,81	70	35,27
30	13,11	80	17,57	30	22,03	80	26,48	30	30,94	80	35,40
40	13,24	90	17,70	40	22,16	90	26,61	40	31,07	90	35,52
1050	13,37	1400	17,83	1750	22,28	2100	26,74	2450	31,19	2800	35,65
60	13,50	10	17,95	60	22,41	10	26,87	60	31,32	10	35,78
70	13,62	20	18,08	70	22,54	20	26,99	70	31,45	20	35,91
80	13,75	30	18,21	80	22,66	30	27,12	80	31,58	30	36,03
90	13,88	40	18,34	90	22,79	40	27,25	90	31,70	40	36,16
1100	14,01	1450	18,46	1800	22,92	2150	27,38	2500	31,83	2850	36,29
10	14,13	60	18,59	10	23,05	60	27,50	10	31,96	60	36,42
20	14,26	70	18,72	20	23,17	70	27,63	20	32,09	70	36,54
30	14,39	80	18,84	30	23,30	80	27,76	30	32,21	80	36,67
40	14,52	90	18,97	40	23,43	90	27,88	40	32,34	90	36,80
1150	14,64	1500	19,10	1850	23,56	2200	28,01	2550	32,47	2900	36,92
60	14,77	10	19,23	60	23,68	10	28,14	60	32,60	10	37,05
70	14,90	20	19,35	70	23,81	20	28,27	70	32,72	20	37,18
80	15,02	30	19,48	90	23,94	30	28,39	80	32,85	30	37,31
90	15,15	40	19,61	80	24,06	40	28,52	90	32,98	40	37,43
1200	15,28	1550	19,74	1900	24,19	2250	28,65	2600	33,10	2950	37,56
10	15,41	60	19,86	10	24,32	60	28,78	10	33,23	60	37,69
20	15,53	70	19,99	20	24,45	70	28,90	20	33,36	70	37,82
30	15,66	80	20,12	30	24,57	80	29,03	30	33,49	80	37,94
40	15,79	90	20,25	40	24,70	90	29,16	40	33,61	90	38,07
1250	15,92	1600	20,37	1950	24,83	2300	29,29	2650	33,74	3000	38,20
60	16,04	10	20,50	60	24,96	10	29,41	60	33,87	10	38,33
70	16,17	20	20,63	70	25,08	20	29,54	70	34,00	20	38,45
80	16,30	30	20,75	80	25,21	30	29,67	80	34,12	30	38,58
90	16,43	40	20,88	90	25,34	40	29,79	90	34,25	40	38,71
1300	16,55	1650	21,01	2000	25,47	2350	29,92	2700	34,38	3050	38,83
10	16,68	60	21,14	10	25,59	60	30,05	10	34,51	60	38,96
20	16,81	70	21,26	20	25,72	70	30,18	20	34,63	70	39,09
30	16,93	80	21,39	30	25,85	80	30,30	30	34,76	80	39,22
40	17,06	90	21,52	40	25,97	90	30,43	40	34,89	90	39,34
1350	17,19	1700	21,65	2050	26,10	2400	30,56	2750	35,01	3100	39,47

Zahlentafel 11. **Zugfestigkeiten** (Fortsetzung).

P kg	σ_B kg/mm²	P kg	σ_B kg/mm²	P kg	σ_B kg/mm²	P kg	σ_B kg/mm²	P kg	σ_B kg/mm²	P kg	σ_B kg/mm²
3100	39,47	3600	45,84	4100	52,20	4600	58,57	5100	64,94	5600	71,30
10	39,60	10	45,96	10	52,33	10	58,70	10	65,06	10	71,43
20	39,73	20	46,09	20	52,46	20	58,83	20	65,19	20	71,56
30	39,85	30	46,22	30	52,59	30	58,95	30	65,32	30	71,69
40	39,98	40	46,35	40	52,71	40	59,08	40	65,45	40	71,81
3150	40,11	3650	46,47	4150	52,84	4650	59,21	5150	65,57	5650	71,94
60	40,23	60	46,60	60	52,97	60	59,34	60	65,70	60	72,07
70	40,36	70	46,73	70	53,09	70	59,46	70	65,83	70	72,19
80	40,49	80	46,86	80	53,22	80	59,59	80	65,96	80	72,32
90	40,62	90	46,98	90	53,35	90	59,72	90	66,08	90	72,45
3200	40,74	3700	47,11	4200	53,48	4700	59,84	5200	66,21	5700	72,58
10	40,87	10	47,24	10	53,60	10	59,97	10	66,34	10	72,70
20	41,00	20	47,37	20	53,73	20	60,10	20	66,47	20	72,83
30	41,13	30	47,49	30	53,86	30	60,23	30	66,59	30	72,96
40	41,25	40	47,62	40	53,99	40	60,35	40	66,72	40	73,09
3250	41,38	3750	47,75	4250	54,11	4750	60,48	5250	66,85	5750	73,21
60	41,51	60	47,88	60	54,24	60	60,61	60	66,97	60	73,34
70	41,64	70	48,00	70	54,37	70	60,74	70	67,10	70	73,47
80	41,76	80	48,13	80	54,50	80	60,86	80	67,23	80	73,60
90	41,89	90	48,26	90	54,62	90	60,99	90	67,36	90	73,72
3300	42,02	3800	48,39	4300	54,75	4800	61,12	5300	67,48	5800	73,85
10	42,14	10	48,51	10	54,88	10	61,24	10	67,61	10	73,98
20	42,27	20	48,64	20	55,01	20	61,37	20	67,74	20	74,10
30	42,40	30	48,77	30	55,13	30	61,50	30	67,87	30	74,23
40	42,53	40	48,89	40	55,26	40	61,63	40	67,99	40	74,36
3350	42,65	3850	49,02	4350	55,39	4850	61,75	5350	68,12	5850	74,49
60	42,78	60	49,15	60	55,52	60	61,88	60	68,25	60	74,61
70	42,91	70	49,28	70	55,64	70	62,01	70	68,38	70	74,74
80	43,04	80	49,40	80	55,77	80	62,14	80	68,50	80	74,87
90	43,16	90	49,53	90	55,90	90	62,26	90	68,63	90	75,00
3400	43,29	3900	49,66	4400	56,02	4900	62,39	5400	68,76	5900	75,12
10	43,42	10	49,79	10	56,15	10	62,52	10	68,88	10	75,25
20	43,55	20	49,91	20	56,28	20	62,65	20	69,01	20	75,38
30	43,67	30	50,04	30	56,41	30	62,77	30	69,14	30	75,51
40	43,80	40	50,17	40	56,53	40	62,90	40	69,27	40	75,63
3450	43,93	3950	50,30	4450	56,66	4950	63,03	5450	69,39	5950	75,76
60	44,05	60	50,42	60	56,79	60	63,16	60	69,52	60	75,89
70	44,18	70	50,55	70	56,92	70	63,28	70	69,65	70	76,01
80	44,31	80	50,68	80	57,04	80	63,41	80	69,78	80	76,14
90	44,44	90	50,80	90	57,17	90	63,54	90	69,90	90	76,27
3500	44,56	4000	50,93	4500	57,30	5000	63,66	5500	70,03	6000	76,40
10	44,69	10	51,06	10	57,43	10	63,79	10	70,16	10	76,52
20	44,82	20	51,19	20	57,55	20	63,92	20	70,29	20	76,65
30	44,95	30	51,31	30	57,68	30	64,05	30	70,41	30	76,78
40	45,07	40	51,44	40	57,81	40	64,17	40	70,54	40	76,91
3550	45,20	4050	51,57	4550	57,93	5050	64,30	5550	70,67	6050	77,03
60	45,33	60	51,70	60	58,06	60	64,43	60	70,79	60	77,16
70	45,46	70	51,82	70	58,19	70	64,56	70	70,92	70	77,29
80	45,58	80	51,95	80	58,32	80	64,68	80	71,05	80	77,42
90	45,71	90	52,08	90	58,44	90	64,81	90	71,18	90	77,54
3600	45,84	4100	52,20	4600	58,57	5100	64,94	5600	71,30	6100	77,67

Zahlentafel 12. **Zugfestigkeiten** (Fortsetzung). **R 10**

P kg	σ_B kg/mm²	P kg	σ_B kg/mm²	P kg	σ_B kg/mm²	P kg	σ_B kg/mm²	P kg	σ_B kg/mm²	P kg	σ_B kg/mm²
6100	77,67	6400	81,49	6700	85,31	7000	89,13	7300	92,95	7600	96,77
10	77,80	10	81,62	10	85,43	10	89,26	10	93,08	10	96,90
20	77,92	20	81,74	20	85,56	20	89,38	20	93,20	20	97,02
30	78,05	30	81,87	30	85,69	30	89,51	30	93,33	30	97,15
40	78,18	40	82,00	40	85,82	40	89,64	40	93,46	40	97,28
6150	78,31	6450	82,13	6750	85,95	7050	89,77	7350	93,59	7650	97,41
60	78,43	60	82,25	60	86,07	60	89,89	60	93,71	60	97,53
70	78,56	70	82,38	70	86,20	70	90,02	70	93,84	70	97,66
80	78,69	80	82,51	80	86,33	80	90,15	80	93,97	80	97,79
90	78,82	90	82,64	90	86,46	90	90,28	90	94,09	90	97,92
6200	78,94	6500	82,76	6800	86,58	7100	90,40	7400	94,22	7700	98,04
10	79,07	10	82,89	10	86,71	10	90,53	10	94,35	10	98,17
20	79,20	20	83,02	20	86,84	20	90,66	20	94,48	20	98,30
30	79,33	30	83,14	30	86,96	30	90,79	30	94,60	30	98,42
40	79,45	40	83,27	40	87,09	40	90,91	40	94,73	40	98,55
6250	79,58	6550	83,40	6850	87,22	7150	91,04	7450	94,86	7750	98,68
60	79,71	60	83,53	60	87,35	60	91,17	60	94,99	60	98,81
70	79,83	70	83,65	70	87,47	70	91,29	70	95,11	70	98,93
80	79,96	80	83,78	80	87,60	80	91,42	80	95,24	80	99,06
90	80,09	90	83,91	90	87,73	90	91,55	90	95,37	90	99,19
6300	80,22	6600	84,04	6900	87,86	7200	91,68	7500	95,50	7800	99,32
10	80,34	10	84,16	10	87,98	10	91,80	10	95,62	10	99,44
20	80,47	20	84,29	20	88,11	20	91,93	20	95,75	20	99,57
30	80,60	30	84,42	30	88,24	30	92,06	30	95,88	30	99,70
40	80,73	40	84,55	40	88,37	40	92,19	40	96,01	40	99,83
6350	80,85	6650	84,67	6950	88,49	7250	92,31	7550	96,13	7850	99,95
60	80,98	60	84,80	60	88,62	60	92,44	60	96,26	60	100,08
70	81,11	70	84,93	70	88,75	70	92,57	70	96,39	70	100,20
80	81,23	80	85,05	80	88,88	80	92,70	80	96,51	80	100,33
90	81,36	90	85,18	90	89,00	90	92,82	90	96,64	90	100,46
6400	81,49	6700	85,31	7000	89,13	7300	92,95	7600	96,77	7900	100,59

Dehnungen. $L_0 = 50$ mm, $\delta = 2 \cdot (L - L_0) = 2 \cdot \Delta L$.

Einschnürungen. *Rundstab* $d = 10$ mm.

d_1 mm	ψ vH	d_1 mm	ψ vH	d_1 mm	ψ vH	d_1 mm	ψ vH	d_1 mm	ψ vH	d_1 mm	ψ vH
10,0	0,00	9,0	19,00	8,0	36,00	7,0	51,00	6,0	64,00	5,0	75,00
9	1,99	9	20,79	9	37,59	9	52,39	9	65,19	9	75,99
8	3,96	8	22,56	8	39,16	8	53,76	8	66,36	8	76,96
7	5,91	7	24,31	7	40,71	7	55,11	7	67,51	7	77,91
6	7,84	6	26,04	6	42,24	6	56,44	6	68,64	6	78,84
9,5	9,75	8,5	27,75	7,5	43,75	6,5	57,75	5,5	69,75	4,5	79,75
4	11,64	4	29,44	4	45,24	4	59,04	4	70,84	4	80,64
3	13,51	3	31,11	3	46,71	3	60,31	3	71,91	3	81,51
2	15,36	2	32,76	2	48,16	2	61,56	2	72,96	2	82,36
1	17,19	1	34,39	1	49,59	1	62,79	1	73,99	1	83,19
9,0	19,00	8,0	36,00	7,0	51,00	6,0	64,00	5,0	75,00	4,0	84,00

Zahlentafel 13. *Rundstab* $d = 12$ mm. $F_0 = 113{,}097$ mm².

R 12

Zugfestigkeiten.

P_P kg	σ_B kg/mm²	P_B kg	σ_B kg/mm²	P_B kg	σ_B kg/mm²	P_B kg	σ_B kg/mm²	P_B kg	σ_B kg/mm	P_B kg	σ_B kg/mm²
1000	8,84	2800	24,76	4600	40,67	6400	56,59	8200	72,51	10 000	88,42
50	9,28	50	25,20	50	41,12	50	57,03	50	72,95	50	88,86
1100	9,73	2900	25,64	4700	41,56	6500	57,47	8300	73,39	10 100	89,30
50	10,17	50	26,08	50	42,00	50	57,92	50	73,83	50	89,75
1200	10,61	3000	26,53	4800	42,44	6600	58,36	8400	74,27	10200	90,19
50	11,05	50	26,97	50	42,88	50	58,80	50	74,72	50	90,63
1300	11,50	3100	27,41	4900	43,33	6700	59,24	8500	75,16	10 300	91,07
50	11,94	50	27,85	50	43,77	50	59,68	50	75,60	50	91,52
1400	12,38	3200	28,29	5000	44,21	6800	60,13	8600	76,04	10 400	91,96
50	12,82	50	28,74	50	44,65	50	60,57	50	76,48	50	92,40
1500	13,26	3300	29,18	5100	45,09	6900	61,01	8700	76,93	10 500	92,84
50	13,71	50	29,62	50	45,54	50	61,45	50	77,37	50	93,28
1600	14,15	3400	30,06	5200	45,98	7000	61,89	8800	77,81	10 600	93,73
50	14,59	50	30,51	50	46,42	50	62,33	50	78,25	50	94,17
1700	15,03	3500	30,95	5300	46,86	7100	62,78	8900	78,69	10 700	94,61
50	15,47	50	31,39	50	47,31	50	63,22	50	79,14	50	95,05
1800	15,92	3600	31,83	5400	47,75	7200	63,66	9000	79,58	10 800	95,49
50	16,36	50	32,27	50	48,19	50	64,11	50	80,02	50	95,94
1900	16,80	3700	32,72	5500	48,63	7300	64,55	9100	80,46	10 900	96,38
50	17,24	50	33,16	50	49,07	50	64,99	50	80,90	50	96,82
2000	17,68	3800	33,60	5600	49,52	7400	65,43	9200	81,35	11 000	97,26
50	18,13	50	34,04	50	49,96	50	65,87	50	81,79	50	97,70
2100	18,57	3900	34,48	5700	50,40	7500	66,32	9300	82,23	11 100	98,15
50	19,01	50	34,93	50	50,84	50	66,76	50	82,67	50	98,59
2200	19,45	4000	35,37	5800	51,28	7600	67,20	9400	83,12	11 200	99,03
50	19,90	50	35,81	50	51,73	50	67,64	50	83,56	50	99,47
2300	20,34	4100	36,25	5900	52,17	7700	68,08	9500	84,00	11 300	99,91
50	20,78	50	36,69	50	52,61	50	68,53	50	84,44	50	100,36
2400	21,22	4200	37,14	6000	53,05	7800	68,97	9600	84,88	11 400	100,80
50	21,66	50	37,58	50	53,49	50	69,41	50	85,33	50	101,24
2500	22,11	4300	38,02	6100	53,94	7900	69,85	9700	85,77	11 500	101,68
50	22,55	50	38,46	50	54,38	50	70,29	50	86,21	50	102,13
2600	22,99	4400	38,91	6200	54,82	8000	70,74	9800	86,65	11 600	102,57
50	23,43	50	39,35	50	55,26	50	71,18	50	87,09	50	103,01
2700	23,87	4500	39,79	6300	55,71	8100	71,62	9900	87,54	11 700	103,45
50	24,32	50	40,23	50	56,15	50	72,06	50	87,98	50	103,89
2800	24,76	4600	40,67	6400	56,59	8200	72,51	10000	88,42	11 800	104,34

Dehnungen. $L_0 = 60$ mm.

ΔL mm	δ vH	ΔL mm	δ vH	ΔL mm	δ vH	ΔL mm	δ vH	ΔL mm	δ vH
0,0	0,00	1,5	2,50	3,0	5,00	4,5	7,50	6,0	10,00
1	0,17	6	2,67	1	5,17	6	7,67	1	10,17
2	0,33	7	2,83	2	5,33	7	7,83	2	10,33
3	0,50	8	3,00	3	5,50	8	8,00	3	10,50
4	0,67	9	3,17	4	5,67	9	8,17	4	10,67
0,5	0,83	2,0	3,33	3,5	5,83	5,0	8,33	6,5	10,83
6	1,00	1	3,50	6	6,00	1	8,50	6	11,00
7	1,17	2	3,67	7	6,17	2	8,67	7	11,17
8	1,33	3	3,83	8	6,33	3	8,83	8	11,33
9	1,50	4	4,00	9	6,50	4	9,00	9	11,50
1,0	1,67	2,5	4,17	4,0	6,67	5,5	9,17	7,0	11,67
1	1,83	6	4,33	1	6,83	6	9,33	1	11,83
2	2,00	7	4,50	2	7,00	7	9,50	2	12,00
3	2,17	8	4,67	3	7,17	8	9,67	3	12,17
4	2,33	9	4,83	4	7,33	9	9,83	4	12,33
1,5	2,50	3,0	5,00	4,5	7,50	6,0	10,00	7,5	12,50

Dehnungen. L_0 = 60 mm (Fortsetzung). R 12

ΔL mm	δ vH	ΔL mm	δ vH	ΔL mm	δ vH	ΔL mm	δ vH	ΔL mm	δ vH
7,5	12,50	11,0	18,33	14,5	24,17	18,0	30,00	21,5	35,83
6	12,67	1	18,50	6	24,33	1	30,17	6	36,00
7	12,83	2	18,67	7	24,50	2	30,33	7	36,17
8	13,00	3	18,83	8	24,67	3	30,50	8	36,33
9	13,17	4	19,00	9	24,83	4	30,67	9	36,50
8,0	13,33	11,5	19,17	15,0	25,00	18,5	30,83	22,0	36,67
1	13,50	6	19,33	1	25,17	6	31,00	1	36,83
2	13,67	7	19,50	2	25,33	7	31,17	2	37,00
3	13,83	8	19,67	3	25,50	8	31,33	3	37,17
4	14,00	9	19,83	4	25,67	9	31,50	4	37,33
8,5	14,17	12,0	20,00	15,5	25,83	19,0	31,67	22,5	37,50
6	14,33	1	20,17	6	26,00	1	31,83	6	37,67
7	14,50	2	20,33	7	26,17	2	32,00	7	37,83
8	14,67	3	20,50	8	26,33	3	32,17	8	38,00
9	14,83	4	20,67	9	26,50	4	32,33	9	38,17
9,0	15,00	12,5	20,83	16,0	26,67	19,5	32,50	23,0	38,33
1	15,17	6	21,00	1	26,83	6	32,67	1	38,50
2	15,33	7	21,17	2	27,00	7	32,83	2	38,67
3	15,50	8	21,33	3	27,17	8	33,00	3	38,83
4	15,67	9	21,50	4	27,33	9	33,17	4	39,00
9,5	15,83	13,0	21,67	16,5	27,50	20,0	33,33	23,5	39,17
6	16,00	1	21,83	6	27,67	1	33,50	6	39,33
7	16,17	2	22,00	7	27,83	2	33,67	7	39,50
8	16,33	3	22,17	8	28,00	3	33,83	8	39,67
9	16,50	4	22,33	9	28,17	4	34,00	9	39,83
10,0	16,67	13,5	22,50	17,0	28,33	20,5	34,17	24,0	40,00
1	16,83	6	22,67	1	28,50	6	34,33	1	40,17
2	17,00	7	22,83	2	28,67	7	34,50	2	40,33
3	17,17	8	23,00	3	28,83	8	34,67	3	40,50
4	17,33	9	23,17	4	29,00	9	34,83	4	40,67
10,5	17,50	14,0	23,33	17,5	29,17	21,0	35,00	24,5	40,83
6	17,67	1	23,50	6	29,33	1	35,17	6	41,00
7	17,83	2	23,67	7	29,50	2	35,33	7	41,17
8	18,00	3	23,83	8	29,67	3	35,50	8	41,33
9	18,17	4	24,00	9	29,83	4	35,67	9	41,50
11,0	18,33	14,5	24,17	18,0	30,00	21,5	35,83	25,0	41,67

Einschnürungen. *Rundstab d* = 12 mm.

d_1 mm	φ vH	d_1 mm	φ vH	d_1 mm	φ vH	d_1 mm	φ vH	d_1 mm	φ vH
12,0	0,00	10,5	23,44	9,0	43,75	7,5	60,94	6,0	75,00
9	1,66	4	24,89	9	44,99	4	61,97	9	75,83
8	3,31	3	26,33	8	46,22	3	62,99	8	76,64
7	4,94	2	27,75	7	47,44	2	64,00	7	77,44
6	6,56	1	29,16	6	48,64	1	64,99	6	78,22
11,5	8,16	10,0	30,56	8,5	49,83	7,0	65,97	5,5	78,99
4	9,75	9	31,94	4	51,00	9	66,94	4	79,75
3	11,33	8	33,31	3	52,16	8	67,89	3	80,49
2	12,89	7	34,66	2	53,31	7	68,83	2	81,22
1	14,44	6	36,00	1	54,44	6	69,75	1	81,94
11,0	15,97	9,5	37,33	8,0	55,56	6,5	70,66	5,0	82,64
9	17,49	4	38,64	9	56,66	4	71,56	9	83,33
8	19,00	3	39,94	8	57,75	3	72,44	8	84,00
7	20,49	2	41,22	7	58,83	2	73,31	7	84,66
6	21,97	1	42,49	6	59,89	1	74,16	6	85,31
10,5	23,44	9,0	43,75	7,5	60,94	6,0	75,00	4,5	85,94

Zahlentafel 14. *Rundstab* $d = 12{,}5$ mm. $F_0 = 122{,}18$ mm² (vgl. Zahlentafel 2).

R 12,5

Zugfestigkeiten.

P kg	σ_B kg/mm²	P kg	σ_B kg/mm²	P kg	σ_B kg/mm²	P kg	σ_B kg/mm²	P kg	σ_B kg/mm²	P kg	σ_B kg/mm²
500	4,08	1200	9,78	1900	15,48	2600	21,19	3300	26,89	4000	32,60
20	4,24	20	9,94	20	15,65	20	21,35	20	27,05	20	32,76
40	4,40	40	10,11	40	15,81	40	21,51	40	27,22	40	32,92
60	4,56	60	10,27	60	15,97	60	21,68	60	27,38	60	33,08
80	4,73	80	10,43	80	16,14	80	21,84	80	27,54	80	33,25
600	4,89	1300	10,59	2000	16,30	2700	22,00	3400	27,71	4100	33,41
20	5,05	20	10,76	20	16,46	20	22,17	20	27,87	20	33,57
40	5,22	40	10,92	40	16,62	40	22,33	40	28,03	40	33,74
60	5,38	60	11,08	60	16,79	60	22,49	60	28,20	60	33,90
80	5,54	80	11,25	80	16,95	80	22,65	80	28,36	80	34,06
700	5,71	1400	11,41	2100	17,11	2800	22,82	3500	28,52	4200	34,23
20	5,87	20	11,57	20	17,28	20	22,98	20	28,68	20	34,39
40	6,03	40	11,74	40	17,44	40	23,14	40	28,85	40	34,55
60	6,19	60	11,90	60	17,60	60	23,31	60	29,01	60	34,71
80	6,36	80	12,06	80	17,77	80	23,47	80	29,17	80	34,88
800	6,52	1500	12,22	2200	17,93	2900	23,63	3600	29,34	4300	35,04
20	6,68	20	12,39	20	18,09	20	23,80	20	29,50	20	35,20
40	6,85	40	12,55	40	18,25	40	23,96	40	29,66	40	35,37
60	7,01	60	12,71	60	18,42	60	24,12	60	29,83	60	35,53
80	7,17	80	12,88	80	18,58	80	24,28	80	29,99	80	35,69
900	7,33	1600	13,04	2300	18,74	3000	24,45	3700	30,15	4400	35,86
20	7,50	20	13,20	20	18,91	20	24,61	20	30,31	20	36,02
40	7,66	40	13,37	40	19,07	40	24,77	40	30,48	40	36,18
60	7,82	60	13,53	60	19,23	60	24,94	60	30,64	60	36,34
80	7,99	80	13,69	80	19,40	80	25,10	80	30,80	80	36,51
1000	8,15	1700	13,85	2400	19,56	3100	25,26	3800	30,97	4500	36,67
20	8,31	20	14,02	20	19,72	20	25,43	20	31,13	20	36,83
40	8,47	40	14,18	40	19,88	40	25,59	40	31,29	40	37,00
60	8,64	60	14,34	60	20,05	60	25,75	60	31,46	60	37,16
80	8,80	80	14,51	80	20,21	80	25,91	80	31,62	80	37,32
1100	8,96	1800	14,67	2500	20,37	3200	26,08	3900	31,78	4600	37,49
20	9,13	20	14,83	20	20,54	20	26,24	20	31,94	20	37,65
40	9,29	40	14,99	40	20,70	40	26,40	40	32,11	40	37,81
60	9,45	60	15,16	60	20,86	60	26,57	60	32,27	60	37,97
80	9,62	80	15,32	80	21,02	80	26,73	80	32,43	80	38,14

Zahlentafel 15. *Rundstab* $d = 14$ mm. $F_0 = 153{,}938$ mm².

Zugfestigkeiten.

R 14

P kg	σ_B kg/mm²	P kg	σ_B kg/mm²	P kg	σ_B kg/mm²	P kg	σ_B kg/mm²	P kg	σ_B kg/mm²
4000	25,99	6500	42,23	9000	58,47	11500	74,71	14000	90,95
50	26,31	50	42,55	50	58,79	50	75,04	50	91,27
100	26,63	600	42,88	100	59,12	600	75,36	100	91,60
50	26,96	50	43,20	50	59,44	50	75,68	50	91,92
200	27,28	700	43,52	200	59,77	700	76,01	200	92,25
50	27,61	50	43,85	50	60,09	50	76,33	50	92,57
300	27,93	800	44,17	300	60,41	800	76,66	300	92,90
50	28,26	50	44,50	50	60,74	50	76,98	50	93,22
400	28,58	900	44,82	400	61,06	900	77,30	400	93,55
50	28,91	50	45,15	50	61,39	50	77,63	50	93,87
4500	29,23	7000	45,47	9500	61,71	12000	77,95	14500	94,19
50	29,56	50	45,80	50	62,04	50	78,28	50	94,52
600	29,88	100	46,12	600	62,36	100	78,60	600	94,84
50	30,21	50	46,45	50	62,69	50	78,93	50	95,17
700	30,53	200	46,77	700	63,01	200	79,25	700	95,49
50	30,86	50	47,10	50	63,34	50	79,58	50	95,82
800	31,18	300	47,42	800	63,66	300	79,90	800	96,14
50	31,51	50	47,75	50	63,99	50	80,23	50	96,47
900	31,83	400	48,07	900	64,31	400	80,55	900	96,79
50	32,16	50	48,40	50	64,64	50	80,88	50	97,12
5000	32,48	7500	48,72	10000	64,96	12500	81,20	15000	97,44
50	32,81	50	49,05	50	65,29	50	81,53	50	97,77
100	33,13	600	49,37	100	65,61	600	81,85	100	98,09
50	33,46	50	49,70	50	65,94	50	82,18	50	98,42
200	33,78	700	50,02	200	66,26	700	82,50	200	98,74
50	34,11	50	50,35	50	66,59	50	82,83	50	99,07
300	34,43	800	50,67	300	66,91	800	83,15	300	99,39
50	34,75	50	51,00	50	67,24	50	83,48	50	99,72
400	35,08	900	51,32	400	67,56	900	83,80	400	100,04
50	35,40	50	51,64	50	67,89	50	84,13	50	100,37
5500	35,73	8000	51,97	10500	68,21	13000	84,45	15500	100,69
50	36,05	50	52,29	50	68,54	50	84,78	50	101,02
600	36,38	100	52,62	600	68,86	100	85,10	600	101,34
50	36,70	50	52,94	50	69,18	50	85,43	50	101,67
700	37,03	200	53,27	700	69,51	200	85,75	700	101,99
50	37,35	50	53,59	50	69,83	50	86,07	50	102,31
800	37,68	300	53,92	800	70,16	300	86,40	800	102,64
50	38,00	50	54,24	50	70,48	50	86,72	50	102,96
900	38,33	400	54,57	900	70,81	400	87,05	900	103,29
50	38,65	50	54,89	50	71,13	50	87,37	50	103,61
6000	38,98	8500	55,22	11000	71,46	13500	87,70	16000	103,94
50	39,30	50	55,54	50	71,78	50	88,02	50	104,26
100	39,63	600	55,87	100	72,11	600	88,35	100	104,59
50	39,95	50	56,19	50	72,43	50	88,68	50	104,91
200	40,28	700	56,52	200	72,76	700	89,00	200	105,24
50	40,60	50	56,84	50	73,08	50	89,32	50	105,56
300	40,93	800	57,17	300	73,41	800	89,65	300	105,89
50	41,25	50	57,49	50	73,73	50	89,97	50	106,21
400	41,58	900	57,82	400	74,06	900	90,30	400	106,54
50	41,90	50	58,14	50	74,38	50	90,62	50	106,86
6500	42,23	9000	58,47	11500	74,71	14000	90,95	16500	107,19

R 14

Dehnungen. $L_0 = 70$ mm.

ΔL mm	δ vH	ΔL mm	δ vH	ΔL mm	δ vH	ΔL mm	δ vH	ΔL mm	δ vH	ΔL mm	δ vH	ΔL mm	δ vH
0,0	0,00	4,0	5,71	8,0	11,43	12,0	17,14	16,0	22,86	20,0	28,57	24,0	34,28
1	0,14	1	5,86	1	11,57	1	17,28	1	23,00	1	28,71	1	34,43
2	0,28	2	6,00	2	11,71	2	17,43	2	23,14	2	28,86	2	34,57
3	0,43	3	6,14	3	11,86	3	17,57	3	23,28	3	29,00	3	34,71
4	0,57	4	6,28	4	12,00	4	17,71	4	23,43	4	29,14	4	24,86
0,5	0,71	4,5	6,43	8,5	12,14	12,5	17,86	16,5	23,57	20,5	29,28	24,5	35,00
6	0,86	6	6,57	6	12,28	6	18,00	6	23,71	6	29,43	6	35,14
7	1,00	7	6,71	7	12,43	7	18,14	7	23,86	7	29,57	7	35,28
8	1,14	8	6,86	8	12,57	8	18,28	8	24,00	8	29,71	8	35,43
9	1,28	9	7,00	9	12,71	9	18,43	9	24,14	9	29,86	9	35,57
1,0	1,43	5,0	7,14	9,0	12,86	13,0	18,57	17,0	24,28	21,0	30,00	25,0	35,71
1	1,57	1	7,28	1	13,00	1	18,71	1	24,43	1	30,14	1	35,86
2	1,71	2	7,43	2	13,14	2	18,86	2	24,57	2	30,28	2	36,00
3	1,86	3	7,57	3	13,28	3	19,00	3	24,71	3	30,43	3	36,14
4	2,00	4	7,71	4	13,43	4	19,14	4	24,86	4	30,57	4	36,28
1,5	2,14	5,5	7,86	9,5	13,57	13,5	19,28	17,5	25,00	21,5	30,71	25,5	36,43
6	2,28	6	8,00	6	13,71	6	19,43	6	25,14	6	30,86	6	36,57
7	2,43	7	8,14	7	13,86	7	19,57	7	25,28	7	31,00	7	36,71
8	2,57	8	8,28	8	14,00	8	19,71	8	25,43	8	31,14	8	36,86
9	2,71	9	8,43	9	14,14	9	19,86	9	25,57	9	31,28	9	37,00
2,0	2,86	6,0	8,57	10,0	14,28	14,0	20,00	18,0	25,71	22,0	31,43	26,0	37,14
1	3,00	1	8,71	1	14,43	1	20,14	1	25,86	1	31,57	1	37,28
2	3,14	2	8,86	2	14,57	2	20,28	2	26,00	2	31,71	2	37,43
3	3,28	3	9,00	3	14,71	3	20,43	3	26,14	3	31,86	3	37,57
4	3,43	4	9,14	4	14,86	4	20,57	4	26,28	4	32,00	4	37,71
2,5	3,57	6,5	9,28	10,5	15,00	14,5	20,71	18,5	26,43	22,5	32,14	26,5	37,86
6	3,71	6	9,43	6	15,14	6	20,86	6	26,57	6	32,28	6	38,00
7	3,86	7	9,57	7	15,28	7	21,00	7	26,71	7	32,43	7	38,14
8	4,00	8	9,71	8	15,43	8	21,14	8	26,86	8	32,57	8	38,28
9	4,14	9	9,86	9	15,57	9	21,28	9	27,00	9	32,71	9	38,43
3,0	4,28	7,0	10,00	11,0	15,71	15,0	21,43	19,0	27,14	23,0	32,86	27,0	38,57
1	4,43	1	10,14	1	15,86	1	21,57	1	27,28	1	33,00	1	38,71
2	4,57	2	10,28	2	16,00	2	21,71	2	27,43	2	33,14	2	38,86
3	4,71	3	10,43	3	16,14	3	21,86	3	27,57	3	33,28	3	39,00
4	4,86	4	10,57	4	16,28	4	22,00	4	27,71	4	33,43	4	39,14
3,5	5,00	7,5	10,71	11,5	16,43	15,5	22,14	19,5	27,86	23,5	33,57	27,5	39,28
6	5,14	6	10,86	6	16,57	6	22,28	6	28,00	6	33,71	6	39,43
7	5,28	7	11,00	7	16,71	7	22,43	7	28,14	7	33,86	7	39,57
8	5,43	8	11,14	8	16,86	8	22,57	8	28,28	8	34,00	8	39,71
9	5,57	9	11,28	9	17,00	9	22,71	9	28,43	9	34,14	9	39,86
4,0	5,71	8,0	11,43	12,0	17,14	16,0	22,86	20,0	28,57	24,0	34,28	28,0	40,00

Einschnürungen. *Rundstab* $d = 14$ mm.

d_1 mm	φ vH	d_1 mm	φ vH	d_1 mm	φ vH	d_1 mm	φ vH	d_1 mm	φ vH	d_1 mm	φ vH	d_1 mm	φ vH	d_1 mm	φ vH
14,0	0,00	13,0	13,78	12,0	26,53	11,0	38,27	10,0	48,98	9,0	58,67	8,0	67,35	7,0	75,00
9	1,42	9	15,10	9	27,75	9	39,38	9	49,99	9	59,59	9	68,16	9	75,71
8	2,84	8	16,41	8	28,96	8	40,49	8	51,00	8	60,49	8	68,96	8	76,41
7	4,24	7	17,71	7	30,16	7	41,59	7	51,99	7	61,38	7	69,75	7	77,10
6	5,63	6	19,00	6	31,35	6	42,67	6	52,98	6	62,27	6	70,53	6	77,78
13,5	7,02	12,5	20,28	11,5	32,53	10,5	43,75	9,5	53,95	8,5	63,14	7,5	71,30	6,5	78,44
4	8,39	4	21,55	4	33,69	4	44,82	4	54,92	4	64,00	4	72,06	4	79,10
3	9,75	3	22,81	3	34,85	3	45,87	3	55,87	3	64,85	3	72,81	3	79,75
2	11,60	2	24,06	2	36,00	2	46,92	2	56,82	2	65,69	2	73,55	2	80,39
1	12,44	1	25,30	1	37,14	1	47,95	1	57,75	1	66,53	1	74,28	1	81,02
13,0	13,78	12,0	26,53	11,0	38,27	10,0	48,98	9,0	58,67	8,0	67,35	7,0	75,00	6,0	81,63

Zahlentafel 16. Rundstab $d = 15$ mm. $F_0 = 176,715$ mm².

Zugfestigkeiten. **R 15**

P kg	σ_B kg/mm²	P kg	σ_B kg/mm²	P kg	σ_B kg/mm²	P kg	σ_B kg/mm²	P kg	σ_B kg/mm²	P kg	σ_B kg/mm²
3000	16,98	5500	31,12	8000	45,27	10500	59,42	13000	73,57	15500	87,71
50	17,26	50	31,41	50	45,55	50	59,70	50	73,85	50	88,00
3100	17,54	5600	31,69	8100	45,84	10600	59,98	13100	74,13	15600	88,28
50	17,83	50	31,97	50	46,12	50	60,27	50	74,41	50	88,56
3200	18,11	5700	32,26	8200	46,40	10700	60,55	13200	74,70	15700	88,84
50	18,39	50	32,54	50	46,69	50	60,83	50	74,98	50	89,13
3300	18,68	5800	33,82	8300	46,97	10800	61,12	13300	75,26	15800	89,41
50	18,96	50	33,11	50	47,25	50	61,40	50	75,55	50	89,69
3400	19,24	5900	33,39	8400	47,53	10900	61,68	13400	75,83	15900	89,98
50	19,52	50	33,67	50	47,82	50	61,96	50	76,11	50	90,26
3500	19,81	6000	33,95	8500	48,10	11000	62,25	13500	76,39	16000	90,54
50	20,09	50	34,24	50	48,38	50	62,53	50	76.68	50	90,82
3600	20,37	6100	34,52	8600	48,67	11100	62,81	13600	76,96	16100	91,11
50	20,66	50	34,80	50	48,95	50	63,10	50	77,24	50	91,39
3700	20,94	6200	35,09	8700	49,23	11200	63,38	13700	77,53	16200	91,67
50	21,22	50	35,37	50	49,52	50	63,66	50	77,81	50	91,96
3800	21,50	6300	35,65	8800	49,80	11300	63,95	13800	78,09	16300	92,24
50	21,79	50	35,94	50	50,08	50	64,23	50	78,38	50	92,52
3900	22,07	6400	36,22	8900	50,36	11400	64,51	13900	78,66	16400	92,81
50	22,35	50	36,50	50	50,65	50	64,79	50	78,94	50	93,09
4000	22,64	6500	36,78	9000	50,93	11500	65,08	14000	79,22	16500	93,37
50	22,92	50	37,07	50	51,21	50	65,36	50	79,51	50	93,65
4100	23,20	6600	37,35	9100	51,50	11600	65,64	14100	79,79	16600	93,94
50	23,49	50	37,63	50	51,78	50	65,93	50	80,07	50	94,22
4200	23,77	6700	37,92	9200	52,06	11700	66,21	14200	80,36	16700	94,50
50	24,05	50	38,20	50	52,34	50	66,49	50	80,64	50	94,79
4300	24,33	6800	38,48	9300	52,63	11800	66,77	14300	80,92	16800	95,07
50	24,62	50	38,76	50	52,91	50	67,06	50	81,20	50	95,35
4400	24,90	6900	39,05	9400	53,19	11900	67,34	14400	81,49	16900	95,63
50	25,18	50	39,33	50	53,48	50	67,62	50	81,77	50	95,92
4500	25,47	7000	39,61	9500	53,76	12000	67,91	14500	82,05	17000	96,20
50	25,75	50	39,90	50	54,04	50	68,19	50	82,34	50	96,48
4600	26,03	7100	40,18	9600	54,33	12100	68,47	14600	82,62	17100	96,77
50	26,31	50	40,46	50	54,61	50	68,76	50	82,90	50	97,05
4700	26,60	7200	40,75	9700	54,89	12200	69,04	14700	83,19	17200	97,33
50	26,88	50	41,03	50	55,17	50	69,32	50	83,47	50	97,62
4800	27,16	7300	41,31	9800	55,46	12300	69,60	14800	83,75	17300	97,90
50	27,45	50	41,59	50	55,74	50	69,89	50	84,03	50	98,18
4900	27,73	7400	41,88	9900	56,02	12400	70,17	14900	84,32	17400	98,46
50	28,01	50	42,16	50	56,31	50	70,45	50	84,60	50	98,75
5000	28,30	7500	42,44	10000	56,59	12500	70,74	15000	84,88	17500	99,03
50	28,58	50	42,73	50	56,87	50	71,02	50	85,17	50	99,31
5100	28,86	7600	43,01	10100	57,15	12600	71,30	15100	85,45	17600	99,60
50	29,14	50	43,29	50	57,44	50	71,58	50	85,73	50	99,88
5200	29,43	7700	43,57	10200	57,72	12700	71,87	15200	86,01	17700	100,16
50	29,71	50	43,86	50	58,00	50	72,15	50	86,30	50	100,44
5300	29,99	7800	44,14	10300	58,29	12800	72,43	15300	86,58	17800	100,73
50	30,28	50	44,42	50	58,57	50	72,72	50	86,26	50	101,01
5400	30,56	7900	44,71	10400	58,85	12900	73,00	15400	87,15	17900	101,29
50	30,84	50	44,99	50	59,14	50	73,28	50	87,43	50	101,58
5500	31,12	8000	45,27	10500	59,42	13000	73,57	15500	87,71	18000	101,86

R 15 **Dehnungen.** $L_0 = 75$ mm.

ΔL mm	δ vH	ΔL mm	δ vH	ΔL mm	δ vH	ΔL mm	δ vH	ΔL mm	δ vH	ΔL mm	δ vH
0,0	0,00	5,0	6,67	10,0	13,33	15,0	20,00	20,0	26,67	25,0	33,33
1	0,13	1	6,80	1	13,47	1	20,13	1	26,80	1	33,47
2	0,27	2	6,93	2	13,60	2	20,27	2	26,93	2	33,60
3	0,40	3	7,07	3	13,73	3	20,40	3	27,07	3	33,73
4	0,53	4	7,20	4	13,87	4	20,53	4	27,20	4	33,87
0,5	0,67	5,5	7,33	10,5	14,00	15,5	20,67	20,5	27,33	25,5	34,00
6	0,80	6	7,47	6	14,13	6	20,80	6	27,47	6	34,13
7	0,93	7	7,60	7	14,27	7	20,93	7	27,60	7	34,27
8	1,07	8	7,73	8	14,40	8	21,07	8	27,73	8	34,40
9	1,20	9	7,87	9	14,53	9	21,20	9	27,87	9	34,53
1,0	1,33	6,0	8,00	11,0	14,67	16,0	21,33	21,0	28,00	26,0	34,67
1	1,47	1	8,13	1	14,80	1	21,47	1	28,13	1	34,80
2	1,60	2	8,27	2	14,93	2	21,60	2	28,27	2	34,93
3	1,73	3	8,40	3	15,07	3	21,73	3	28,40	3	35,07
4	1,87	4	8,53	4	15,20	4	21,87	4	28,53	4	35,20
1,5	2,00	6,5	8,67	11,5	15,33	16,5	22,00	21,5	28,67	26,5	35,33
6	2,13	6	8,80	6	15,47	6	22,13	6	28,80	6	35,47
7	2,27	7	8,93	7	15,60	7	22,27	7	28,93	7	35,60
8	2,40	8	9,07	8	15,73	8	22,40	8	29,07	8	35,73
9	2,53	9	9,20	9	15,87	9	22,53	9	29,20	9	35,87
2,0	2,67	7,0	9,33	12,0	16,00	17,0	22,67	22,0	29,33	27,0	36,00
1	2,80	1	9,47	1	16,13	1	22,80	1	29,47	1	36,13
2	2,93	2	9,60	2	16,27	2	22,93	2	29,60	2	36,27
3	3,07	3	9,73	3	16,40	3	23,07	3	29,73	3	36,40
4	3,20	4	9,87	4	16,53	4	23,20	4	29,87	4	36,53
2,5	3,33	7,5	10,00	12,5	16,67	17,5	23,33	22,5	30,00	27,5	36,67
6	3,47	6	10,13	6	16,80	6	23,47	6	30,13	6	36,80
7	3,60	7	10,27	7	16,93	7	23,60	7	30,27	7	36,93
8	3,73	8	10,40	8	17,07	8	23,73	8	30,40	8	37,07
9	3,87	9	10,53	9	17,20	9	23,87	9	30,53	9	37,20
3,0	4,00	8,0	10,67	13,0	17,33	18,0	24,00	23,0	30,67	28,0	37,33
1	4,13	1	10,80	1	17,47	1	24,13	1	30,80	1	37,47
2	4,27	2	10,93	2	17,60	2	24,27	2	30,93	2	37,60
3	4,40	3	11,07	3	17,73	3	24,40	3	31,07	3	37,73
4	4,53	4	11,20	4	17,87	4	24,53	4	31,20	4	37,87
3,5	4,67	8,5	11,33	13,5	18,00	18,5	24,67	23,5	31,33	28,5	38,00
6	4,80	6	11,47	6	18,13	6	24,80	6	31,47	6	38,13
7	4,93	7	11,60	7	18,27	7	24,93	7	31,60	7	38,27
8	5,07	8	11,73	8	18,40	8	25,07	8	31,73	8	38,40
9	5,20	9	11,87	9	18,53	9	25,20	9	31,87	9	38,53
4,0	5,33	9,0	12,00	14,0	18,67	19,0	25,33	24,0	32,00	29,0	38,67
1	5,47	1	12,13	1	18,80	1	25,47	1	32,13	1	38,80
2	5,60	2	12,27	2	18,93	2	25,60	2	32,27	2	38,93
3	5,73	3	12,40	3	19,07	3	25,73	3	32,40	3	39,07
4	5,87	4	12,53	4	19,20	4	25,87	4	32,53	4	39,20
4,5	6,00	9,5	12,67	14,5	19,33	19,5	26,00	24,5	32,67	29,5	39,33
6	6,13	6	12,80	6	19,47	6	26,13	6	32,80	6	39,47
7	6,27	7	12,93	7	19,60	7	26,27	7	32,93	7	39,60
8	6,40	8	13,07	8	19,73	8	26,40	8	33,07	8	39,73
9	6,53	9	13,20	9	19,87	9	26,53	9	33,20	9	39,87
5,0	6,67	10,0	13,33	15,0	20,00	20,0	26,67	25,0	33,33	30,0	40,00

Einschnürungen. *Rundstab* $d = 15$ mm. **R 15**

d_1 mm	φ vH	d_1 mm	φ vH	d_1 mm	φ vH	d_1 mm	φ vH	d_1 mm	φ vH	d_1 mm	φ vH
15,0	0,00	13,5	19,00	12,0	36,00	10,5	51,00	9,0	64,00	7,5	75,00
9	1,33	4	20,20	9	37,06	4	51,93	9	64,80	4	75,66
8	2,65	3	21,38	8	38,12	3	52,85	8	65,58	3	76,32
7	3,96	2	22,56	7	39,16	2	53,76	7	66,36	2	76,96
6	5,26	1	23,73	6	40,20	1	54,66	6	67,13	1	77,60
14,5	6,56	13,0	24,89	11,5	41,22	10,0	55,56	8,5	67,89	7,0	78,22
4	7,84	9	26,04	4	42,24	9	56,44	4	68,64	9	78,84
3	9,12	8	27,18	3	43,25	8	57,32	3	69,38	8	79,45
2	10,38	7	28,32	2	44,25	7	58,18	2	70,12	7	80,05
1	11,64	6	29,44	1	45,24	6	59,04	1	70,84	6	80,64
14,0	12,89	12,5	30,56	11,0	46,22	9,5	59,89	8,0	71,56	6,5	81,22
9	14,13	4	31,66	9	47,20	4	60,73	9	72,26	4	81,80
8	15,36	3	32,76	8	48,16	3	61,56	8	72,96	3	82,36
7	16,59	2	33,85	7	49,12	2	62,38	7	73,65	2	82,92
6	17,80	1	34,93	6	50,06	1	63,20	6	74,33	1	83,46
13,5	19,00	12,0	36,00	10,5	51,00	9,0	64,00	7,5	75,00	6,0	84,00

Zahlentafel 17. *Rundstab* $d = 16$ mm. $F_0 = 201{,}062$ mm^2.

Zugfestigkeiten. **R 16**

P kg	σ_B kg/mm²	P kg	σ_B kg/mm²	P kg	σ_B kg/mm²	P kg	σ_B kg/mm²	P kg	σ_B kg/mm²	P kg	σ_B kg/mm²
5000	24,87	6500	32,33	8000	39,79	9500	47,25	11000	54,71	12500	62,17
50	25,12	50	32,58	50	40,04	50	47,50	50	54,96	50	62,42
100	25,37	600	32,83	100	40,29	600	47,75	100	55,21	600	62,67
50	25,61	50	33,08	50	40,54	50	48,00	50	55,46	50	62,92
200	25,86	700	33,32	200	40,78	700	48,24	200	55,70	700	63,17
50	26,11	50	33,57	50	41,03	50	48,49	50	55,95	50	63,41
300	26,36	800	33,82	300	41,28	800	48,74	300	56,20	800	63,66
50	26,61	50	34,07	50	41,53	50	48,99	50	56,45	50	63,91
400	26,86	900	34,32	400	41,78	900	49,24	400	56,70	900	64,16
50	27,11	50	34,57	50	42,03	50	49,49	50	56,95	50	64,41
5500	27,36	7000	34,82	8500	42,28	10000	49,74	11500	57,20	13000	64,66
50	27,60	50	35,06	50	42,53	50	49,99	50	57,45	50	64,91
600	27,85	100	35,31	600	42,77	100	50,23	600	57,69	100	65,16
50	28,10	50	35,56	50	43,02	50	50,48	50	57,94	50	65,40
700	28,35	200	35,81	700	43,27	200	50,73	700	58,19	200	65,65
50	28,60	50	36,06	50	43,52	50	50,98	50	58,44	50	65,90
800	28,85	300	36,31	800	43,77	300	51,23	800	58,69	300	66,15
50	29,10	50	36,56	50	44,02	50	51,48	50	58,94	50	66,40
900	29,35	400	36,81	900	44,27	400	51,73	900	59,19	400	66,65
50	29,59	50	37,05	50	44,51	50	51,98	50	59,43	50	66,90
6000	29,84	500	37,30	9000	44,76	10500	52,22	12000	59,68	13500	67,15
50	30,09	50	37,55	50	45,01	50	52,47	50	59,93	50	67,40
100	30,34	600	37,80	100	45,26	600	52,72	100	60,18	600	67,65
50	30,59	50	38,05	50	45,51	50	52,97	50	60,43	50	67,89
200	30,84	700	38,30	200	45,76	700	53,22	200	60,68	700	68,14
50	31,09	50	38,55	50	46,01	50	53,47	50	60,93	50	68,39
300	31,33	800	38,80	300	46,26	800	53,72	300	61,18	800	68,64
50	31,58	50	39,04	50	46,50	50	53,96	50	61,42	50	68,89
400	31,83	900	39,29	400	46,75	900	54,21	400	61,67	900	69,14
50	32,08	50	39,54	50	47,00	50	54,46	50	61,92	50	69,39
6500	32,33	8000	39,79	9500	47,25	11000	54,71	12500	62,17	14000	69,63

R 16

Zahlentafel 17. **Zugfestigkeiten.** (Fortsetzung.)

P kg	σ_B kg/mm²	P kg	σ_B kg/mm²	P kg	σ_B kg/mm²	P kg	σ_B kg/mm²	P kg	σ_B kg/mm²	P kg	σ_B kg/mm²
14000	69,63	15000	74,60	16000	79,58	17000	84,55	18000	89,53	19000	94,50
50	69,88	50	74,86	50	79,83	50	84,80	50	89,77	50	94,75
100	70,13	100	75,10	100	80,08	100	85,05	100	90,02	100	95,00
50	70,38	50	75,35	50	80,33	50	85,30	50	90,27	50	95,25
200	70,63	200	75,60	200	80,57	200	85,55	200	90,52	200	95,49
50	70,87	50	75,85	50	80,82	50	85,80	50	90,77	50	95,74
300	71,12	300	76,10	300	81,07	300	86,04	300	91,02	300	95,99
50	71,37	50	76,35	50	81,32	50	86,29	50	91,27	50	96,24
400	71,62	400	76,59	400	81,57	400	86,54	400	91,52	400	96,49
50	71,87	50	76,84	50	81,82	50	86,79	50	91,76	50	96,74
14500	72,12	15500	77,09	16500	82,07	17500	87,04	18500	92,01	19500	96,99
50	72,37	50	77,34	50	82,31	50	87,29	50	92,26	50	97,23
600	72,62	600	77,59	600	82,56	600,	87,54	600	92,51	600	97,48
50	72,86	50	77,84	50	82,81	50	87,78	50	92,76	50	97,73
700	73,11	700	78,09	700	83,06	700	88,03	700	93,01	700	97,98
50	73,36	50	78,34	50	83,31	50	88,28	50	93,26	50	98,23
800	73,61	800	78,58	800	83,56	800	88,53	800	93,50	800	98,48
50	73,86	50	78,83	50	83,81	50	88,78	50	93,75	50	98,73
900	74,11	900	79,08	900	84,05	900	89,03	900	94,00	900	98,98
50	74,36	50	79,33	50	84,30	50	89,28	50	94,25	50	99,22
15000	74,60	16000	79,58	17000	84,55	18000	89,53	19000	94,50	20000	99,47
										50	99,72
										100	99,97
										50	100,22
										200	100,47

Dehnungen. $L_0 = 80$ mm.

ΔL mm	δ vH	ΔL mm	δ vH	ΔL mm	δ vH	ΔL mm	δ vH	ΔL mm	δ vH	ΔL mm	δ vH
0,0	0,00	2,0	2,50	4,0	5,00	6,0	7,50	8,0	10,00	10,0	12,50
1	0,13	1	2,63	1	5,13	1	7,63	1	10,13	1	12,63
2	0,25	2	2,75	2	5,25	2	7,75	2	10,25	2	12,75
3	0,38	3	2,88	3	5,38	3	7,88	3	10,38	3	12,88
4	0,50	4	3,00	4	5,50	4	8,00	4	10,50	4	13,00
0,5	0,63	2,5	3,13	4,5	5,63	6,5	8,13	8,5	10,63	10,5	13,13
6	0,75	6	3,25	6	5,75	6	8,25	6	10,75	6	13,25
7	0,88	7	3,38	7	5,88	7	8,38	7	10,88	7	13,38
8	1,00	8	3,50	8	6,00	8	8,50	8	11,00	8	13,50
9	1,13	9	3,63	9	6,13	9	8,63	9	11,13	9	13,63
1,0	1,25	3,0	3,75	5,0	6,25	7,0	8,75	9,0	11,25	11,0	13,75
1	1,38	1	3,88	1	6,38	1	8,88	1	11,38	1	13,88
2	1,50	2	4,00	2	6,50	2	9,00	2	11,50	2	14,00
3	1,63	3	4,13	3	6,63	3	9,13	3	11,63	3	14,13
4	1,75	4	4,25	4	6,75	4	9,25	4	11,75	4	14,25
1,5	1,88	3,5	4,38	5,5	6,88	7,5	9,38	9,5	11,88	11,5	14,38
6	2,00	6	4,50	6	7,00	6	9,50	6	12,00	6	14,50
7	2,13	7	4,63	7	7,13	7	9,63	7	12,13	7	14,63
8	2,25	8	4,75	8	7,25	8	9,75	8	12,25	8	14,75
9	2,38	9	4,88	9	7,38	9	9,88	9	12,38	9	14,88
2,0	2,50	4,0	5,00	6,0	7,50	8,0	10,00	10,0	12,50	12,0	15,00

Zahlentafel 17. **Dehnungen.** (Fortsetzung.) R 16

ΔL mm	δ vH	ΔL mm	δ vH	ΔL mm	δ vH	ΔL mm	δ vH	ΔL mm	δ vH	ΔL mm	δ vH
12,0	15,00	15,0	18,75	18,0	22,50	21,0	26,25	24,0	30,00	27,0	33,75
1	15,13	1	18,88	1	22,63	1	26,38	1	30,13	1	33,88
2	15,25	2	19,00	2	22,75	2	26,50	2	30,25	2	34,00
3	15,38	3	19,13	3	22,88	3	26,63	3	30,38	3	34,13
4	15,50	4	19,25	4	23,00	4	26,75	4	30,50	4	34,25
12,5	15,63	15,5	19,38	18,5	23,13	21,5	26,88	24,5	30,63	27,5	34,38
6	15,75	6	19,50	6	23,25	6	27,00	6	30,75	6	34,50
7	15,88	7	19,63	7	23,38	7	27,13	7	30,88	7	34,63
8	16,00	8	19,75	8	23,50	8	27,25	8	31,00	8	34,75
9	16,13	9	19,88	9	23,63	9	27,38	9	31,13	9	34,88
13,0	16,25	16,0	20,00	19,0	23,75	22,0	27,50	25,0	31,25	28,0	35,00
1	16,38	1	20,13	1	23,88	1	27,63	1	31,38	1	35,13
2	16,50	2	20,25	2	24,00	2	27,75	2	31,50	2	35,25
3	16,63	3	20,38	3	24,13	3	27,88	3	31,63	3	35,38
4	16,75	4	20,50	4	24,25	4	28,00	4	31,75	4	35,50
13,5	16,88	16,5	20,63	19,5	24,38	22,5	28,13	25,5	31,88	28,5	35,63
6	17,00	6	20,75	6	24,50	6	28,25	6	32,00	6	35,75
7	17,13	7	20,88	7	24,63	7	28,38	7	32,13	7	35,88
8	17,25	8	21,00	8	24,75	8	28,50	8	32,25	8	36,00
9	17,38	9	21,13	9	24,88	9	28,63	9	32,38	9	36,13
14,0	17,50	17,0	21,25	20,0	25,00	23,0	28,75	26,0	32,50	29,0	36,25
1	17,63	1	21,38	1	25,13	1	28,88	1	32,63	1	36,38
2	17,75	2	21,50	2	25,25	2	29,00	2	32,75	2	36,50
3	17,88	3	21,63	3	25,38	3	29,13	3	32,88	3	36,63
4	18,00	4	21,75	4	25,50	4	29,25	4	33,00	4	36,75
14,5	18,13	17,5	21,88	20,5	25,63	23,5	29,38	26,5	33,13	29,5	36,88
6	18,25	6	22,00	6	25,75	6	29,50	6	33,25	6	37,00
7	18,38	7	22,13	7	25,88	7	29,63	7	33,38	7	37,13
8	18,50	8	22,25	8	26,00	8	29,75	8	33,50	8	37,25
9	18,63	9	22,38	9	26,13	9	29,88	9	33,63	9	37,38
15,0	18,75	18,0	22,50	21,0	26,25	24,0	30,00	27,0	33,75	30,0	37,50

Einschnürungen. *Rundstab* $d = 16$ mm.

d_1 mm	ψ vH	d_1 mm	ψ vH	d_1 mm	ψ vH	d_1 mm	ψ vH	d_1 mm	ψ vH	d_1 mm	ψ vH	d_1 mm	ψ vH
16,0	0,00	14,5	17,87	13,0	33,98	11,5	48,34	10,0	60,94	8,5	71,78	7,0	80,86
9	1,25	4	19,00	9	35,00	4	49,24	9	61,72	4	72,44	9	81,40
8	2,48	3	20,12	8	36,00	3	50,12	8	62,48	3	73,09	8	81,94
7	3,72	2	21,23	7	37,00	2	51,00	7	63,25	2	73,74	7	82,47
6	4,94	1	22,44	6	37,98	1	51,87	6	64,00	1	74,37	6	82,98
15,5	6,15	14,0	23,34	12,5	38,97	11,0	52,74	9,5	64,75	8,0	75,00	6,5	83,50
4	7,36	9	24,53	4	39,94	9	53,59	4	65,48	9	75,62	4	84,00
3	8,56	8	25,61	3	40,90	8	54,44	3	66,22	8	76,23	3	84,50
2	9,75	7	26,68	2	41,86	7	55,28	2	66,94	7	76,84	2	84,98
1	10,93	6	27,75	1	42,81	6	56,11	1	67,65	6	77,44	1	85,48
15,0	12,11	13,5	28,81	12,0	43,75	10,5	56,93	9,0	68,36	7,5	78,03	6,0	85,94
9	13,28	4	29,86	9	44,68	4	57,75	9	69,06	4	78,61	9	86,40
8	14,44	3	30,90	8	45,61	3	58,56	8	69,75	3	79,18	8	86,86
7	15,59	2	31,94	7	46,53	2	59,36	7	70,43	2	79,75	7	87,31
6	16,74	1	32,97	6	47,44	1	60,15	6	71,11	1	80,30	6	87,75
14,5	17,87	13,0	33,98	11,5	48,34	10,0	60,94	8,5	71,78	7,0	80,86	5,5	88,18

R 18

Zahlentafel 18. *Rundstab* $d = 18$ mm. $F_0 = 254{,}469$ mm².

Zugfestigkeiten.

P kg	σ_B kg/mm²	P kg	σ_B kg/mm²	P kg	σ_B kg/mm²	P kg	σ_B kg/mm²	P kg	σ_B kg/mm²	P kg	σ_B kg/mm²
4000	15,72	8000	31,44	12000	47,16	16000	62,88	20000	78,60	24000	94,31
100	16,11	100	31,83	100	47,55	100	63,27	100	78,99	100	94,71
200	16,51	200	32,22	200	47,94	200	63,66	200	79,38	200	95,10
300	16,90	300	32,62	300	48,34	300	64,06	300	79,77	300	95,49
400	17,29	400	33,01	400	48,73	400	64,45	400	80,17	400	95,89
500	17,68	500	33,40	500	49,12	500	64,84	500	80,56	500	96,28
600	18,08	600	33,80	600	49,52	600	65,23	600	80,95	600	96,67
700	18,47	700	34,19	700	49,91	700	65,63	700	81,35	700	97,07
800	18,86	800	34,58	800	50,30	800	66,02	800	81,74	800	97,46
900	19,26	900	34,98	900	50,69	900	66,41	900	82,13	900	97,85
5000	19,65	9000	35,37	13000	51,09	17000	66,81	21000	82,52	25000	98,24
100	20,04	100	35,76	100	51,48	100	67,20	100	82,92	100	98,64
200	20,44	200	36,15	200	51,87	200	67,59	200	83,31	200	99,03
300	20,83	300	36,55	300	52,27	300	67,98	300	83,70	300	99,42
400	21,22	400	36,94	400	52,66	400	68,38	400	84,10	400	99,82
500	21,61	500	37,33	500	53,05	500	68,77	500	84,49	500	100,21
600	22,01	600	37,73	600	53,45	600	69,16	600	84,88	600	100,60
700	22,40	700	38,12	700	53,84	700	69,56	700	85,28	700	100,99
800	22,79	800	38,51	800	54,23	800	69,95	800	86,67	800	101,39
900	23,19	900	38,91	900	54,62	900	70,34	900	86,06	900	101,78
6000	23,58	10000	39,30	14000	55,02	18000	70,74	22000	86,45	26000	102,17
100	23,97	100	39,69	100	55,41	100	71,13	100	86,85	100	102,57
200	24,37	200	40,08	200	55,80	200	71,52	200	87,24	200	102,96
300	24,76	300	40,48	300	56,20	300	71,92	300	87,63	300	103,35
400	25,15	400	40,87	400	56,59	400	72,31	400	88,03	400	103,75
500	25,54	500	41,26	500	56,98	500	72,70	500	88,42	500	104,14
600	25,94	600	41,66	600	57,38	600	73,09	600	88,81	600	104,53
700	26,33	700	42,05	700	57,77	700	73,49	700	89,21	700	104,92
800	26,72	800	42,44	800	58,16	800	73,88	800	89,60	800	105,32
900	27,12	900	42,83	900	58,55	900	74,27	900	89,99	900	105,71
7000	27,51	11000	43,23	15000	58,95	19000	74,67	23000	90,38	27000	106,10
100	27,90	100	43,62	100	59,34	100	75,06	100	90,78	100	106,50
200	28,29	200	44,01	200	59,73	200	75,45	200	91,17	200	106,89
300	28,69	300	44,41	300	60,13	300	75,84	300	91,56	300	107,28
400	29,08	400	44,80	400	60,52	400	76,24	400	91,96	400	107,68
500	29,47	500	45,19	500	60,91	500	76,63	500	92,35	500	108,07
600	29,87	600	45,59	600	61,30	600	77,02	600	92,74	600	108,46
700	30,26	700	45,98	700	61,70	700	77,42	700	93,14	700	108,85
800	30,65	800	46,37	800	62,09	800	77,81	800	93,53	800	109,24
900	31,05	900	46,76	900	62,48	900	78,20	900	93,92	900	109,64
8000	31,44	12000	47,16	16000	62,88	20000	78,60	24000	94,31	28000	110,03

Dehnungen. $L_0 = 90$ mm.

ΔL mm	δ vH	ΔL mm	δ vH	ΔL mm	δ vH	ΔL mm	δ vH	ΔL mm	δ vH	ΔL mm	δ vH	ΔL mm	δ vH
0,0	0,00	1,0	1,11	2,0	2,22	3,0	3,33	4,0	4,44	5,0	5,56	6,0	6,67
1	0,11	1	1,22	1	2,33	1	3,44	1	4,56	1	5,67	1	6,78
2	0,22	2	1,33	2	2,44	2	3,56	2	4,67	2	5,78	2	6,89
3	0,33	3	1,44	3	2,56	3	3,67	3	4,78	3	5,89	3	7,00
4	0,44	4	1,56	4	2,67	4	3,78	4	4,89	4	6,00	4	7,11
0,5	0,56	1,5	1,67	2,5	2,78	3,5	3,89	4,5	5,00	5,5	6,11	6,5	7,22
6	0,67	6	1,78	6	2,89	6	4,00	6	5,11	6	6,22	6	7,33
7	0,78	7	1,89	7	3,00	7	4,11	7	5,22	7	6,33	7	7,44
8	0,89	8	2,00	8	3,11	8	4,22	8	5,33	8	6,44	8	7,56
9	1,00	9	2,11	9	3,22	9	4,33	9	5,44	9	6,56	9	7,67
1,0	1,11	2,0	2,22	3,0	3,33	4,0	4,44	5,0	5,56	6,0	6,67	7,0	7,78

Zahlentafel 18. **Dehnungen.** $L_0 = 90$ mm (Fortsetzung). **R 18**

ΔL mm	δ vH	ΔL mm	δ vH	ΔL mm	δ vH	ΔL mm	δ vH	ΔL mm	δ vH	ΔL mm	δ vH	ΔL mm	δ vH	ΔL mm	δ vH
7,0	7,78	10,5	11,67	14,0	15,56	17,5	19,44	21,0	23,33	24,5	27,22	28,0	31,11	31,5	35,00
1	7,89	6	11,78	1	15,67	6	19,56	1	23,44	6	27,33	1	31,22	6	35,11
2	8,00	7	11,89	2	15,78	7	19,67	2	23,56	7	27,44	2	31,33	7	35,22
3	8,11	8	12,00	3	15,89	8	19,78	3	23,67	8	27,56	3	31,44	8	35,33
4	8,22	9	12,11	4	16,00	9	19,89	4	23,78	9	27,67	4	31,56	9	35,44
7,5	8,33	11,0	12,22	14,5	16,11	18,0	20,00	21,5	23,89	25,0	27,78	28,5	31,67	32,0	35,56
6	8,44	1	12,33	6	16,22	1	20,11	6	24,00	1	27,89	6	31,78	1	35,67
7	8,56	2	12,44	7	16,33	2	20,22	7	24,11	2	28,00	7	31,89	2	35,78
8	8,67	3	12,56	8	16,44	3	20,33	8	24,22	3	28,11	8	32,00	3	35,89
9	8,78	4	21,67	9	16,56	4	20,44	9	24,33	4	28,22	9	32,11	4	36,00
8,0	8,89	11,5	12,78	15,0	16,67	18,5	20,56	22,0	24,44	25,5	28,33	29,0	32,22	32,5	36,11
1	9,00	6	12,89	1	16,78	6	20,67	1	24,56	6	28,44	1	32,33	6	36,22
2	9,11	7	13,00	2	16,89	7	20,78	2	24,67	7	28,56	2	32,44	7	36,33
3	9,22	8	13,11	3	17,00	8	20,89	3	24,78	8	28,67	3	32,56	8	36,44
4	9,33	9	13,22	4	17,11	9	21,00	4	24,89	9	28,78	4	32,67	9	36,56
8,5	9,44	12,0	13,33	15,5	17,22	19,0	21,11	22,5	25,00	26,0	28,89	29,5	32,78	33,0	36,67
6	9,56	1	13,44	6	17,33	1	21,22	6	25,11	1	29,00	6	32,89	1	36,78
7	9,67	2	13,56	7	17,44	2	21,33	7	25,22	2	29,11	7	33,00	2	36,89
8	9,78	3	13,67	8	17,56	3	21,44	8	25,33	3	29,22	8	33,11	3	37,00
9	9,89	4	13,78	9	17,67	4	21,56	9	25,44	4	29,33	9	33,22	4	37,11
9,0	10,00	12,5	13,89	16,0	17,78	19,5	21,67	23,0	25,56	26,5	29,44	30,0	33,33	33,5	37,22
1	10,11	6	14,00	1	17,89	6	21,78	1	25,67	6	29,56	1	33,44	6	37,33
2	10,22	7	14,11	2	18,00	7	21,89	2	25,78	7	29,67	2	33,56	7	37,44
3	10,33	8	14,22	3	18,11	8	22,00	3	25,89	8	29,78	3	33,67	8	37,56
4	10,44	9	14,33	4	18,22	9	22,11	4	26,00	9	29,89	4	33,78	9	37,67
9,5	10,56	13,0	14,44	16,5	18,33	20,0	22,22	23,5	26,11	27,0	30,00	30,5	33,89	34,0	37,78
6	10,67	1	14,56	6	18,44	1	22,33	6	26,22	1	30,11	6	34,00	1	37,89
7	10,78	2	14,67	7	18,56	2	22,44	7	26,33	2	30,22	7	34,11	2	38,00
8	10,89	3	14,78	8	18,67	3	22,56	8	26,44	3	30,33	8	34,22	3	38,11
9	11,00	4	14,89	9	18,78	4	22,67	9	26,56	4	30,44	9	34,33	4	38,22
10,0	11,11	13,5	15,00	17,0	18,89	20,5	22,78	24,0	26,67	27,5	30,56	31,0	34,44	34,5	38,33
1	11,22	6	15,11	1	19,00	6	22,89	1	26,78	6	30,67	1	34,56	6	38,44
2	11,33	7	15,22	2	19,11	7	23,00	2	26,89	7	30,78	2	34,67	7	38,56
3	11,44	8	15,33	3	19,22	8	23,11	3	27,00	8	30,89	3	34,78	8	38,67
4	11,56	9	15,44	4	19,33	9	23,22	4	27,11	9	31,00	4	34,89	9	38,78
10,5	11,67	14,0	15,56	17,5	19,44	21,0	23,33	24,5	27,22	28,0	31,11	31,5	35,00	35,0	38,89

Einschnürungen. *Rundstab* $d = 18$ mm.

d_1 mm	φ vH	d_1 mm	φ vH	d_1 mm	φ vH	d_1 mm	φ vH	d_1 mm	φ vH	d_1 mm	φ vH	d_1 mm	φ vH	d_1 mm	φ vH
18,0	0,00	16,5	15,97	15,0	30,56	13,5	43,75	12,0	55,56	10,5	65,97	9,0	75,00	7,5	82,64
9	1,11	4	16,99	9	31,48	4	44,58	9	56,29	4	66,62	9	75,55	4	83,10
8	2,21	3	18,00	8	32,40	3	45,40	8	57,02	3	67,26	8	76,10	3	83,55
7	3,31	2	19,00	7	33,31	2	46,22	7	57,75	2	67,89	7	76,64	2	84,00
6	4,40	1	20,00	6	34,21	1	47,03	6	58,47	1	68,52	6	77,17	1	84,44
17,5	5,48	16,0	20,99	14,5	35,11	13,0	47,84	11,5	59,18	10,0	69,14	8,5	77,70	7,0	84,88
4	6,56	9	21,97	4	36,00	9	48,64	4	59,89	9	69,75	4	78,22	9	85,31
3	7,63	8	22,95	3	36,89	8	49,43	3	60,59	8	70,36	3	78,74	8	85,73
2	8,69	7	23,92	2	37,77	7	50,22	2	61,28	7	70,96	2	79,25	7	86,14
1	9,75	6	24,89	1	38,64	6	51,00	1	61,97	6	71,56	1	79,75	6	86,56
17,0	10,80	15,5	25,85	14,0	39,51	12,5	51,77	11,0	62,65	9,5	72,15	8,0	80,25	6,5	86,96
9	11,85	4	26,80	9	40,37	4	52,54	9	63,33	4	72,73	9	80,74	4	87,36
8	12,89	3	27,75	8	41,22	3	53,31	8	64,00	3	73,31	8	81,22	3	87,75
7	13,92	2	28,69	7	42,07	2	54,06	7	64,66	2	73,88	7	81,70	2	88,14
6	14,95	1	29,63	6	42,91	1	54,81	6	65,32	1	74,44	6	82,17	1	88,51
16,5	15,97	15,0	30,56	13,5	43,75	12,0	55,56	10,5	65,97	9,0	75,00	7,5	82,64	6,0	88,89

R 20

Zahlentafel 19. *Rundstab* d = 20 mm. F_0 = 314,159 mm².

Zugfestigkeiten.

P kg	σ_B kg/mm²	P kg	σ_B kg/mm	P kg	σ_B kg/mm²	P kg	σ_B kg/mm²	P kg	σ_B kg/mm²
4000	12,73	9600	30,56	15200	48,38	20800	66,21	26400	84,03
100	13,05	700	30,88	300	48,70	900	66,53	500	84,35
200	13,37	800	31,20	400	49,02	21000	66,85	600	84,67
300	13,69	900	31,51	500	49,34	100	67,16	700	84,99
400	14,01	10000	31,83	600	49,66	200	67,48	800	85,31
500	14,32	100	32,15	700	49,98	300	67,80	900	85,63
600	14,64	200	32,47	800	50,29	400	68,12	27000	85,94
700	14,96	300	32,79	900	50,61	500	68,44	100	86,26
800	15,28	400	33,10	16000	50,93	600	68,76	200	86,58
900	15,60	500	33,42	100	51,25	700	69,07	300	86,90
5000	15,92	600	33,74	200	51,57	800	69,39	400	87,22
100	16,23	700	34,06	300	51,89	900	69,71	500	87,54
200	16,55	800	34,38	400	52,20	22000	70,03	600	87,85
300	16,87	900	34,70	500	52,52	100	70,35	700	88,17
400	17,19	11000	35,01	600	52,84	200	70,67	800	88,49
500	17,51	100	35,33	700	53,16	300	70,98	900	88,81
600	17,83	200	35,65	800	53,48	400	71,30	28000	89,15
700	18,14	300	35,97	900	53,80	500	71,62	100	89,45
800	18,46	400	36,29	17000	54,11	600	71,94	200	89,76
900	18,78	500	36,61	100	54,43	700	72,26	300	90,08
6000	19,10	600	36,92	200	54,75	800	72,58	400	90,40
100	19,42	700	37,24	300	55,07	900	72,89	500	90,72
200	19,74	800	37,56	400	55,39	23000	73,21	600	91,04
300	20,05	900	37,88	500	55,70	100	73,53	700	91,36
400	20,37	12000	38,20	600	56,02	200	73,85	800	91,67
500	20,69	100	38,52	700	56,34	300	74,17	900	91,99
600	21,01	200	38,83	800	56,66	400	74,49	29000	92,31
700	21,33	300	39,15	900	56,98	500	74,80	100	92,63
800	21,65	400	39,47	18000	57,30	600	75,12	200	92,95
900	21,96	500	39,79	100	57,61	700	75,44	300	93,27
7000	22,28	600	40,11	200	57,93	800	75,76	400	93,58
100	22,60	700	40,43	300	58,25	900	76,08	500	93,90
200	22,92	800	40,74	400	58,57	24000	76,40	600	94,22
300	23,24	900	41,06	500	58,89	100	76,71	700	94,54
400	23,56	13000	41,38	600	59,21	200	77,03	800	94,86
500	23,87	100	41,70	700	59,52	300	77,35	900	95,18
600	24,19	200	42,02	800	59,84	400	77,67	30000	95,49
700	24,51	300	42,34	900	60,16	500	77,99	100	95,81
800	24,83	400	42,65	19000	60,48	600	78,30	200	96,13
900	25,15	500	42,97	100	60,80	700	78,62	300	96,45
8000	25,47	600	43,29	200	61,12	800	78,94	400	96,77
100	25,78	700	43,61	300	61,43	900	79,26	500	97,09
200	26,10	800	43,93	400	61,75	25000	79,58	600	97,40
300	26,42	900	44,25	500	62,07	100	79,90	700	97,72
400	26,74	14000	44,56	600	62,39	200	80,21	800	98,04
500	27,06	100	44,88	700	62,71	300	80,53	900	98,36
600	27,38	200	45,20	800	63,03	400	80,85	31000	98,68
700	27,69	300	45,52	900	63,34	500	81,17	100	98,99
800	28,01	400	45,84	20000	63,66	600	81,49	200	99,31
900	28,33	500	46,16	100	63,98	700	81,81	300	99,63
9000	28,65	600	46,47	200	64,30	800	82,12	400	99,95
100	28,97	700	46,79	300	64,62	900	82,44	500	100,27
200	29,29	800	47,11	400	64,94	26000	82,76	600	100,59
300	29,60	900	47,43	500	65,25	100	83,08	700	100,90
400	29,92	15000	47,75	600	65,57	200	83,40	800	101,22
500	30,24	100	48,07	700	65,89	300	83,72	900	101,54
600	30,56	200	48,38	800	66,21	400	84,03	32000	101,86

Zahlentafel 19. **Dehnungen.** $L_0 = 100$ mm, $\delta = \Delta L$.
Einschnürungen. *Rundstab* $d = 20$ mm. **R 20**

d_1 mm	φ vH	d_1 mm	φ vH	d_1 mm	φ vH	d_1 mm	φ vH	d_1 mm	φ vH	d_1 mm	φ vH
20,0	0,00	18,0	19,00	16,0	36,00	14,0	51,00	12,0	64,00	10,0	75,00
9	1,00	9	19,90	9	36,80	9	51,70	9	64,60	9	75,50
8	1,99	8	20,79	8	37,59	8	52,39	8	65,19	8	75,99
7	2,98	7	21,68	7	38,38	7	53,08	7	65,78	7	76,48
6	3,96	6	22,56	6	39,16	6	53,76	6	66,36	6	76,96
19,5	4,94	17,5	23,44	15,5	39,94	13,5	54,44	11,5	66,94	9,5	77,44
4	5,91	4	24,31	4	40,71	4	55,11	4	67,51	4	77,91
3	6,88	3	25,18	3	41,48	3	55,78	3	68,08	3	78,38
2	7,84	2	26,04	2	42,24	2	56,44	2	68,64	2	78,84
1	8,80	1	26,90	1	43,00	1	57,10	1	69,20	1	79,30
19,0	9,75	17,0	27,75	15,0	43,75	13,0	57,75	11,0	69,75	9,0	79,75
9	10,70	9	28,60	9	44,50	9	58,40	9	70,30	9	80,20
8	11,64	8	29,44	8	45,24	8	59,04	8	70,84	8	80,64
7	12,58	7	30,28	7	45,98	7	59,68	7	71,38	7	81,08
6	13,51	6	31,11	6	46,71	6	60,31	6	71,91	6	81,51
18,5	14,44	16,5	31,94	14,5	47,44	12,5	60,94	10,5	72,44	8,5	81,94
4	15,36	4	32,76	4	48,16	4	61,56	4	72,96	4	82,36
3	16,28	3	33,58	3	48,88	3	62,18	3	73,48	3	82,78
2	17,19	2	34,39	2	49,59	2	62,79	2	73,99	2	83,19
1	18,10	1	35,20	1	50,30	1	63,40	1	74,50	1	83,60
18,0	19,00	16,0	36,00	14,0	51,00	12,0	64,00	10,0	75,00	8,0	84,00

Zahlentafel 20. *Rundstab* $d = 25$ mm. $F_0 = 490{,}874$ mm^2.
Zugfestigkeiten. **R 25**

P kg	σ_B kg/mm²	P kg	σ_B kg/mm²	P kg	σ_B kg/mm²	P kg	σ_B kg/mm²	P kg	σ_B kg/mm²
4000	8,15	8000	16,30	12000	24,45	16000	32,60	20000	40,74
200	8,56	200	16,70	200	24,85	200	33,00	200	41,15
400	8,96	400	17,11	400	25,26	400	33,41	400	41,56
600	9,37	600	17,52	600	25,67	600	33,82	600	41,97
800	9,78	800	17,93	800	26,08	800	34,22	800	42,37
5000	10,19	9000	18,33	13000	26,48	17000	34,63	21000	42,78
200	10,59	200	18,74	200	26,89	200	35,04	200	43,19
400	11,00	400	19,15	400	27,30	400	35,45	400	43,60
600	11,40	600	19,56	600	27,71	600	35,85	600	44,00
800	11,82	800	19,96	800	28,11	800	36,26	800	44,41
6000	12,22	10000	20,37	14000	28,52	18000	36,67	22000	44,82
200	12,63	200	20,80	200	28,93	200	37,08	200	45,22
400	13,04	400	21,19	400	29,34	400	37,48	400	45,63
600	13,45	600	21,59	600	29,74	600	37,89	600	46,04
800	13,85	800	22,00	800	30,15	800	38,30	800	46,45
7000	14,26	11000	22,41	15000	30,56	19000	38,71	23000	46,86
200	14,67	200	22,82	200	30,97	200	39,11	200	47,26
400	15,08	400	23,22	400	31,37	400	39,52	400	47,67
600	15,48	600	23,63	600	31,78	600	39,93	600	48,08
800	15,89	800	24,04	800	32,19	800	40,34	800	48,49
8000	16,30	12000	24,45	16000	32,60	20000	40,74	24000	48,89

R 25 Zahlentafel 20. **Zugfestigkeiten** (Fortsetzung).

P kg	σ_B kg/mm²	P kg	σ_B kg/mm²	P kg	σ_B kg/mm²	P kg	σ_B kg/mm²	P kg	σ_B kg/mm²
24000	48,89	29000	59,08	34000	69,26	39000	79,45	44000	89,64
200	49,30	200	59,49	200	69,67	200	79,86	200	90,04
400	49,71	400	59,89	400	70,08	400	80,26	400	90,45
600	50,11	600	60,30	600	70,49	600	80,67	600	90,86
800	50,52	800	60,71	800	70,89	800	81,08	800	91,27
25000	50,93	30000	61,12	35000	71,30	40000	81,49	45000	91,67
200	51,34	200	61,52	200	71,71	200	81,89	200	92,08
400	51,74	400	61,93	400	72,12	400	82,30	400	92,49
600	52,15	600	62,34	600	72,52	600	82,71	600	92,90
800	52,56	800	62,74	800	72,93	800	83,12	800	93,30
26000	52,97	31000	63,15	36000	73,34	41000	83,52	46000	93,71
200	53,37	200	63,56	200	73,74	200	83,93	200	94,12
400	53,78	400	63,97	400	74,16	400	84,34	400	94,52
600	54,19	600	64,37	600	74,56	600	84,74	600	94,93
800	54,60	800	64,78	800	74,97	800	85,15	800	95,34
27000	55,00	32000	65,19	37000	75,38	42000	85,56	47000	95,75
200	55,41	200	65,60	200	75,78	200	85,97	200	96,16
400	55,82	400	66,00	400	76,19	400	86,38	400	96,56
600	56,22	600	66,41	600	76,60	600	86,78	600	96,97
800	56,63	800	66,82	800	77,01	800	87,19	800	97,38
28000	57,04	33000	67,23	38000	77,41	43000	87,60	48000	97,78
200	57,45	200	67,63	200	77,82	200	88,01	200	98,19
400	57,86	400	68,04	400	78,23	400	88,41	400	98,60
600	58,26	600	68,45	600	78,63	600	88,82	600	99,01
800	58,67	800	68,86	800	79,04	800	89,23	800	99,41
29000	59,08	34000	69,26	39000	79,45	44000	89,64	49000	99,82

R 25 **Dehnungen.** $L_0 = 125$ mm.

ΔL mm	δ vH	ΔL mm	δ vH	ΔL mm	δ vH	ΔL mm	δ vH	ΔL mm	δ vH	ΔL mm	δ vH
0,0	0,00	2,0	1,60	4,0	3,20	6,0	4,80	8,0	6,40	10,0	8,00
1	0,08	1	1,68	1	3,28	1	4,88	1	6,48	1	8,08
2	0,16	2	1,76	2	3,36	2	4,96	2	6,56	2	8,16
3	0,24	3	1,84	3	3,44	3	5,04	3	6,64	3	8,24
4	0,32	4	1,92	4	3,52	4	5,12	4	6,72	4	8,32
0,5	0,40	2,5	2,00	4,5	3,60	6,5	5,20	8,5	6,80	10,5	8,40
6	0,48	6	2,08	6	3,68	6	5,28	6	6,88	6	8,48
7	0,56	7	2,16	7	3,76	7	5,36	7	6,96	7	8,56
8	0,64	8	2,24	8	3,84	8	5,44	8	7,04	8	8,64
9	0,72	9	2,32	9	3,92	9	5,52	9	7,12	9	8,72
1,0	0,80	3,0	2,40	5,0	4,00	7,0	5,60	9,0	7,20	11,0	8,80
1	0,88	1	2,48	1	4,08	1	5,68	1	7,28	1	8,88
2	0,96	2	2,56	2	4,16	2	5,76	2	7,36	2	8,96
3	1,04	3	2,64	3	4,24	3	5,84	3	7,44	3	9,04
4	1,12	4	2,72	4	4,32	4	5,92	4	7,52	4	9,12
1,5	1,20	3,5	2,80	5,5	4,40	7,5	6,00	9,5	7,60	11,5	9,20
6	1,28	6	2,88	6	4,48	6	6,08	6	7,68	6	9,28
7	1,36	7	2,96	7	4,56	7	6,16	7	7,76	7	9,36
8	1,44	8	3,04	8	4,64	8	6,24	8	7,84	8	9,44
9	1,52	9	3,12	9	4,72	9	6,32	9	7,92	9	9,52
2,0	1,60	4,0	3,20	6,0	4,80	8,0	6,40	10,0	8,00	12,0	9,60

Zahlentafel 20. **Dehnungen.** $L_0 = 125$ mm (Fortsetzung). **R 25**

$\varDelta L$ mm	δ vH	$\varDelta L$ mm	δ vH	$\varDelta L$ mm	δ vH	$\varDelta L$ mm	δ vH	$\varDelta L$ mm	δ vH	$\varDelta L$ mm	δ vH
12,0	9,60	17,0	13,60	22,0	17,60	27,0	21,60	32,0	25,60	37,0	29,60
1	9,68	1	13,68	1	17,68	1	21,68	1	25,68	1	29,68
2	9,76	2	13,76	2	17,76	2	21,76	2	25,76	2	29,76
3	9,84	3	13,84	3	17,84	3	21,84	3	25,84	3	29,84
4	9,92	4	13,92	4	17,92	4	21,92	4	25,92	4	29,92
12,5	10,00	17,5	14,00	22,5	18,00	27,5	22,00	32,5	26,00	37,5	30,00
6	10,08	6	14,08	6	18,08	6	22,08	6	26,08	6	30,08
7	10,16	7	14,16	7	18,16	7	22,16	7	26,16	7	30,16
8	10,24	8	14,24	8	18,24	8	22,24	8	26,24	8	30,24
9	10,32	9	14,32	9	18,32	9	22,32	9	26,32	9	30,32
13,0	10,40	18,0	14,40	23,0	18,40	28,0	22,40	33,0	26,40	38,0	30,40
1	10,48	1	14,48	1	18,48	1	22,48	1	26,48	1	30,48
2	10,56	2	14,56	2	18,56	2	22,56	2	26,56	2	30,56
3	10,64	3	14,64	3	18,64	3	22,64	3	26,64	3	30,64
4	10,72	4	14,72	4	18,72	4	22,72	4	26,72	4	30,72
13,5	10,80	18,5	14,80	23,5	18,80	28,5	22,80	33,5	26,80	38,5	30,80
6	10,88	6	14,88	6	18,88	6	22,88	6	26,88	6	30,88
7	10,96	7	14,96	7	18,96	7	22,96	7	26,96	7	30,96
8	11,04	8	15,04	8	19,04	8	23,04	8	27,04	8	31,04
9	11,12	9	15,12	9	19,12	9	23,12	9	27,12	9	31,12
14,0	11,20	19,0	15,20	24,0	19,20	29,0	23,20	34,0	27,20	39,0	31,20
1	11,28	1	15,28	1	19,28	1	23,28	1	27,28	1	31,28
2	11,36	2	15,36	2	19,36	2	23,36	2	27,36	2	31,36
3	11,44	3	15,44	3	19,44	3	23,44	3	27,44	3	31,44
4	11,52	4	15,52	4	19,52	4	23,52	4	27,52	4	31,52
14,5	11,60	19,5	15,60	24,5	19,60	29,5	23,60	34,5	27,60	39,5	31,60
6	11,68	6	15,68	6	19,68	6	23,68	6	27,68	6	31,68
7	11,76	7	15,76	7	19,76	7	23,76	7	27,76	7	31,76
8	11,84	8	15,84	8	19,84	8	23,84	8	27,84	8	31,84
9	11,92	9	15,92	9	19,92	9	23,92	9	27,92	9	31,92
15,0	12,00	20,0	16,00	25,0	20,00	30,0	24,00	35,0	28,00	40,0	32,00
1	12,08	1	16,08	1	20,08	1	24,08	1	28,08	1	32,08
2	12,16	2	16,16	2	20,16	2	24,16	2	28,16	2	32,16
3	12,24	3	16,24	3	20,24	3	24,24	3	28,24	3	32,24
4	12,32	4	16,32	4	20,32	4	24,32	4	28,32	4	32,32
15,5	12,40	20,5	16,40	25,5	20,40	30,5	24,40	35,5	28,40	40,5	32,40
6	12,48	6	16,48	6	20,48	6	24,48	6	28,48	6	32,48
7	12,56	7	16,56	7	20,56	7	24,56	7	28,56	7	32,56
8	12,64	8	16,64	8	20,64	8	24,64	8	28,64	8	32,64
9	12,72	9	16,72	9	20,72	9	24,72	9	28,72	9	32,72
16,0	12,80	21,0	16,80	26,0	20,80	31,0	24,80	36,0	28,80	41,0	32,08
1	12,88	1	16,88	1	20,88	1	24,88	1	28,88	1	32,88
2	12,96	2	16,96	2	20,96	2	24,96	2	28,96	2	32,96
3	13,04	3	17,04	3	21,04	3	25,04	3	29,04	3	33,04
4	13,12	4	17,12	4	21,12	4	25,12	4	29,12	4	33,12
16,5	13,20	21,5	17,20	26,5	21,20	31,5	25,20	36,5	29,20	41,5	33,20
6	13,28	6	17,28	6	21,28	6	25,28	6	29,28	6	33,28
7	13,36	7	17,36	7	21,36	7	25,36	7	29,36	7	33,36
8	13,44	8	17,44	8	21,44	8	25,44	8	29,44	8	33,44
9	13,52	9	17,52	9	21,52	9	25,52	9	29,52	9	33,52
17,0	13,60	22,0	17,60	27,0	21,60	32,0	25,60	37,0	29,60	42,0	33,60

R 25 Zahlentafel 20. **Dehnungen.** $L_0 = 125$ mm (Fortsetzung).

ΔL mm	δ vH	ΔL mm	δ vH	ΔL mm	δ vH	ΔL mm	δ vH	ΔL mm	δ vH	ΔL mm	δ vH
42,0	33,60	43,5	34,80	45,0	36,00	46,5	37,20	48,0	38,40	49,5	39,60
1	33,68	6	34,88	1	36,08	6	37,28	1	38,48	6	39,68
2	33,76	7	34,96	2	36,16	7	37,36	2	38,56	7	39,76
3	33,84	8	35,04	3	36,24	8	37,44	3	38,64	8	39,84
4	33,92	9	35,12	4	36,32	9	37,52	4	38,72	9	39,92
42,5	34,00	44,0	35,20	45,5	36,40	47,0	37,60	48,5	38,80	50,0	40,00
6	34,08	1	35,28	6	36,48	1	37,68	6	38,88	1	40,08
7	34,16	2	35,36	7	35,56	2	37,76	7	38,96	2	40,16
8	34,24	3	35,44	8	36,64	3	37,84	8	39,04	3	40,24
9	34,32	4	35,52	9	36,72	4	37,92	9	39,12	4	40,32
43,0	34,40	44,5	35,60	46,0	36,80	47,5	38,00	49,0	39,20	50,5	40,40
1	34,48	6	35,68	1	36,88	6	38,08	1	39,28	6	40,48
2	34,56	7	35,76	3	39,96	7	38,16	2	39,36	7	40,56
3	34,64	8	35,84	2	37,04	8	38,24	3	39,44	8	40,64
4	34,72	9	35,92	4	37,12	9	38,32	4	39,52	9	40,72
43,5	34,80	45,0	36,00	46,5	37,20	48,0	38,40	49,5	39,60	51,0	40,80

R 25 **Einschnürungen.** *Rundstab* $d = 25$ mm.

d_1 mm	φ vH	d_1 mm	φ vH	d_1 mm	φ vH	d_1 mm	φ vH	d_1 mm	φ vH	d_1 mm	φ vH
25,0	0,00	22,5	19,00	20,0	36,00	17,5	51,00	15,0	64,00	12,5	75,00
9	0,80	4	19,72	9	36,64	4	51,56	9	64,48	4	75,40
8	1,59	3	20,43	8	37,27	3	52,11	8	64,95	3	75,79
7	2,39	2	21,15	7	37,91	2	52,67	7	65,43	2	76,19
6	3,17	1	21,85	6	38,53	1	53,21	6	65,89	1	76,57
24,5	3,96	22,0	22,56	19,5	39,16	17,0	53,76	14,5	66,36	12,0	76,96
4	4,74	9	23,26	4	39,78	9	54,30	4	66,82	9	77,34
3	5,52	8	23,96	3	40,40	8	54,84	3	67,28	8	77,72
2	6,30	7	24,66	2	41,02	7	55,38	2	67,74	7	78,10
1	7,07	6	25,35	1	41,63	6	55,91	1	68,19	6	78,47
24,0	7,84	21,5	26,04	19,0	42,24	16,5	56,44	14,0	68,64	11,5	78,84
9	8,61	4	26,73	9	42,85	4	56,97	9	69,09	4	79,21
8	9,37	3	27,41	8	43,45	3	57,49	8	69,53	3	79,57
7	10,13	2	28,09	7	44,04	2	58,01	7	69,97	2	79,93
6	10,89	1	28,77	6	44,65	1	58,53	6	70,41	1	80,29
23,5	11,64	21,0	29,44	18,5	45,24	16,0	59,04	13,5	70,84	11,0	80,64
4	12,39	9	30,11	4	45,83	9	59,55	4	71,27	9	80,99
3	13,14	8	30,78	3	46,42	8	60,06	3	71,70	8	81,34
2	13,88	7	31,44	2	47,00	7	60,56	2	72,12	7	81,68
1	14,62	6	32,10	1	47,58	6	61,06	1	72,54	6	82,02
23,0	15,36	20,5	32,76	18,0	48,16	15,5	61,56	13,0	72,96	10,5	82,36
9	16,09	4	33,41	9	48,73	4	62,05	9	73,37	4	82,69
8	16,83	3	34,07	8	49,31	3	62,55	8	73,79	3	83,03
7	17,55	2	34,71	7	49,87	2	63,03	7	74,19	2	83,35
6	18,28	1	35,36	6	50,44	1	63,52	6	74,60	1	83,68
22,5	19,00	20,0	36,00	17,5	51,00	15,0	64,00	12,5	75,00	10,0	84,00

Zahlentafel 21. **Dehnungen.** $L_0 = 120$ mm.

ΔL mm	δ vH	ΔL mm	δ vH	ΔL mm	δ vH	ΔL mm	δ vH	ΔL mm	δ vH	ΔL mm	δ vH
0,0	0,00	0,5	0,42	1,0	0,83	1,5	1,25	2,0	1,67	2,5	2,08
1	0,08	6	0,50	1	0,92	6	1,33	1	1,75	6	2,17
2	0,17	7	0,58	2	1,00	7	1,42	2	1,83	7	2,25
3	0,25	8	0,67	3	1,08	8	1,50	3	1,92	8	2,33
4	0,33	9	0,75	4	1,17	9	1,58	4	2,00	9	2,42
0,5	0,42	1,0	0,83	1,5	1,25	2,0	1,67	2,5	2,08	3,0	2,50

Zahlentafel 21. **Dehnungen.** $L_0 = 120$ mm (Fortsetzung).

ΔL mm	δ vH	ΔL mm	δ vH	ΔL mm	δ vH	ΔL mm	δ vH	ΔL mm	δ vH	ΔL mm	δ vH	ΔL mm	δ vH
3,0	2,50	8,5	7,08	14,0	11,67	19,5	16,25	25,0	20,83	30,5	25,42	36,0	30,00
1	2,58	6	7,17	1	11,75	6	16,33	1	20,92	6	25,50	1	30,08
2	2,67	7	7,25	2	11,83	7	16,42	2	21,00	7	25,58	2	30,17
3	2,75	8	7,33	3	11,92	8	16,50	3	21,08	8	25,67	3	30,25
4	2,83	9	7,42	4	12,00	9	16,58	4	21,17	9	25,75	4	30,33
3,5	2,92	9,0	7,50	14,5	12,08	20,0	16,67	25,5	21,25	31,0	25,83	36,5	30,42
6	3,00	1	7,58	6	12,17	1	16,75	6	21,33	1	25,92	6	30,50
7	3,08	2	7,67	7	12,25	2	16,83	7	21,42	2	26,00	7	30,58
8	3,17	3	7,75	8	12,33	3	16,92	8	21,50	3	26,08	8	30,67
9	3,25	4	7,83	9	12,42	4	17,00	9	21,58	4	26,17	9	30,75
4,0	3,33	9,5	7,92	15,0	12,50	20,5	17,08	26,0	21,67	31,5	26,25	37,0	30,83
1	3,42	6	8,00	1	12,58	6	17,17	1	21,75	6	26,33	1	30,92
2	3,50	7	8,08	2	12,67	7	17,25	2	21,83	7	26,42	2	31,00
3	3,58	8	8,17	3	12,75	8	17,33	3	21,92	8	26,50	3	31,08
4	3,67	9	8,25	4	12,83	9	17,42	4	22,00	9	26,58	4	31,17
4,5	3,75	10,0	8,33	15,5	12,92	21,0	17,50	26,5	22,08	32,0	26,67	37,5	31,25
6	3,83	1	8,42	6	13,00	1	17,58	6	22,17	1	26,75	6	31,33
7	3,92	2	8,50	7	13,08	2	17,67	7	22,25	2	26,83	7	31,42
8	4,00	3	8,58	8	13,17	3	17,75	8	22,33	3	26,92	8	31,50
9	4,08	4	8,67	9	13,25	4	17,83	9	22,42	4	27,00	9	31,58
5,0	4,17	10,5	8,75	16,0	13,33	21,5	17,92	27,0	22,50	32,5	27,08	38,0	31,67
1	4,25	6	8,83	1	13,42	6	18,00	1	22,58	6	27,17	1	31,75
2	4,33	7	8,92	2	13,50	7	18,08	2	22,67	7	27,25	2	31,83
3	4,42	8	9,00	3	13,58	8	18,17	3	22,75	8	27,33	3	31,92
4	4,50	9	9,08	4	13,67	9	18,25	4	22,83	9	27,42	4	32,00
5,5	4,58	11,0	9,17	16,5	13,75	22,0	18,33	27,5	22,92	33,0	27,50	38,5	32,08
6	4,67	1	9,25	6	13,83	1	18,42	6	23,00	1	27,58	6	32,17
7	4,75	2	9,33	7	13,92	2	18,50	7	23,08	2	27,67	7	32,25
8	4,83	3	9,42	8	14,00	3	18,58	8	23,17	3	27,75	8	32,33
9	4,92	4	9,50	9	14,08	4	18,67	9	23,25	4	27,83	9	32,42
6,0	5,00	11,5	9,58	17,0	14,17	22,5	18,75	28,0	23,33	33,5	27,92	39,0	32,50
1	5,08	6	9,67	1	14,25	6	18,83	1	23,42	6	28,00	1	32,58
2	5,17	7	9,75	2	14,33	7	18,92	2	23,50	7	28,08	2	32,67
3	5,25	8	9,83	3	14,42	8	19,00	3	23,58	8	28,17	3	32,75
4	5,33	9	9,92	4	14,50	9	19,08	4	23,67	9	28,25	4	32,83
6,5	5,42	12,0	10,00	17,5	14,58	23,0	19,17	28,5	23,75	34,0	28,33	39,5	32,92
6	5,50	1	10,08	6	14,67	1	19,25	6	23,83	1	28,42	6	33,00
7	5,58	2	10,17	7	14,75	2	19,33	7	23,92	2	28,50	7	33,08
8	5,67	3	10,25	8	14,83	3	19,42	8	24,00	3	28,58	8	33,17
9	5,75	4	10,33	9	14,92	4	19,50	9	24,08	4	28,67	9	33,25
7,0	5,83	12,5	10,42	18,0	15,00	23,5	19,58	29,0	24,17	34,5	28,75	40,0	33,33
1	5,92	6	10,50	1	15,08	6	19,67	1	24,25	6	28,83	1	33,42
2	6,00	7	10,58	2	15,17	7	19,75	2	24,33	7	28,92	2	33,50
3	6,08	8	10,67	3	15,25	8	19,83	3	24,42	8	29,00	3	33,58
4	6,17	9	10,75	4	15,33	9	19,92	4	24,50	9	29,08	4	33,67
7,5	6,25	13,0	10,83	18,5	15,42	24,0	20,00	29,5	24,58	35,0	29,17	40,5	33,75
6	6,33	1	10,92	6	15,50	1	20,08	6	24,67	1	29,25	6	33,83
7	6,42	2	11,00	7	15,58	2	20,17	7	24,75	2	29,33	7	33,92
8	6,50	3	11,08	8	15,67	3	20,25	8	24,83	3	29,42	8	34,00
9	6,58	4	11,17	9	15,75	4	20,33	9	24,92	4	29,50	9	34,08
8,0	6,67	13,5	11,25	19,0	15,83	24,5	20,42	30,0	25,00	35,5	29,58	41,0	34,17
1	6,75	6	11,33	1	15,92	6	20,50	1	25,08	6	29,67	1	34,25
2	6,83	7	11,42	2	16,00	7	20,58	2	25,17	7	29,75	2	34,33
3	6,92	8	11,50	3	16,08	8	20,67	3	25,25	8	29,83	3	34,42
4	7,00	9	11,58	4	16,17	9	20,75	4	23,33	9	29,92	4	34,50
8,5	7,08	14,0	11,67	19,5	16,25	25,0	20,83	30,5	25,42	36,0	30,00	41,5	34,58

Zahlentafel 22. **Dehnungen.** $L_0 = 150$ mm.

ΔL mm	δ vH	ΔL mm	δ vH	ΔL mm	δ vH	ΔL mm	δ vH	ΔL mm	δ vH	ΔL mm	δ vH
0,0	0,00	5,0	3,33	10,0	6,67	15,0	10,00	20,0	13,33	25,0	16,67
1	0,07	1	3,40	1	6,73	1	10,07	1	13,40	1	16,73
2	0,13	2	3,47	2	6,80	2	10,13	2	13,47	2	16,80
3	0,20	3	3,53	3	6,87	3	10,20	3	13,53	3	16,87
4	0,27	4	3,60	4	6,93	4	10,27	4	13,60	4	16,93
0,5	0,33	5,5	3,67	10,5	7,00	15,5	10,33	20,5	13,67	25,5	17,00
6	0,40	6	3,73	6	7,07	6	10,40	6	13,73	6	17,07
7	0,47	7	3,80	7	7,13	7	10,47	7	13,80	7	17,13
8	0,53	8	3,87	8	7,20	8	10,53	8	13,87	8	17,20
9	0,60	9	3,93	9	7,27	9	10,60	9	13,93	9	17,27
1,0	0,67	6,0	4,00	11,0	7,33	16,0	10,67	21,0	14,00	26,0	17,33
1	0,73	1	4,07	1	7,40	1	10,73	1	14,07	1	17,40
2	0,80	2	4,13	2	7,47	2	10,80	2	14,13	2	17,47
3	0,87	3	4,20	3	7,53	3	10,87	3	14,20	3	17,53
4	0,93	4	4,27	4	7,60	4	10,93	4	14,27	4	17,60
1,5	1,00	6,5	4,33	11,5	7,67	16,5	11,00	21,5	14,33	26,5	17,67
6	1,07	6	4,40	6	7,73	6	11,07	6	14,40	6	17,73
7	1,13	7	4,47	7	7,80	7	11,13	7	14,47	7	17,80
8	1,20	8	4,53	8	7,87	8	11,20	8	14,53	8	17,87
9	1,27	9	4,60	9	7,93	9	11,27	9	14,60	9	17,93
2,0	1,33	7,0	4,67	12,0	8,00	17,0	11,33	22,0	14,67	27,0	18,00
1	1,40	1	4,73	1	8,07	1	11,40	1	14,73	1	18,07
2	1,47	2	4,80	2	8,13	2	11,47	2	14,80	2	18,13
3	1,53	3	4,87	3	8,20	3	11,53	3	14,87	3	18,20
4	1,60	4	4,93	4	8,27	4	11,60	4	14,93	4	18,27
2,5	1,67	7,5	5,00	12,5	8,33	17,5	11,67	22,5	15,00	27,5	18,33
6	1,73	6	5,07	6	8,40	6	11,73	6	15,07	6	18,40
7	1,80	7	5,13	7	8,47	7	11,80	7	15,13	7	18,47
8	1,87	8	5,20	8	8,53	8	11,87	8	15,20	8	18,53
9	1,93	9	5,27	9	8,60	9	11,93	9	15,27	9	18,60
3,0	2,00	8,0	5,33	13,0	8,67	18,0	12,00	23,0	15,33	28,0	18,67
1	2,07	1	5,40	1	8,73	1	12,07	1	15,40	1	18,73
2	2,13	2	5,47	2	8,80	2	12,13	2	15,47	2	18,80
3	2,20	3	5,53	3	8,87	3	12,20	3	15,53	3	18,87
4	2,27	4	5,60	4	9,93	4	12,27	4	15,60	4	18,93
3,5	2,33	8,5	5,67	13,5	9,00	18,5	12,33	23,5	15,67	28,5	19,00
6	2,40	6	5,73	6	9,07	6	12,40	6	15,73	6	19,07
7	2,47	7	5,80	7	9,13	7	12,47	7	15,80	7	19,13
8	2,53	8	5,87	8	9,20	8	12,53	8	15,87	8	19,20
9	2,60	9	5,93	9	9,27	9	12,60	9	15,93	9	19,27
4,0	2,67	9,0	6,00	14,0	9,33	19,0	12,67	24,0	16,00	29,0	19,33
1	2,73	1	6,07	1	9,40	1	12,73	1	16,07	1	19,40
2	2,80	2	6,13	2	9,47	2	12,80	2	16,13	2	19,47
3	2,87	3	6,20	3	9,53	3	12,87	3	16,20	3	19,53
4	2,93	4	6,27	4	9,60	4	12,93	4	16,27	4	19,60
4,5	3,00	9,5	6,33	14,5	9,67	19,5	13,00	24,5	16,33	29,5	19,67
6	3,07	6	6,40	6	9,73	6	13,07	6	16,40	6	19,73
7	3,13	7	6,47	7	9,80	7	13,13	7	16,47	7	19,80
8	3,20	8	6,53	8	9,87	8	13,20	8	16,53	8	19,87
9	3,27	9	6,60	9	9,93	9	13,27	9	16,60	9	19,93
5,0	3,33	10,0	6,67	15,0	10,00	20,0	13,33	25,0	16,67	30,0	20,00

Zahlentafel 22. **Dehnungen.** $L_0 = 150$ mm (Fortsetzung) [1].

ΔL mm	δ vH	ΔL mm	δ vH	ΔL mm	δ vH	ΔL mm	δ vH	ΔL mm	δ vH	ΔL mm	δ vH
30,0	20,00	35,0	23,33	40,0	26,67	45,0	30,00	50,0	33,33	55,0	36,67
1	20,07	1	23,40	1	26,73	1	30,07	1	33,40	1	36,73
2	20,13	2	23,47	2	26,80	2	30,13	2	33,47	2	36,80
3	20,20	3	23,53	3	26,87	3	30,20	3	33,53	3	36,87
4	20,27	4	23,60	4	26,93	4	30,27	4	33,60	4	36,93
30,5	20,33	35,5	23,67	40,5	27,00	45,5	30,33	50,5	33,67	55,5	37,00
6	20,40	6	23,73	6	27,07	6	30,40	6	33,73	6	37,07
7	20,47	7	23,80	7	27,13	7	30,47	7	33,80	7	37,13
8	20,53	8	23,87	8	27,20	8	30,53	8	33,87	8	37,20
9	20,60	9	23,93	9	27,27	9	30,60	9	33,93	9	37,27
31,0	20,67	36,0	24,00	41,0	27,33	46,0	30,67	51,0	34,00	56,0	37,33
1	20,73	1	24,07	1	27,40	1	30,73	1	34,07	1	37,40
2	20,80	2	24,13	2	27,47	2	30,80	2	34,13	2	37,47
3	20,87	3	24,20	3	27,53	3	30,87	3	34,20	3	37,53
4	20,93	4	24,27	4	27,60	4	30,93	4	34,27	4	37,60
31,5	21,00	36,5	24,33	41,5	27,67	46,5	31,00	51,5	34,33	56,5	37,67
6	21,07	6	24,40	6	27,73	6	31,07	6	34,40	6	37,73
7	21,13	7	24,47	7	27,80	7	31,13	7	34,47	7	37,80
8	21,20	8	24,53	8	27,87	8	31,20	8	34,53	8	37,87
9	21,27	9	24,60	9	27,93	9	31,27	9	34,60	9	37,93
32,0	21,33	37,0	24,67	42,0	28,00	47,0	31,33	52,0	34,67	57,0	38,00
1	21,40	1	24,73	1	28,07	1	31,40	1	34,73	1	38,07
2	21,47	2	24,80	2	28,13	2	31,47	2	34,80	2	38,13
3	21,53	3	24,87	3	28,20	3	31,53	3	34,87	3	38,20
4	21,60	4	24,93	4	28,27	4	31,60	4	34,93	4	38,27
32,5	21,67	37,5	25,00	42,5	28,33	47,5	31,67	52,5	35,00	57,5	38,33
6	21,73	6	25,07	6	28,40	6	31,73	6	35,07	6	38,40
7	21,80	7	25,13	7	28,47	7	31,80	7	35,13	7	38,47
8	21,87	8	25,20	8	28,53	8	31,87	8	35,20	8	38,53
9	21,93	9	25,27	9	28,60	9	31,93	9	35,27	9	38,60
33,0	22,00	38,0	25,33	43,0	28,67	48,0	32,00	53,0	35,33	58,0	38,67
1	22,07	1	25,40	1	28,73	1	32,07	1	35,40	1	38,73
2	22,13	2	25,47	2	28,80	2	23,13	2	35,47	2	38,80
3	22,20	3	25,53	3	28,87	3	32,20	3	35,53	3	38,87
4	22,27	4	25,60	4	28,93	4	32,27	4	35,60	4	38,93
33,5	22,33	38,5	25,67	43,5	29,00	48,5	32,33	53,5	35,67	58,5	39,00
6	22,40	6	25,73	6	29,07	6	32,40	6	35,73	6	39,07
7	22,47	7	25,80	7	29,13	7	32,47	7	35,80	7	39,13
8	22,53	8	25,87	8	29,20	8	32,53	8	35,87	8	39,20
9	22,60	9	25,93	9	29,27	9	32,60	9	35,93	9	39,27
34,0	22,67	39,0	26,00	44,0	29,33	49,0	32,67	54,0	36,00	59,0	39,33
1	22,73	1	26,07	1	29,40	1	32,73	1	36,07	1	39,40
2	22,80	2	26,13	2	29,47	2	32,80	2	36,13	2	39,47
3	22,87	3	26,20	3	29,53	3	32,87	3	36,20	3	39,53
4	22,93	4	26,27	4	29,60	4	32,93	4	36,27	4	39,60
34,5	23,00	39,5	26,33	44,5	29,67	49,5	33,00	54,5	36,33	59,5	39,67
6	23,07	6	26,40	6	29,73	6	33,07	6	36,40	6	39,73
7	23,13	7	26,47	7	29,80	7	33,13	7	36,47	7	39,80
8	23,20	8	26,53	8	29,87	8	33,20	8	36,53	8	39,87
9	23,27	9	26,60	9	29,93	9	33,27	9	36,60	9	39,93
35,0	23,33	40,0	26,67	45,0	30,00	50,0	33,33	55,0	36,67	60,0	40,00

[1] Die Tafeln für Festigkeitsbestimmungen Zahlentafel 78 für Rundstäbe = 14,3 mm s. S. 122.

Zahlentafel 23. *Flachstäbe (außer Spritzgußlegierungen).*

Maße in mm Abb. 4[1].

a[1])	b	B	L_0	L_v	L_t	r	h
< 1,5	20	30	50	120	220	25	35
1,5 bis < 2,0	20	30	60	120	220	25	35
2,0 bis < 3,5	20	30	80	120	220	25	35
≧ 3,5	20	30	100	120	220	25	35

[1] Vgl. DIN 50114, Zugversuch an dünnen Blechen von 0,2 mm bis 5,0 mm.

Zahlentafel 23a. *Flachstäbe aus Blei-, Zinn-, Zink- oder Leichtmetall-Spritzgußlegierungen.*

Maße in mm Abb. 5[1].

a	b_1	b_2	B	L_0	L_v	h_t	r
2,5	7,85	8,00	12,00	50	55,5	140	75

Die Proben werden nach den Normvorschriften DIN 1741 bis 1744 entnommen.

[1] $L_t - 2h$ ergibt sich aus der Konstruktion von r auf der L_0 begrenzenden Senkrechten.

Zahlentafel 24. *Probenabmessungen für Flachstäbe aus Blechen.*

Maße in mm $r = 35$ mm. Abb. 4.

a	b	L_0	L_v	B	h	L_t	a	b	L_0	L_v	B	h	L_t
					Kleinstmaße							Kleinstmaße	
Lange Proportionalstäbe (δ_{10}).													
5,0	16,0	100	115	22	30	205	13,0	29,0	220	245	37	70	420
5,5	18,0	115	130	25	40	230	13,5	28,0	220	245	37	70	420
6,0	20,0	120	140	27	50	270	14,0	27,0	220	245	36	70	420
6,5	20,0	130	150	28	50	280	14,5	26,0	220	245	35	70	420
7,0	22,0	140	160	29	50	290	15,0	30,0	240	270	40	70	445
7,5	23,5	150	170	30	60	310	15,5	29,0	240	270	38	70	445
8,0	25,0	160	185	33	60	340	16,0	28,0	240	270	37	70	445
8,5	26,5	170	195	35	60	350	16,5	27,0	240	270	36	70	445
9,0	28,5	180	205	35	60	360	17,0	26,5	240	270	35	70	445
9,5	29,5	190	220	40	60	370	17,5	26,0	240	270	35	70	445
10,0	31,0	200	230	40	70	400	18,0	30,0	260	290	40	70	465
10,5	29,5	200	230	39	70	400	18,5	29,0	260	290	39	70	465
11,0	28,5	200	230	37	70	400	19,0	28,5	260	290	38	70	465
11,5	27,0	200	230	35	70	400	19,5	28,0	260	290	38	70	465
12,0	26,0	200	225	34	70	400	20,0	27,0	260	290	37	70	465
12,5	30,0	220	245	38	70	420							
Kurze Proportionalstäbe (δ_5).													
SF 1 5,0	10,0	40	50	15	25	120	SF 2 10,0	20,0	80	100	25	35	190

Zahlentafel 25. *Stabbreiten für Flachstäbe aus Rohren mit nichtbearbeiteter Oberfläche.*
Maße in mm. Abb. 6.

Da \ s	2	2,5	3	3,5	4	5	6	8	9	10
	c									
30	12	12	12	12	10	10	10			
32	14	14	14	12	12	12	12			
35	16	16	16	16	16	16	16			
38	16	16	16	16	16	16	16			
40	16	16	16	16	16	16	16			
42	18	18	18	18	18	18	18			
45	18	18	18	18	18	18	18			
48	18	18	18	18	18	18	18			
50	18	18	18	18	18	18	18			
52	20	20	20	20	20	20	18	18	18	18
55	20	20	20	20	20	20	20	20	20	20
58	22	22	22	22	22	22	20	20	20	20
60	22	22	22	22	22	22	22	22	22	22
62	22	22	22	22	22	22	22	22	22	22
65	22	22	22	22	22	22	22	22	22	22
70	25	25	25	25	25	25	25	25	25	25
75	26	26	26	26	26	26	25	25	25	25
80	28	28	28	28	28	28	25	25	25	25
85[1]	28	28	28	28	28	28	28	28	28	28

[1] Proben aus Rohren mit $Da > 85$ mm werden wie Flachstäbe aus Blechen (Zahlentafel 24) behandelt.

Zahlentafel 25a. *Probeabmessungen für Flachstäbe aus Rohren mit glatter bzw. bearbeiteter Oberfläche.*
Maße in mm Abb. 7.

c	b \ s	2	2,5	3	3,5	4	5	6	8	9	10
		$L_0 = 11{,}3\sqrt{F_0}$									
10	8	45	50	55	60	65	70	80			
12	8	45	50	55	60	65	70	80			
14	10	50	55	60	65	70	80	90			
16	12	55	60	70	75	80	90	95			
18	14	60	65	75	80	85	95	105	120	125	135
20	15	60	70	75	80	85	100	105	125	130	140
22	18	70	75	85	90	95	105	120	135	145	150
24	20	70	80	85	95	100	115	125	145	150	160
26	20	70	80	85	95	100	115	125	145	150	160
28	22	75	85	90	100	105	120	130	150	160	170

Die Maße für h, L_e und L_t für die entsprechenden Meßlängen sind aus Zahlentafel 24 zu entnehmen.

V. Tafeln für Härteprüfungen.

Zahlentafel 26. *Mindestdicken der Prüfstücke für die Brinellprobe.*

HB_{kg/mm^2}	Mindestdickte a_{min} mm							
40	0,25	0,50	0,50	1,00	0,50	1,00	2,00	—
60	0,17	0,33	0,33	0,66	0,33	0,66	1,30	—
80	0,12	0,25	0,25	0,50	0,25	0,50	1,00	—
100	0,10	0,20	0,20	0,40	0,20	0,40	0,80	2,40
150	0,07	0,13	0,13	0,26	—	0,26	0,53	1,60
200	—	0,10	—	0,20	—	—	0,40	1,20
300	—	—	—	—	—	—	—	0,80
400	—	—	—	—	—	—	—	0,60
500	—	—	—	—	—	—	—	0,48
P_{kg}	1,935	3,906	7,80	15,60		31,20	62,50	187,50
D_{mm}	0,625		1,25		2,50			
40	1,00	2,00	4,00	—	2,00	4,00	8,00	—
60	0,66	1,30	2,65	—	1,30	2,65	5,30	—
80	0,50	1,00	2,00	—	1,00	2,00	4,00	—
100	0,40	0,80	1,60	4,80	0,80	1,60	3,20	9,60
150	—	0,53	1,20	3,10	—	1,10	2,10	6,30
200	—	—	0,80	2,40	—	—	1,60	4,80
300	—	—	—	1,60	—	—	—	3,20
400	—	—	—	1,20	—	—	—	2,40
500	—	—	—	0,95	—	—	—	1,90
P_{kg}	62,50	125,00	250,00	750,00	250,00	500,00	1000,00	3000,00
D_{mm}	5,00				10,00			

Zahlentafel 27. *Brinellhärten.* 0,625 mm Kugeldurchmesser. d in $^1/_{100}$ mm, P = 3,91 kg.

d	HB	d	HB	d	HB	d	HB
10,0	495	15,4	206	20,8	112	28,0	60,1
10,2	476	15,6	201	21,0	110	28,5	57,9
10,4	458	15,8	196	21,2	108	29,0	55,8
10,6	441	16,0	191	21,4	106	29,5	53,8
10,8	425	16,2	187	21,6	104	30,0	51,9
11,0	409	16,4	182	21,8	102	30,5	50,1
11,2	395	16,6	177	22,0	99,6	31,0	48,4
11,4	382	16,8	173	22,2	97,8	31,5	46,7
11,6	369	17,0	169	22,4	96,0	32,0	45,1
11,8	356	17,2	165	22,6	94,2	32,5	43,7
12,0	343	17,4	161	22,8	92,4	33,0	42,2
12,2	331	17,6	157	23,0	90,7	33,5	40,9
12,4	320	17,8	154	23,2	89,1	34,0	39,6
12,6	310	18,0	150	23,4	87,5	34,5	38,3
12,8	300	18,2	147	23,6	86,0	35,0	37,1
13,0	291	18,4	144	23,8	84,5	35,5	36,0
13,2	282	18,6	141	24,0	83,2	36,0	34,9
13,4	273	18,8	138	24,2	81,8	36,5	33,8
13,6	265	19,0	135	24,4	80,4	37,0	32,8
13,8	258	19,2	132	24,6	79,0	37,5	31,8
14,0	251	19,4	129	24,8	77,6	38,0	30,9
14,2	244	19,6	126	25,0	76,3	38,5	30,0
14,4	237	19,8	124	25,5	73,2	39,0	29,1
14,6	230	20,0	121	26,0	70,2	39,5	28,3
14,8	224	20,2	119	26,5	67,5	40,0	27,5
15,0	218	20,4	116	27,0	64,9	—	—
15,2	212	20,6	114	27,5	62,4	—	—

Zahlentafel 28. *Brinellhärten.* 0,625 mm Kugeldurchmesser. d in $^1/_{100}$ mm, P = 1,953 kg.

d	HB	d	HB	d	HB	d	HB
10,0	248	15,4	103,0	20,8	56,0	28,0	30,1
10,2	238	15,6	100,5	21,0	55,0	28,5	29,0
10,4	229	15,8	98,0	21,2	54,0	29,0	27,9
10,6	221	16,0	95,5	21,4	53,0	29,5	26,9
10,8	213	16,2	93,5	21,6	52,0	30,0	25,9
11,0	205	16,4	91,0	21,8	51,0	30,5	25,0
11,2	198	16,6	88,5	22,0	49,8	31,0	24,2
11,4	191	16,8	86,5	22,2	48,9	31,5	23,4
11,6	185	17,0	84,5	22,4	48,0	32,0	22,6
11,8	178	17,2	82,5	22,6	47,1	32,5	21,8
12,0	172	17,4	80,5	22,8	46,2	33,0	21,1
12,2	166	17,6	78,5	23,0	45,4	33,5	20,5
12,4	160	17,8	77,0	23,2	44,6	34,0	19,8
12,6	155	18,0	75,0	23,4	43,8	34,5	19,2
12,8	150	18,2	73,5	23,6	43,0	35,0	18,6
13,0	146	18,4	72,0	23,8	42,3	35,5	18,0
13,2	141	18,6	70,5	24,0	41,6	36,0	17,4
13,4	137	18,8	69,0	24,2	40,9	36,5	16,9
13,6	133	19,0	67,5	24,4	40,2	37,0	16,4
13,8	129	19,2	66,0	24,6	39,5	37,5	15,9
14,0	126	19,4	64,5	24,8	38,8	38,0	15,5
14,2	122	19,6	63,0	25,0	38,2	38,5	15,0
14,4	119	19,8	62,0	25,5	36,6	39,0	14,6
14,6	115	20,0	60,5	26,0	35,1	39,5	14,2
14,8	112	20,2	59,5	26,5	33,8	40,0	13,8
15,0	109	20,4	58,0	27,0	32,5	—	—
15,2	106	20,6	57,0	27,5	31,2	—	—

Zahlentafel 29. *Brinellhärten.* 1,25 mm Kugeldurchmesser. d in $^1/_{100}$ mm. $P = 46{,}9$ kg.

d	*HB*	*d*	*HB*	*d*	*HB*	*d*	*HB*
20,0		33,5	522	47,0	260	61	150
20,5		34,0	507	47,5	254	62	145
21,0		34,5	492	48,0	249	63	140
21,5		35,0	477	48,5	244	64	135
22,0		35,5	465	49,0	239	65	131
22,5		36,0	450	49,5	234	66	127
23,0		36,5	438	50,0	229	67	123
23,5		37,0	426	50,5	224	68	119
24,0		37,5	414	51,0	220	69	115
24,5	984	38,0	405	51,5	215	70	111
25,0	945	38,5	393	52,0	211	71	108
25,5	909	39,0	384	52,5	206	72	105
26,0	873	39,5	372	53,0	203	73	101
26,5	840	40,0	363	53,5	199	74	98,4
27,0	810	40,5	354	54,0	195	75	95,4
27,5	780	41,0	345	54,5	191	76	92,7
28,0	753	41,5	336	55,0	187	77	90,0
28,5	726	42,0	330	55,5	184	78	87,3
29,0	699	42,5	321	56,0	180	79	84,9
29,5	675	43,0	312	56,5	177	80	82,5
30,0	654	43,5	306	57,0	174	81	80,1
30,5	633	44,0	299	57,5	170	82	78,0
31,0	612	44,5	292	58,0	167	83	75,6
31,5	591	45,0	285	58,5	164	84	73,5
32,0	573	45,5	278	59,0	161	85	71,7
32,5	555	46,0	272	59,5	158	86	69,6
33,0	537	46,5	266	60,0	156	87	66,8

Zahlentafel 30. *Brinellhärten.* 1,25 mm Kugeldurchmesser. d in $^1/_{100}$ mm, $P = 15{,}6$ kg.

d	*HB*	*d*	*HB*	*d*	*HB*	*d*	*HB*
20,0	495	33,5	174	47,0	86,8	61	50,1
20,5	470	34,0	169	47,5	84,9	62	48,4
21,0	448	34,5	164	48,0	83,0	63	46,7
21,5	427	35,0	159	48,5	81,3	64	45,1
22,0	408	35,5	155	49,0	79,6	65	43,7
22,5	390	36,0	150	49,5	77,9	66	42,2
23,0	373	36,5	146	50,0	76,3	67	40,9
23,5	357	37,0	147	50,5	74,7	68	39,6
24,0	342	37,5	138	51,0	73,2	69	38,3
24,5	328	38,0	135	51,5	71,7	70	37,1
25,0	315	38,5	131	52,0	70,2	71	36,0
25,5	303	39,0	128	52,5	68,8	72	34,9
26,0	291	39,5	124	53,0	67,5	73	33,8
26,5	280	40,0	121	53,5	66,2	74	32,8
27,0	270	40,5	118	54,0	64,9	75	31,8
27,5	260	41,0	115	54,5	63,6	76	30,9
28,0	251	41,5	112	55,0	62,4	77	30,0
28,5	242	42,0	110	55,5	61,2	78	29,1
29,0	233	42,5	107	56,0	60,1	79	28,3
29,5	225	43,0	104	56,5	59,0	80	27,5
30,0	218	43,5	102	57,0	57,9	81	26,7
30,5	211	44,0	99,5	57,5	56,8	82	26,0
31,0	204	44,5	97,2	58,0	55,8	83	25,2
31,5	197	45,0	95,0	58,5	54,8	84	24,5
32,0	191	45,5	92,8	59,0	53,8	85	23,9
32,5	185	46,0	90,7	59,5	52,8	86	23,2
33,0	179	46,5	88,7	60,0	51,9	87	22,6

Zahlentafel 31. *Brinellhärten.* 1,25 mm Kugeldurchmesser. d in $^1/_{100}$ mm, $P = 7,81$ kg.

d	HB	d	HB	d	HB	d	HB
20,0	248	33,5	87,0	47,0	43,4	61	25,0
20,5	235	34,0	84,5	47,5	42,4	62	24,2
21,0	224	34,5	81,9	48,0	41,5	63	23,4
21,5	214	35,0	79,6	48,5	40,6	64	22,6
22,0	204	35,5	77,3	49,0	39,8	65	21,8
22,5	195	36,0	75,1	49,5	38,9	66	21,1
23,0	186	36,5	73,0	50,0	38,1	67	20,4
23,5	179	37,0	71,0	50,5	37,3	68	19,8
24,0	171	37,5	69,1	51,0	36,6	69	19,2
24,5	164	38,0	67,3	51,5	35,8	70	18,6
25,0	158	38,5	65,5	52,0	35,1	71	18,0
25,5	151	39,0	63,8	52,5	34,4	72	17,4
26,0	146	39,5	62,1	53,0	33,7	73	16,9
26,5	140	40,0	60,5	53,5	33,1	74	16,4
27,0	135	40,5	59,0	54,0	32,4	75	15,9
27,5	130	41,0	57,5	54,5	31,8	76	15,4
28,0	125	41,5	56,1	55,0	31,2	77	15,0
28,5	121	42,0	54,8	55,5	30,6	78	14,6
29,0	117	42,5	53,8	56,0	30,0	79	14,1
29,5	113	43,0	52,2	56,5	29,5	80	13,7
30,0	109	43,5	50,9	57,0	28,9	81	13,4
30,5	105	44,0	49,7	57,5	28,4	82	13,0
31,0	102	44,5	48,6	58,0	27,9	83	12,6
31,5	98,6	45,0	47,5	58,5	27,4	84	12,3
32,0	95,5	45,5	46,4	59,0	26,9	85	11,9
32,5	92,6	46,0	45,4	59,5	26,4	86	11,6
33,0	89,7	46,5	44,4	60,0	25,9	87	11,3

Zahlentafel 32. *Brinellhärten.* 1,25 mm Kugeldurchmesser. d in $^1/_{100}$ mm, $P = 3,9$ kg.

d	HB	d	HB	d	HB	d	HB
20,0	124	33,5	43,5	47,0	21,7	61	12,5
20,5	118	34,0	42,3	47,5	21,2	62	12,1
21,0	112	34,5	41,0	48,0	20,8	63	11,7
21,5	107	35,0	39,8	48,5	20,3	64	11,3
22,0	102	35,5	38,7	49,0	19,9	65	10,9
22,5	97,5	36,0	37,6	49,5	19,5	66	10,6
23,0	93,0	36,5	36,5	50,0	19,1	67	10,2
23,5	89,5	37,0	35,5	50,5	18,7	68	9,9
24,0	85,5	37,5	34,6	51,0	18,3	69	9,6
24,5	82,0	38,0	33,7	51,5	17,9	70	9,3
25,0	79,0	38,5	32,8	52,0	17,6	71	9,0
25,5	75,5	39,0	31,9	52,5	17,2	72	8,7
26,0	73,0	39,5	31,0	53,0	16,9	73	8,4
26,5	70,0	40,0	30,3	53,5	16,6	74	8,2
27,0	67,5	40,5	29,5	54,0	16,2	75	7,9
27,5	65,0	41,0	28,8	54,5	15,9	76	7,7
28,0	62,5	41,5	28,1	55,0	15,6	77	7,5
28,5	60,5	42,0	27,4	55,5	15,3	78	7,3
29,0	58,5	42,5	26,9	56,0	15,0	79	7,1
29,5	56,5	43,0	26,1	56,5	14,8	80	6,9
30,0	54,5	43,5	25,5	57,0	14,5	81	6,7
30,5	52,5	44,0	24,8	57,5	14,2	82	6,5
31,0	51,0	44,5	24,3	58,0	13,9	83	6,3
31,5	49,3	45,0	23,8	58,5	13,7	84	6,1
32,0	47,8	45,5	23,2	59,0	13,4	85	5,9
32,5	46,3	46,0	22,7	59,5	13,2	86	5,8
33,0	44,9	46,5	22,2	60,0	12,9	87	5,7

Zahlentafel 33. *Brinellhärten.* 2,5 mm Kugeldurchmesser.

d	P_{kg}				d	P_{kg}			
mm	187,5 kg	62,5 kg	31,25 kg	15,625 kg	mm	187,5 kg	62,5 kg	31,25 kg	15,625 kg
0,41	1411	470	235	117	1,00	229	76,3	38,1	19,1
0,42	1344	448	224	112	1,01	224	74,7	37,3	18,7
0,43	1282	427	214	107	1,02	219	73,2	36,6	18,3
0,44	1223	408	204	102	1,03	215	71,7	35,8	17,9
0,45	1169	390	195	97,4	1,04	211	70,2	35,1	17,6
0,46	1119	373	186	93,2	1,05	207	68,8	34,4	17,2
0,47	1071	357	179	89,3	1,06	202	67,5	33,7	16,9
0,48	1027	342	171	85,6	1,07	198	66,2	33,1	16,5
0,49	985	328	164	82,1	1,08	195	64,9	32,4	16,2
0,50	945	315	158	78,8	1,09	191	63,6	31,8	15,9
0,51	908	303	151	75,7	1,10	187	62,4	31,2	15,6
0,52	873	291	146	72,8	1,11	184	61,2	30,6	15,3
0,53	840	280	140	70,0	1,12	180	60,1	30,0	15,0
0,54	809	270	135	67,4	1,13	177	59,0	29,5	14,7
0,55	780	260	130	65,0	1,14	174	57,9	28,9	14,5
0,56	752	251	125	62,6	1,15	170	56,8	28,4	14,2
0,57	725	242	121	60,4	1,16	167	55,8	27,9	13,9
0,58	700	233	117	58,3	1,17	164	54,8	27,4	13,7
0,59	676	225	113	56,3	1,18	161	53,8	26,9	13,4
0,60	653	218	109	54,4	1,19	158	52,8	26,4	13,2
0,61	632	211	105	52,7	1,20	156	51,9	25,9	13,0
0,62	611	204	102	50,9	1,21	153	51,0	25,5	12,7
0,63	592	197	98,6	49,3	1,22	150	50,1	25,0	12,5
0,64	573	191	95,5	47,8	1,23	148	49,2	24,6	12,3
0,65	555	185	92,6	46,3	1,24	145	48,4	24,2	12,1
0,66	538	179	89,7	44,9	1,25	143	47,5	23,8	11,9
0,67	522	174	87,0	43,5	1,26	140	46,7	23,4	11,7
0,68	507	169	84,4	42,2	1,27	138	45,9	23,0	11,5
0,69	492	164	81,9	41,0	1,28	135	45,1	22,6	11,3
0,70	477	159	79,7	39,8	1,29	133	44,4	22,2	11,1
0,71	464	155	77,3	38,7	1,30	131	43,7	21,8	10,9
0,72	451	150	75,1	37,6	1,31	129	42,9	21,5	10,7
0,73	438	146	73,0	36,5	1,32	127	42,2	21,1	10,6
0,74	426	142	71,0	35,5	1,33	125	41,5	20,8	10,4
0,75	415	138	69,1	34,6	1,34	123	40,9	20,4	10,2
0,76	404	135	67,3	33,6	1,35	121	40,2	20,1	10,1
0,77	393	131	65,5	32,7	1,36	119	39,6	19,8	9,9
0,78	383	128	63,8	31,9	1,37	117	38,9	19,5	9,7
0,79	373	124	62,1	31,1	1,38	115	38,3	19,2	9,6
0,80	363	121	60,5	30,3	1,39	113	37,7	18,9	9,4
0,81	354	118	59,0	29,5	1,40	111	37,1	18,6	9,3
0,82	345	115	57,5	28,8	1,41	110	36,5	18,3	9,1
0,83	337	112	56,1	28,1	1,42	108	36,0	18,0	9,0
0,84	329	110	54,8	27,4	1,43	106	35,4	17,7	8,9
0,85	321	107	53,4	26,7	1,44	105	34,9	17,4	8,7
0,86	313	104	52,2	26,1	1,45	103	34,3	17,2	8,6
0,87	306	102	50,9	25,5	1,46	101	33,8	16,9	8,5
0,88	298	99,5	49,7	24,9	1,47	99,9	33,3	16,7	8,3
0,89	292	97,2	48,6	24,3	1,48	98,4	32,8	16,4	8,2
0,90	285	95,0	47,5	23,7	1,49	96,9	32,3	16,2	8,1
0,91	278	92,8	46,4	23,2	1,50	95,5	31,8	15,9	8,0
0,92	272	90,7	45,4	22,7	1,51	94,1	31,4	15,7	7,8
0,93	266	88,7	44,4	22,2	1,52	92,7	30,9	15,4	7,7
0,94	260	86,8	43,4	21,7	1,53	91,3	30,4	15,2	7,6
0,95	255	84,9	42,4	21,2	1,54	90,0	30,0	15,0	7,5
0,96	249	83,0	41,5	20,8	1,55	88,7	29,6	14,8	7,4
0,97	244	81,3	40,6	20,3	1,56	87,4	29,1	14,6	7,3
0,98	239	79,6	39,8	19,9	1,57	86,1	28,7	14,4	7,2
0,99	234	77,9	38,9	19,5	1,58	84,9	28,3	14,1	7,1
1,00	229	76,3	38,1	19,1	1,59	83,7	27,9	13,9	7,0

Zahlentafel 33. *Brinellhärten* 2,5 mm Kugeldurchmesser (Fortsetzung).

d	P_{kg}				d	P_{kg}			
mm	187,5 kg	62,5 kg	31,25 kg	15,625 kg	mm	187,5 kg	62,5 kg	31,25 kg	15,625 kg
1,59	83,7	27,9	13,9	7,0	1,67	74,7	24,9	12,4	6,2
1,60	82,5	27,5	13,7	6,9	1,68	73,6	24,5	12,3	6,1
1,61	81,3	27,1	13,5	6,8	1,69	72,6	24,2	12,1	6,0
1,62	80,1	26,7	13,4	6,7	1,70	71,6	23,9	11,9	6,0
1,63	79,0	26,3	13,2	6,6	1,71	70,6	23,5	11,8	5,9
1,64	77,9	26,0	13,0	6,5	1,72	69,6	23,2	11,6	5,8
1,65	76,8	25,6	12,8	6,4	1,73	68,7	22,9	11,4	5,7
1,66	75,7	25,2	12,6	6,3	1,74	67,7	22,6	11,3	5,6
1,67	74,7	24,9	12,4	6,2	1,75	66,8	22,3	11,1	5,6

Zahlentafel 34. *Brinellhärten*. 5,0 mm Kugeldurchmesser.

d	P_{kg}				d	P_{kg}			
mm	750 kg	250 kg	125 kg	62,5 kg	mm	750 kg	250 kg	125 kg	62,5 kg
0,81	1446	482	241	121	1,24	611	204	102	50,9
0,82	1411	470	235	117	1,25	601	200	100	50,1
0,83	1377	459	229	114	1,26	592	197	98,6	49,3
0,84	1344	448	224	112	1,27	582	194	97,1	48,6
0,85	1312	437	219	109	1,28	573	191	95,5	47,8
0,86	1282	427	214	107	1,29	564	188	94,0	47,0
0,87	1252	417	209	104	1,30	555	185	92,6	46,3
0,88	1223	408	204	102	1,31	547	182	91,1	45,6
0,89	1196	399	199	99,7	1,32	538	179	89,7	44,9
0,90	1169	390	195	97,4	1,33	530	177	88,4	44,2
0,91	1144	381	191	95,3	1,34	522	174	87,0	43,5
0,92	1119	373	186	93,2	1,35	514	171	85,7	42,9
0,93	1094	365	182	91,2	1,36	507	169	84,4	42,2
0,94	1071	357	179	89,3	1,37	499	166	83,2	41,6
0,95	1048	349	175	87,4	1,38	492	164	81,9	41,0
0,96	1027	342	171	85,6	1,39	485	162	80,8	40,4
0,97.	1005	335	168	83,8	1,40	477	159	79,6	39,8
0,98	985	328	164	82,1	1,41	471	157	78,4	39,2
0,99	965	322	161	80,4	1,42	464	155	77,3	38,7
1,00	945	315	158	78,8	1,43	457	152	76,2	38,1
1,01	926	309	154	77,2	1,44	451	150	75,1	37,6
1,02	908	303	151	75,7	1,45	444	148	74,1	37,0
1,03	890	297	148	74,2	1,46	438	146	73,0	36,5
1,04	873	291	146	72,8	1,47	432	144	72,0	36,0
1,05	856	285	143	71,4	1,48	426	142	71,0	35,5
1,06	840	280	140	70,0	1,49	420	140	70,1	35,0
1,07	824	275	137	68,7	1,50	415	138	69,1	34,6
1,08	809	270	135	67,4	1,51	409	136	68,2	34,1
1,09	794	265	132	66,2	1,52	404	135	67,3	33,6
1,10	780	260	130	65,0	1,53	398	133	66,4	33,2
1,11	765	255	128	63,8	1,54	393	131	65,5	32,7
1,12	752	251	125	62,6	1,55	388	129	64,6	32,3
1,13	738	246	123	61,5	1,56	383	128	63,8	31,9
1,14	725	242	121	60,4	1,57	378	126	62,9	31,5
1,15	712	237	119	59,4	1,58	373	124	62,1	31,1
1,16	700	233	117	58,3	1,59	368	123	61,3	30,7
1,17	688	229	115	57,3	1,60	363	121	60,5	30,3
1,18	676	225	113	56,3	1,61	359	120	59,8	29,9
1,19	665	222	111	55,4	1,62	354	118	59,0	29,5
1,20	653	218	109	54,4	1,63	350	117	58,3	29,1
1,21	643	214	107	53,5	1,64	345	115	57,5	28,8
1,22	632	211	105	52,7	1,65	341	114	56,8	28,4
1,23	621	207	104	51,8	1,66	337	112	56,1	28,1
1,24	611	204	102	50,9	1,67	333	111	55,4	27,7

Zahlentafel 34. *Brinellhärten.* 5,0 mm Kugeldurchmesser (Fortsetzung).

d	P_{kg}				*d*	P_{kg}			
mm	750 kg	250 kg	125 kg	62,5 kg	mm	750 kg	250 kg	125 kg	62,5 kg
1,67	333	111	55,4	27,7	2,26	177	59,0	29,5	14,7
1,68	329	110	54,8	27,4	2,27	175	58,4	29,2	14,6
1,69	325	108	54,1	27,0	2,28	174	57,9	28,9	14,5
1,70	321	107	53,4	26,7	2,29	172	57,3	28,7	14,3
1,71	317	106	52,8	26,4	2,30	170	56,8	28,4	14,2
1,72	313	104	52,2	26,1	2,31	169	56,3	28,1	14,1
1,73	309	103	51,5	25,8	2,32	167	55,8	27,9	13,9
1,74	306	102	50,9	25,5	2,33	166	55,2	27,6	13,8
1,75	302	101	50,3	25,2	2,34	164	54,8	27,4	13,7
1,76	298	99,5	49,7	24,9	2,35	163	54,3	27,1	13,6
1,77	295	98,3	49,2	24,6	2,36	161	53,8	26,9	13,4
1,78	292	97,2	48,6	24,3	2,37	160	53,3	26,6	13,3
1,79	288	96,1	48,0	24,0	2,38	158	52,8	26,4	13,2
1,80	285	95,0	47,5	23,7	2,39	157	52,3	26,2	13,1
1,81	282	93,9	46,9	23,5	2,40	156	51,9	25,9	13,0
1,82	278	92,8	46,4	23,2	2,41	154	51,4	25,7	12,9
1,83	275	91,7	45,9	22,9	2,42	153	51,0	25,5	12,7
1,84	272	90,7	45,4	22,7	2,43	152	50,5	25,3	12,6
1,85	269	89,7	44,9	22,4	2,44	150	50,1	25,0	12,5
1,86	266	88,7	44,4	22,2	2,45	149	49,6	24,8	12,4
1,87	263	87,7	43,9	21,9	2,46	148	49,2	24,6	12,3
1,88	260	86,8	43,4	21,7	2,47	146	48,8	24,4	12,2
1,89	257	85,8	42,9	21,5	2,48	145	48,4	24,2	12,1
1,90	255	84,9	42,4	21,2	2,49	144	47,9	24,0	12,0
1,91	252	84,0	42,0	21,0	2,50	143	47,5	23,8	11,9
1,92	249	83,0	41,5	20,8	2,51	141	47,1	23,6	11,8
1,93	246	82,1	41,1	20,5	2,52	140	46,7	23,4	11,7
1,94	244	81,3	40,6	20,3	2,53	139	46,3	23,2	11,6
1,95	241	80,4	40,2	20,1	2,54	138	45,9	23,0	11,5
1,96	239	79,6	39,8	19,9	2,55	137	45,5	22,8	11,4
1,97	236	78,7	39,4	19,7	2,56	135	45,1	22,6	11,3
1,98	234	77,9	38,9	19,5	2,57	134	44,8	22,4	11,2
1,99	231	77,1	38,5	19,3	2,58	133	44,4	22,2	11,1
2,00	229	76,3	38,1	19,1	2,59	132	44,0	22,0	11,0
2,01	226	75,5	37,7	18,9	2,60	131	43,7	21,8	10,9
2,02	224	74,7	37,3	18,7	2,61	130	43,3	21,6	10,8
2,03	222	73,9	37,0	18,5	2,62	129	42,9	21,5	10,7
2,04	219	73,2	36,6	18,3	2,63	128	42,6	21,3	10,6
2,05	217	72,4	36,2	18,1	2,64	127	42,2	21,1	10,6
2,06	215	71,7	35,8	17,9	2,65	126	41,9	20,9	10,5
2,07	213	71,0	35,5	17,7	2,66	125	41,5	20,8	10,4
2,08	211	70,2	35,1	17,6	2,67	124	41,2	20,6	10,3
2,09	209	69,5	34,8	17,4	2,68	123	40,9	20,4	10,2
2,10	207	68,8	34,4	17,2	2,69	122	40,5	20,3	10,1
2,11	204	68,2	34,1	17,0	2,70	121	40,2	20,1	10,1
2,12	202	67,5	33,7	16,9	2,71	120	39,9	19,9	10,0
2,13	200	66,8	33,4	16,7	2,72	119	39,6	19,8	9,9
2,14	198	66,2	33,1	16,5	2,73	118	39,2	19,6	9,8
2,15	197	65,5	32,8	16,4	2,74	117	38,9	19,5	9,7
2,16	195	64,9	32,4	16,2	2,75	116	38,6	19,3	9,7
2,17	193	64,2	32,1	16,1	2,76	115	38,3	19,2	9,6
2,18	191	63,6	31,8	15,9	2,77	114	38,0	19,0	9,5
2,19	189	63,0	31,5	15,8	2,78	113	37,7	18,9	9,4
2,20	187	62,4	31,2	15,6	2,79	112	37,4	18,7	9,4
2,21	185	61,8	30,9	15,5	2,80	111	37,1	18,6	9,3
2,22	184	61,2	30,6	15,3	2,81	110	36,8	18,4	9,2
2,23	182	60,6	30,3	15,2	2,82	110	36,5	18,3	9,1
2,24	180	60,1	30,0	15,0	2,83	109	36,3	18,1	9,1
2,25	179	59,5	29,8	14,9	2,84	108	36,0	18,0	9,0
2,26	177	59,0	29,5	14,7	2,85	107	35,7	17,8	8,9

Zahlentafel 34. *Brinellhärten.* 5,0 mm Kugeldurchmesser (Fortsetzung).

d mm	P_{kg} 750 kg	250 kg	125 kg	62,5 kg	d mm	P_{kg} 750 kg	250 kg	125 kg	62,5 kg
2,85	107	35,7	17,8	8,9	3,18	83,7	27,9	13,9	7,0
2,86	106	35,4	17,7	8,9	3,19	83,1	27,7	13,8	6,9
2,87	105	35,1	17,6	8,8	3,20	82,5	27,5	13,7	6,9
2,88	105	34,9	17,4	8,7	3,21	81,9	27,3	13,6	6,8
2,89	104	34,6	17,3	8,7	3,22	81,3	27,1	13,5	6,8
2,90	103	34,3	17,2	8,6	3,23	80,7	26,9	13,4	6,7
2,91	102	34,1	17,0	8,5	3,24	80,1	26,7	13,4	6,7
2,92	101	33,8	16,9	8,5	3,25	79,6	26,5	13,3	6,6
2,93	101	33,6	16,8	8,4	3,26	79,0	26,3	13,2	6,6
2,94	99,9	33,3	16,7	8,3	3,27	78,4	26,1	13,1	6,5
2,95	99,2	33,1	16,5	8,3	3,28	77,9	26,0	13,0	6,5
2,96	98,4	32,8	16,4	8,2	3,29	77,3	25,8	12,9	6,4
2,97	97,7	32,6	16,3	8,1	3,30	76,8	25,6	12,8	6,4
2,98	96,9	32,3	16,2	8,1	3,31	76,2	25,4	12,7	6,4
2,99	96,2	32,1	16,0	8,0	3,32	75,7	25,2	12,6	6,3
3,00	95,5	31,8	15,9	8,0	3,33	75,2	25,1	12,5	6,3
3,01	94,8	31,6	15,8	7,9	3,34	74,7	24,9	12,4	6,2
3,02	94,1	31,4	15,7	7,8	3,35	74,1	24,7	12,4	6,2
3,03	93,4	31,1	15,6	7,8	3,36	73,6	24,5	12,3	6,1
3,04	92,7	30,9	15,4	7,7	3,37	73,1	24,4	12,2	6,1
3,05	92,0	30,7	15,3	7,7	3,38	72,6	24,2	12,1	6,0
3,06	91,3	30,4	15,2	7,6	3,39	72,1	24,0	12,0	6,0
3,07	90,6	30,2	15,1	7,6	3,40	71,6	23,9	11,9	6,0
3,08	90,0	30,0	15,0	7,5	3,41	71,1	23,7	11,8	5,9
3,09	89,3	29,8	14,9	7,4	3,42	70,6	23,5	11,8	5,9
3,10	88,7	29,6	14,8	7,4	3,43	70,1	23,4	11,7	5,8
3,11	88,0	29,3	14,7	7,3	3,44	69,6	23,2	11,6	5,8
3,12	87,4	29,1	14,6	7,3	3,45	69,2	23,1	11,5	5,8
3,13	86,7	28,9	14,5	7,2	3,46	68,7	22,9	11,4	5,7
3,14	86,1	28,7	14,4	7,2	3,47	68,2	22,7	11,4	5,7
3,15	85,5	28,5	14,2	7,1	3,48	67,7	22,6	11,3	5,6
3,16	84,9	28,3	14,1	7,1	3,49	67,3	22,4	11,2	5,6
3,17	84,3	28,1	14,0	7,0	3,50	66,8	22,3	11,1	5,6
3,18	83,7	27,9	13,9	7,0					

Zahlentafel 35. *Brinellhärten.* 10 mm Kugeldurchmesser.

d mm	P_{kg} 3000 kg	1000 kg	500 kg	250 kg	d mm	P_{kg} 3000 kg	1000 kg	500 kg	250 kg
1,61	1464	488	244	122	1,81	1156	385	193	96,4
1,62	1446	482	241	121	1,82	1144	381	191	95,3
1,63	1428	476	238	119	1,83	1131	377	188	94,2
1,64	1411	470	235	117	1,84	1119	373	186	93,2
1,65	1393	464	232	116	1,85	1106	369	184	92,2
1,66	1377	459	229	114	1,86	1094	365	182	91,2
1,67	1360	453	227	113	1,87	1083	361	180	90,2
1,68	1344	448	224	112	1,88	1071	357	179	89,3
1,69	1328	443	221	111	1,89	1060	353	177	88,3
1,70	1312	437	219	109	1,90	1048	349	175	87,4
1,71	1297	432	216	108	1,91	1037	346	173	86,5
1,72	1282	427	214	107	1,92	1027	342	171	85,6
1,73	1267	422	211	106	1,93	1016	339	169	84,7
1,74	1252	417	209	104	1,94	1005	335	168	83,8
1,75	1238	413	206	103	1,95	995	332	166	82,9
1,76	1223	408	204	102	1,96	985	328	164	82,1
1,77	1210	403	202	101	1,97	975	325	162	81,2
1,78	1196	399	199	99,7	1,98	965	322	161	80,4
1,79	1183	394	197	98,5	1,99	955	318	159	79,5
1,80	1169	390	195	97,4	2,00	945	315	158	78,8
1,81	1156	385	193	96,4	2,01	936	312	156	78,0

Zahlentafel 35. *Brinellhärten.* 10 mm Kugeldurchmesser (Fortsetzung).

d	P_{kg}				d	P_{kg}			
mm	3000 kg	1000 kg	500 kg	250 kg	mm	3000 kg	1000 kg	500 kg	250 kg
2,01	936	312	156	78,0	2,60	555	185	92,6	46,3
2,02	926	309	154	77,2	2,61	551	184	91,8	45,9
2,03	917	306	153	76,4	2,62	547	182	91,1	45,6
2,04	908	303	151	75,7	2,63	543	181	90,4	45,2
2,05	899	300	150	74,9	2,64	538	179	89,7	44,9
2,06	890	297	148	74,2	2,65	534	178	89,0	44,5
2,07	882	294	147	73,5	2,66	530	177	88,4	44,2
2,08	873	291	146	72,8	2,67	526	175	87,7	43,8
2,09	865	288	144	72,1	2,68	522	174	87,0	43,5
2,10	856	285	143	71,4	2,69	518	173	86,4	43,2
2,11	848	283	141	70,7	2,70	514	171	85,7	42,9
2,12	840	280	140	70,0	2,71	510	170	85,1	42,5
2,13	832	277	139	69,4	2,72	507	169	84,4	42,2
2,14	824	275	137	68,7	2,73	503	168	83,8	41,9
2,15	817	272	136	68,1	2,74	499	166	83,2	41,6
2,16	809	270	135	67,4	2,75	495	165	82,6	41,3
2,17	802	267	134	66,8	2,76	492	164	81,9	41,0
2,18	794	265	132	66,2	2,77	488	163	81,3	40,7
2,19	787	262	131	65,5	2,78	485	162	80,8	40,4
2,20	780	260	130	65,0	2,79	481	160	80,2	40,1
2,21	772	257	129	64,4	2,80	477	159	79,6	39,8
2,22	765	255	128	63,8	2,81	474	158	79,0	39,5
2,23	758	253	126	63,2	2,82	471	157	78,4	39,2
2,24	752	251	125	62,6	2,83	467	156	77,9	38,9
2,25	745	248	124	62,1	2,84	464	155	77,3	38,7
2,26	738	246	123	61,5	2,85	461	154	76,8	38,4
2,27	732	244	122	61,0	2,86	457	152	76,2	38,1
2,28	725	242	121	60,4	2,87	454	151	75,7	37,8
2,29	719	240	120	59,9	2,88	451	150	75,1	37,6
2,30	712	237	119	59,4	2,89	448	149	74,6	37,3
2,31	706	235	118	58,8	2,90	444	148	74,1	37,0
2,32	700	233	117	58,3	2,91	441	147	73,6	36,8
2,33	694	231	116	57,8	2,92	438	146	73,0	36,5
2,34	688	229	115	57,3	2,93	435	145	72,5	36,3
2,35	682	227	114	56,8	2,94	432	144	72,0	36,0
2,36	676	225	113	56,3	2,95	429	143	71,5	35,8
2,37	670	223	112	55,9	2,96	426	142	71,0	35,5
2,38	665	222	111	55,4	2,97	423	141	70,5	35,3
2,39	659	220	110	54,9	2,98	420	140	70,1	35,0
2,40	653	218	109	54,4	2,99	417	139	69,6	34,8
2,41	648	216	108	54,0	3,00	415	138	69,1	34,6
2,42	643	214	107	53,5	3,01	412	137	68,6	34,3
2,43	637	212	106	53,1	3,02	409	136	68,2	34,1
2,44	632	211	105	52,7	3,03	406	135	67,7	33,9
2,45	627	209	104	52,2	3,04	404	135	67,3	33,6
2,46	621	207	104	51,8	3,05	401	134	66,8	33,4
2,47	616	205	103	51,4	3,06	398	133	66,4	33,2
2,48	611	204	102	50,9	3,07	395	132	65,9	33,0
2,49	606	202	101	50,5	3,08	393	131	65,5	32,7
2,50	601	200	100	50,1	3,09	390	130	65,0	32,5
2,51	597	199	99,4	49,7	3,10	388	129	64,6	32,3
2,52	592	197	98,6	49,3	3,11	385	128	64,2	32,1
2,53	587	196	97,8	48,9	3,12	383	128	63,8	31,9
2,54	582	194	97,1	48,6	3,13	380	127	63,3	31,7
2,55	578	193	96,3	48,1	3,14	378	126	62,9	31,5
2,56	573	191	95,5	47,8	3,15	375	125	62,5	31,3
2,57	569	190	94,8	47,4	3,16	373	124	62,1	31,1
2,58	564	188	94,0	47,0	3,17	370	123	61,7	30,9
2,59	560	187	93,3	46,6	3,18	368	123	61,3	30,7
2,60	555	185	92,6	46,3	3,19	366	122	60,9	30,5

Zahlentafel 35. *Brinellhärten.* 10 mm Kugeldurchmesser (Fortsetzung).

d mm	P_{kg} 3000 kg	1000 kg	500 kg	250 kg	d mm	P_{kg} 3000 kg	1000 kg	500 kg	250 kg
3,19	366	122	60,9	30,5	3,78	257	85,8	42,9	21,5
3,20	363	121	60,5	30,3	3,79	256	85,3	42,7	21,3
3,21	361	120	60,1	30,1	3,80	255	84,9	42,4	21,2
3,22	359	120	59,8	29,9	3,81	253	84,4	42,2	21,1
3,23	356	119	59,4	29,7	3,82	252	84,0	42,0	21,0
3,24	354	118	59,0	29,5	3,83	250	83,5	41,7	20,9
3,25	352	117	58,6	29,3	3,84	249	83,0	41,5	20,8
3,26	350	117	58,3	29,1	3,85	248	82,6	41,3	20,6
3,27	347	116	57,9	29,0	3,86	246	82,1	41,1	20,5
3,28	345	115	57,5	28,8	3,87	245	81,7	40,9	20,4
3,29	343	114	57,2	28,6	3,88	244	81,3	40,6	20,3
3,30	341	114	56,8	28,4	3,89	242	80,8	40,4	20,2
3,31	339	113	56,5	28,2	3,90	241	80,4	40,2	20,1
3,32	337	112	56,1	28,1	3,91	240	80,0	40,0	20,0
3,33	335	112	55,8	27,9	3,92	239	79,6	39,8	19,9
3,34	333	111	55,4	27,7	3,93	237	79,1	39,6	19,8
3,35	331	110	55,1	27,5	3,94	236	78,7	39,4	19,7
3,36	329	110	54,8	27,4	3,95	235	78,3	39,1	19,6
3,37	326	109	54,4	27,2	3,96	234	77,9	38,9	19,5
3,38	325	108	54,1	27,0	3,97	232	77,5	38,7	19,4
3,39	323	108	53,8	26,9	3,98	231	77,1	38,5	19,3
3,40	321	107	53,4	26,7	3,99	230	76,7	38,3	19,2
3,41	319	106	53,1	26,6	4,00	229	76.3	38,1	19,1
3,42	317	106	52,8	26,4	4,01	228	75,9	37,9	19,0
3,43	315	105	52,5	26,2	4,02	226	75,5	37,7	18,9
3,44	313	104	52,2	26,1	4,03	225	75,1	37,5	18,8
3,45	311	104	51,8	25,9	4,04	224	74,7	37,3	18,7
3,46	309	103	51,5	25,8	4,05	223	74,3	37,1	18,6
3,47	307	102	51,2	25,6	4,06	222	73,9	37,0	18,5
3,48	306	102	50,9	25,5	4,07	221	73,5	36,8	18,4
3,49	304	101	50,6	25,3	4,08	219	73,2	36,6	18,3
3,50	302	101	50,3	25,2	4,09	218	72,8	36,4	18,2
3,51	300	100	50,0	25,0	4,10	217	72,4	36,2	18,1
3,52	298	99,5	49,7	24,9	4,11	216	72,0	36,0	18,0
3,53	297	98,9	49,4	24,7	4,12	215	71,7	35,8	17,9
3,54	295	98,3	49,2	24,6	4,13	214	71,3	35,7	17,8
3,55	293	97,7	48,9	24,4	4,14	213	71,0	35,5	17,7
3,56	292	97,2	48,6	24,3	4,15	212	70,6	35,3	17,6
3,57	290	96,6	48,3	24,2	4,16	211	70,2	35,1	17,6
3,58	288	96,1	48,0	24,0	4,17	210	69,9	34,9	17,5
3,59	286	95,5	47,7	23,9	4,18	209	69,5	34,8	17,4
3,60	285	95,0	47,5	23,7	4,19	208	69,2	34,6	17,3
3,61	283	94,4	47,2	23,6	4,20	207	68,8	34,4	17,2
3,62	282	93,9	46,9	23,5	4,21	205	68,5	34,2	17,1
3,63	280	93,3	46,7	23,3	4,22	204	68,2	34,1	17,0
3,64	278	92,8	46,4	23,2	4,23	203	67,8	33,9	17,0
3,65	277	92,3	46,1	23,1	4,24	202	67,5	33,7	16,9
3,66	275	91,7	45,9	22,9	4,25	201	67,1	33,6	16,8
3,67	274	91,2	45,6	22,8	4,26	200	66,8	33,4	16,7
3,68	272	90,7	45,4	22,7	4,27	199	66,5	33,2	16,6
3,69	271	90,2	45,1	22,6	4,28	198	66,2	33,1	16,5
3,70	269	89,7	44,9	22,4	4,29	198	65,8	32,9	16,5
3,71	268	89,2	44,6	22,3	4,30	197	65,5	32,8	16,4
3,72	266	88,7	44,4	22,2	4,31	196	65,2	32,6	16,3
3,73	265	88,2	44,1	22,1	4,32	195	64,9	32,4	16,2
3,74	263	87,7	43,9	21,9	4,33	194	64,6	32,3	16,1
3,75	262	87,2	43,6	21,8	4,34	193	64,2	32,1	16,1
3,76	260	86,8	43,4	21,7	4,35	192	63,9	32,0	16,0
3,77	259	86,3	43,1	21,6	4,36	191	63,6	31,8	15,9
3,78	257	85,8	42,9	21,5	4,37	190	63,3	31,7	15,8

Zahlentafel 35. *Brinellhärten.* 10 mm Kugeldurchmesser (Fortsetzung).

d mm	P_{kg}				d mm	P_{kg}			
	3000 kg	1000 kg	500 kg	250 kg		3000 kg	1000 kg	500 kg	250 kg
4,37	190	63,3	31,7	15,8	4,96	145	48,4	24,2	12,1
4,38	189	63,0	31,5	15,8	4,97	144	48,1	24,1	12,0
4,39	188	62,7	31,4	15,7	4,98	144	47,9	24,0	12,0
4,40	187	62,4	31,2	15,6	4,99	143	47,7	23,9	11,9
4,41	186	62,1	31,1	15,6	5,00	143	47,5	23,8	11,9
4,42	185	61,8	30,9	15,5	5,01	142	47,3	23,7	11,8
4,43	185	61,5	30,8	15,4	5,02	141	47,1	23,6	11,8
4,44	184	61,2	30,6	15,3	5,03	141	46,9	23,5	11,7
4,45	183	60,9	30,5	15,2	5,04	140	46,7	23,4	11,7
4,46	182	60,6	30,3	15,2	5,05	140	46,5	23,3	11,6
4,47	181	60,4	30,2	15,1	5,06	139	46,3	32,2	11,6
4,48	180	60,1	30,0	15,0	5,07	138	46,1	23,1	11,5
4,49	179	59,8	29,9	14,9	5,08	138	45,9	23,0	11,5
4,50	179	59,5	29,8	14,9	5,09	137	45,7	22,9	11,4
4,51	178	59,2	29,6	14,8	5,10	137	45,5	22,8	11,4
4,52	177	59,0	29,5	14,7	5,11	136	45,3	22,7	11,3
4,53	176	58,7	29,3	14,7	5,12	135	45,1	22,6	11,3
4,54	175	58,4	29,2	14,6	5,13	135	45,0	22,5	11,2
4,55	174	58,1	29,1	14,5	5,14	134	44,8	22,4	11,2
4,56	174	57,9	28,9	14,5	5,15	134	44,6	22,3	11,1
4,57	173	57,6	28,8	14,4	5,16	133	44,4	22,2	11,1
4,58	172	57,3	28,7	14,3	5,17	133	44,2	22,1	11,1
4,59	171	57,1	28,5	14,3	5,18	132	44,0	22,0	11,0
4,60	170	56,8	28,4	14,2	5,19	132	43,8	21,9	11,0
4,61	170	56,5	28,3	14,1	5,20	131	43,7	21,8	10,9
4,62	169	56,3	28,1	14,1	5,21	130	43,5	21,7	10,9
4,63	168	56,0	28,0	14,0	5,22	130	43,3	21,6	10,8
4,64	167	55,8	27,9	13,9	5,23	129	43,1	21,6	10,8
4,65	167	55,5	27,8	13,9	5,24	129	42,9	21,5	10,7
4,66	166	55,2	27,6	13,8	5,25	128	42,8	21,4	10,7
4,67	165	55,0	27,5	13,8	5,26	128	42,6	21,3	10,6
4,68	164	54,8	27,4	13,7	5,27	127	42,4	21,2	10,6
4,69	164	54,5	27,3	13,6	5,28	127	42,2	21,1	10,6
4,70	163	54,3	27,1	13,6	5,29	126	42,1	21,0	10,5
4,71	162	54,0	27,0	13,5	5,30	126	41,9	20,9	10,5
4,72	161	53,8	26,9	13,4	5,31	125	41,7	20,9	10,4
4,73	161	53,5	26,8	13,4	5,32	125	41,5	20,8	10,4
4,74	160	53,3	26,6	13,3	5,33	124	41,4	20,7	10,3
4,75	159	53,0	26,5	13,3	5,34	124	41,2	20,6	10,3
4,76	158	52,8	26,4	13,2	5,35	123	41,0	20,5	10,3
4,77	158	52,6	26,3	13,1	5,36	123	40,9	20,4	10,2
4,78	157	52,3	26,2	13,1	5,37	122	40,7	20,3	10,2
4,79	156	52,1	26,1	13,0	5,38	122	40,5	20,3	10,1
4,80	156	51,9	25,9	13,0	5,39	121	40,4	20,2	10,1
4,81	155	51,6	25,8	12,9	5,40	121	40,2	20,1	10,1
4,82	154	51,4	25,7	12,9	5,41	120	40,0	20,0	10,0
4,83	154	51,2	25,6	12,8	5,42	120	39,9	19,9	10,0
4,84	153	51,0	25,5	12,7	5,43	119	39,7	19,9	9,9
4,85	152	50,7	25,4	12,7	5,44	119	39,6	19,8	9,9
4,86	152	50,5	25,3	12,6	5,45	118	39,4	19,7	9,9
4,87	151	50,3	25,1	12,6	5,46	118	39,2	19,6	9,8
4,88	150	50,1	25,0	12,5	5,47	117	39,1	19,5	9,8
4,89	150	49,8	24,9	12,5	5,48	117	38,9	19,5	9,7
4,90	149	49,6	24,8	12,4	5,49	116	38,8	19,4	9,7
4,91	148	49,4	24,7	12,4	5,50	116	38,6	19,3	9,7
4,92	148	49,2	24,6	12,3	5,51	115	38,5	19,2	9,6
4,93	147	49,0	24,5	12,2	5,52	115	38,3	19,2	9,6
4,94	146	48,8	24,4	12,2	5,53	114	38,2	19,1	9,5
4,95	146	48,6	24,3	12,1	5,54	114	38,0	19,0	9,5
4,96	145	48,4	24,2	12,1	5,55	114	37,9	18,9	9,5

Zahlentafel 35. *Brinellhärten.* 10 mm Kugeldurchmesser (Fortsetzung).

d mm	P_{kg} 3000 kg	1000 kg	500 kg	250 kg	d mm	P_{kg} 3000 kg	1000 kg	500 kg	250 kg
5,55	114	37,9	18,9	9,5	6,14	90,6	30,2	15,1	7,6
5,56	113	37,7	18,9	9,4	6,15	90,3	30,1	15,1	7,5
5,57	113	37,6	18,8	9,4	6,16	90,0	30,0	15,0	7,5
5,58	112	37,4	18,7	9,4	6,17	89,7	29,9	14,9	7,5
5,59	112	37,3	18,6	9,3	6,18	89,3	29,8	14,9	7,4
5,60	111	37,1	18,6	9,3	6,19	89,0	29,7	14,8	7,4
5,61	111	37,0	18,5	9,2	6,20	88,7	29,6	14,8	7,4
5,62	110	36,8	18,4	9,2	6,21	88,3	29,4	14,7	7,4
5,63	110	36,7	18,3	9,2	6,22	88,0	29,3	14,7	7,3
5,64	110	36,5	18,3	9,1	6,23	87,7	29,2	14,6	7,3
5,65	109	36,4	18,2	9,1	6,24	87,4	29,1	14,6	7,3
5,66	109	36,3	18,1	9,1	6,25	87,1	29,0	14,5	7,3
5,67	108	36,1	18,1	9,0	6,26	86,7	28,9	14,5	7,2
5,68	108	36,0	18,0	9,0	6,27	86,4	28,8	14,4	7,2
5,69	107	35,8	17,9	9,0	6,28	86,1	28,7	14,4	7,2
5,70	107	35,7	17,8	8,9	6,29	85,8	28,6	14,3	7,1
5,71	107	35,6	17,8	8,9	6,30	85,5	28,5	14,2	7,1
5,72	106	35,4	17,7	8,9	6,31	85,2	28,4	14,2	7,1
5,73	106	35,3	17,6	8,8	6,32	84,9	28,3	14,1	7,1
5,74	105	35,1	17,6	8,8	6,33	84,6	28,2	14,1	7,0
5,75	105	35,0	17,5	8,8	6,34	84,3	28,1	14,0	7,0
5,76	105	34,9	17,4	8,7	6,35	84,0	28,0	14,0	7,0
5,77	104	34,7	17,4	8,7	6,36	83,7	27,9	13,9	7,0
5,78	104	34,6	17,3	8,7	6,37	83,4	27,8	13,9	6,9
5,79	103	34,5	17,2	8,6	6,38	83,1	27,7	13,8	6,9
5,80	103	34,3	17,2	8,6	6,39	82,8	27,6	13,8	6,9
5,81	103	34,2	17,1	8,6	6,40	82,5	27,5	13,7	6,9
5,82	102	34,1	17,0	8,5	6,41	82,2	27,4	13,7	6,8
5,83	102	33,9	17,0	8,5	6,42	81,9	27,3	13,6	6,8
5,84	101	33,8	16,9	8,5	6,43	81,6	27,2	13,6	6,8
5,85	101	33,7	16,8	8,4	6,44	81,3	27,1	13,5	6,8
5,86	101	33,6	16,8	8,4	6,45	81,0	27,0	13,5	6,7
5,87	100	33,4	16,7	8,4	6,46	80,7	26,9	13,4	6,7
5,88	99,9	33,3	16,7	8,3	6,47	80,4	26,8	13,4	6,7
5,89	99,5	33,2	16,6	8,3	6,48	80,1	26,7	13,4	6,7
5,90	99,2	33,1	16,5	8,3	6,49	79,8	26,6	13,3	6,7
5,91	98,8	32,9	16,5	8,2	6,50	79,6	26,5	13,3	6,6
5,92	98,4	32,8	16,4	8,2	6,51	79,3	26,4	13,2	6,6
5,93	98,0	32,7	16,3	8,2	6,52	79,0	26,3	13,2	6,6
5,94	97,7	32,6	16,2	8,1	6,53	78,7	26,2	13,1	6,6
5,95	97,3	32,4	16,2	8,1	6,54	78,4	26,1	13,1	6,5
5,96	96,9	32,3	16,1	8,1	6,55	78,2	26,1	13,0	6,5
5,97	96,6	32,2	16,0	8,0	6,56	77,9	26,0	13,0	6,5
5,98	96,2	32,1	16,0	8,0	6,57	77,6	25,9	12,9	6,5
5,99	95,9	32,0	15,9	8,0	6,58	77,3	25,8	12,9	6,4
6,00	95,5	31,8	15,9	8,0	6,59	77,1	25,7	12,8	6,4
6,01	95,1	31,7	15,8	7,9	6,60	76,8	25,6	12,8	6,4
6,02	94,8	31,6	15,7	7,9	6,61	76,5	25,5	12,8	6,4
6,03	94,4	31,5	15,7	7,9	6,62	76,2	25,4	12,7	6,4
6,04	94,1	31,4	15,6	7,8	6,63	76,0	25,3	12,7	6,3
6,05	93,7	31,2	15,6	7,8	6,64	75,7	25,2	12,6	6,3
6,06	93,4	31,1	15,5	7,8	6,65	75,4	25,1	12,6	6,3
6,07	93,0	31,0	15,5	7,8	6,66	75,2	25,1	12,5	6,3
6,08	92,7	30,9	15,4	7,7	6,67	74,9	25,0	12,5	6,2
6,09	92,3	30,8	15,4	7,7	6,68	74,7	24,9	12,4	6,2
6,10	92,0	30,7	15,3	7,7	6,69	74,4	24,8	12,4	6,2
6,11	91,7	30,6	15,3	7,6	6,70	74,1	24,7	12,4	6,2
6,12	91,3	30,4	15,2	7,6	6,71	73,9	24,6	12,3	6,2
6,13	91,0	30,3	15,2	7,6	6,72	73,6	24,5	12,3	6,1
6,14	90,6	30,2	15,1	7,6	6,73	73,4	24,5	12,2	6,1

Zahlentafel 35. *Brinellhärten.* 10 mm Kugeldurchmesser (Fortsetzung).

d mm	P_{kg} 3000 kg	1000 kg	500 kg	250 kg	d mm	P_{kg} 3000 kg	1000 kg	500 kg	250 kg
6,73	73,4	24,5	12,2	6,1	6,87	69,9	23,3	11,6	5,8
6,74	73,1	24,4	12,2	6,1	6,88	69,6	23,2	11,6	5,8
6,75	72,8	24,3	12,1	6,1	6,89	69,4	23,1	11,6	5,8
6,76	72,6	24,2	12,1	6,0	6,90	69,2	23,1	11,5	5,8
6,77	72,3	24,1	12,1	6,0	6,91	68,9	23,0	11,5	5,7
6,78	72,1	24,0	12,0	6,0	6,92	68,7	22,9	11,4	5,7
6,79	71,8	23,9	12,0	6,0	6,93	68,4	22,8	11,4	5,7
6,80	71,6	23,9	11,9	6,0	6,94	68,2	22,7	11,4	5,7
6,81	71,3	23,8	11,9	5,9	6,95	68,0	22,7	11,3	5,7
6,82	71,1	23,7	11,8	5,9	6,96	67,7	22,6	11,3	5,6
6,83	70,8	23,6	11,8	5,9	6,97	67,5	22,5	11,3	5,6
6,84	70,6	23,5	11,8	5,9	6,98	67,3	22,4	11,2	5,6
6,85	70,4	23,5	11,7	5,9	6,99	67,0	22,3	11,2	5,6
6,86	70,1	23,4	11,7	5,8	7,00	66,8	22,3	11,1	5,6
6,87	69,9	23,3	11,6	5,8					

Zahlentafel 36. *Brinellhärten — Zugfestigkeiten* (errechnet). 1,25 mm Kugeldurchmesser. $P = 46{,}9$ kg, $d = {}^1/_{100}$ mm. *Kohlenstoffstahl* $\sigma_{zB} = 0{,}36 \cdot HB$.

d	HB	σ_{zB}	d	HB	σ_{zB}	d	HB	σ_{zB}	d	HB	σ_{zB}
30,0	654	235,4	35,6	460	165,6	43,0	312	112,3	57,0	174	62,6
2	645	232,2	8	455	163,8	5	306	110,2	5	170	61,2
4	636	229,0	36,0	450	162,0	44,0	299	107,6	58,0	167	60,1
6	628	226,1	2	445	160,2	5	292	105,1	5	164	59,0
8	620	223,2	4	440	158,4	45,0	285	102,6	59,0	161	58,0
31,0	612	220,3	6	435	156,6	5	278	100,1	5	158	56,9
2	604	217,4	8	430	154,8	46,0	272	97,9	60,0	156	56,2
4	596	214,6	37,0	426	153,4	5	266	95,8	5	153	55,1
6	588	211,7	2	421	151,6	47,0	260	93,6	61,0	150	54,0
8	580	208,8	4	417	150,1	5	254	91,4	5	148	53,3
32,0	573	206,3	6	413	148,7	48,0	249	89,6	62,0	145	52,2
2	565	203,4	8	409	147,2	5	244	87,8	5	143	51,5
4	558	200,9	38,0	405	145,8	49,0	239	86,0	63,0	140	50,4
6	551	198,4	2	400	144,0	5	234	84,2	5	138	49,7
8	544	195,8	4	396	142,6	50,0	229	82,4	64,0	135	48,6
33,0	537	193,3	6	392	141,1	5	224	80,6	5	133	47,9
2	531	191,2	8	388	139,7	51,0	220	79,2	65,0	131	47,2
4	525	189,0	39,0	384	138,2	5	215	77,4	66,0	127	45,7
6	519	186,8	2	379	136,4	52,0	211	76,0	67,0	123	44,3
8	513	184,7	4	375	135,0	5	206	74,2	68,0	119	42,8
34,0	507	182,5	6	371	133,6	53,0	203	73,1	69,0	115	41,4
2	501	180,4	8	367	132,1	5	199	71,6	70,0	111	40,0
4	495	178,2	40,0	363	130,7	54,0	195	70,2	71,0	108	38,9
6	489	176,0	5	354	127,4	5	191	68,8	72,0	105	37,8
8	483	173,9	41,0	345	124,2	55,0	187	67,3	73,0	101	36,4
35,0	477	171,7	5	336	121,0	5	184	66,2			
2	471	169,6	42,0	330	118,8	56,0	180	64,8			
4	465	167,4	5	321	115,6	56,5	177	63,7			

Zahlentafel 37. *Brinellhärten – Zugfestigkeiten* (errechnet). 1,25 mm Kugeldurchmesser. $P = 46{,}9$ kg. $d = {}^1/_{100}$ mm. **Legierte Stähle** $\sigma_{zB} = 0{,}35\,HB$.

d	*HB*	σ_{zB}
30,0	654	228,9
2	645	225,8
4	636	222,6
6	628	219,8
8	620	217,0
31,0	612	214,2
2	604	211,4
4	596	208,6
6	588	205,8
8	580	203,0
32,0	573	200,6
2	565	197,8
4	558	195,3
6	551	192,9
8	544	190,4
33,0	537	188,0
2	531	185,9
4	525	183,8
6	519	181,7
8	513	179,6
34,0	507	177,5
2	501	175,4
4	495	173,3
6	489	171,2
8	483	169,1
35,0	477	167,0
2	471	164,9
4	465	162,8
6	460	161,0
8	455	159,3
36,0	450	157,5
2	445	155,8
4	440	154,0
6	435	152,3
8	430	150,5
37,0	426	149,1
2	421	147,4
4	417	146,0
6	413	144,6
8	409	143,2

d	*HB*	σ_{zB}
38,0	405	141,8
2	400	140,0
4	396	138,6
6	392	137,2
8	388	135,8
39,0	384	134,4
2	379	132,7
4	375	131,3
6	371	129,9
8	367	128,5
40,0	363	127,1
5	354	123,9
41,0	345	120,8
5	336	117,6
42,0	330	115,5
5	321	112,4
43,0	312	109,2
5	306	107,1
44,0	299	104,7
5	292	102,2
45,0	285	99,8
5	278	97,3
46,0	272	95,2
5	266	93,1
47,0	260	91,0
5	254	88,9
48,0	249	87,2
5	244	85,4
49,0	239	83,7
5	234	81,9
50,0	229	80,2
5	224	78,4
51,0	220	77,0
5	215	75,3
52,0	211	73,9
5	206	72,1

d	*HB*	σ_{zB}
53,0	203	71,1
5	199	69,7
54,0	195	68,3
5	191	66,9
55,0	187	65,5
5	184	64,4
56,0	180	63,0
5	177	62,0
57,0	174	60,9
5	170	59,5
58,0	167	58,5
5	164	57,4
59,0	161	56,4
5	158	55,3
60,0	156	54,6
5	153	53,6
61,0	150	52,5
5	148	51,8
62,0	145	50,8
5	143	50,1
63,0	140	49,0
5	138	48,3
64,0	135	47,3
5	133	46,6
65,0	131	45,9
66,0	127	44,5
67,0	123	43,1
68,0	119	41,7
69,0	115	40,3
70,0	111	38,9
71,0	108	37,8
72,0	105	36,8
73,0	101	35,4

Zahlentafel 38. *Brinellhärten – Zugfestigkeiten* (errechnet). 2,5 mm Kugeldurchmesser. $P = 187{,}5$ kg.

Kohlenstoffstahl $\sigma_{zB} = 0{,}36\, HB$

d mm	HB	σ_{zB}	d mm	HB	σ_{zB}
0,60	653,0	235,1	1,02	219,0	78,8
61	632,0	227,5	03	215,0	77,4
62	611,0	220,0	04	211,0	76,0
63	592,0	213,0			
64	573,0	206,3	1,05	207,0	74,5
			06	202,0	72,7
0,65	555,0	199,8	07	198,0	71,3
66	538,0	193,7	08	195,0	70,2
67	522,0	187,9	09	191,0	68,8
68	507,0	182,5			
69	492,0	177,1	1,10	187,0	67,3
			11	184,0	66,2
0,70	477,0	171,7	12	180,0	64,8
71	464,0	167,0	13	177,0	63,7
72	451,0	162,4	14	174,0	62,6
73	438,0	157,7			
74	426,0	153,4	1,15	170,0	61,2
			16	167,0	60,1
0,75	415,0	149,4	17	164,0	59,0
76	404,0	145,4	18	161,0	58,0
77	393,0	141,5	19	158,0	56,9
78	383,0	137,9			
79	373,0	134,3	1,20	156,0	56,2
			21	153,0	55,1
0,80	363,0	130,7	22	150,0	54,0
81	354,0	127,4	23	148,0	53,3
82	345,0	124,2	24	145,0	52,2
83	337,0	121,3			
84	329,0	118,4	1,25	143,0	51,5
			26	140,0	50,4
0,85	321,0	115,6	27	138,0	49,7
86	313,0	112,7	28	135,0	48,6
87	306,0	110,2	29	133,0	47,9
88	298,0	107,3			
89	292,0	105,1	1,30	131,0	47,2
			31	129,0	46,4
0,90	285,0	102,6	32	127,0	45,7
91	278,0	100,1	33	125,0	45,0
92	272,0	97,9	34	123,0	44,3
93	266,0	95,8			
94	260,0	93,6	1,35	121,0	43,6
			36	119,0	42,8
0,95	255,0	91,8	37	117,0	42,1
96	249,0	89,6	38	115,0	41,4
97	244,0	87,8	39	113,0	40,7
98	239,0	86,0			
99	234,0	84,2	1,40	111,0	40,0
			41	110,0	39,6
1,00	229,0	82,4	42	108,0	38,9
01	224,0	80,6	43	106,0	38,2

Zahlentafel 39. *Brinellhärten – Zugfestigkeiten* (errechnet).
2,5 mm Kugeldurchmesser. $P = 187{,}5$ kg.

Legierte Stähle $\sigma_{zB} = 0{,}35\ H^B$

d mm	HB	σ_{zB}	d mm	HB	σ_{zB}
0,60	653,0	228,6	0,99	234,0	81,9
61	632,0	221,2			
62	611,0	213,9	1,00	229,0	80,2
63	592,0	207,2	01	224,0	78,4
64	573,0	200,6	02	219,0	76,7
			03	215,0	75,3
0,65	555,0	194,3	04	211,0	73,9
66	538,0	188,3			
67	522,0	182,7	1,05	207,0	72,5
68	507,0	177,5	06	202,0	70,7
69	492,0	172,2	07	198,0	69,3
			08	195,0	68,3
0,70	477,0	167,0	09	191,0	66,9
71	464,0	162,4			
72	451,0	157,9	1,10	187,0	65,5
73	438,0	153,3	11	184,0	64,4
74	426,0	149,1	12	180,0	63,0
			13	177,0	62,0
0,75	415,0	145,3	14	174,0	60,9
76	404,0	141,4			
77	393,0	137,6	1,15	170,0	59,5
78	383,0	134,1	16	167,0	58,5
79	373,0	130,6	17	164,0	57,4
			18	161,0	56,4
0,80	363,0	127,1	19	158,0	55,3
81	354,0	123,9			
82	345,0	120,8	1,20	156,0	54,6
83	337,0	118,0	21	153,0	53,6
84	329,0	115,2	22	150,0	52,5
			23	148,0	51,8
0,85	321,0	112,4	24	145,0	50,8
86	313,0	109,6			
87	306,0	107,1			
88	298,0	104,3	1,25	143,0	50,1
89	292,0	102,2	26	140,0	49,0
			27	138,0	48,3
0,90	285,0	99,8	28	135,0	47,3
91	278,0	97,3	29	133,0	46,6
92	272,0	95,2			
93	266,0	93,1	1,30	131,0	45,9
94	260,0	91,0	31	129,0	45,2
			32	127,0	44,5
0,95	255,0	89,3	33	125,0	43,8
96	249,0	87,2	34	123,0	43,1
97	244,0	85,4			
98	239,0	83,7	1,35	121,0	42,4

Zahlentafel 40. *Brinellhärten – Zugfestigkeiten* (errechnet).
5 mm Kugeldurchmesser. $P = 750$ kg.

Kohlenstoffstahl $\sigma_{zB} = 0{,}36\ HB$. *Legierte Stähle* $\sigma_{zB} = 0{,}35\ HB$.

d mm	HB	σ_{zB}	d mm	HB	σ_{zB}
1,00	945,0	340,2	1,00	945,0	330,8
05	856,0	308,2	05	856,0	299,6
10	780,0	280,8	10	780,0	273,0
15	712,0	256,3	15	712,0	249,2
20	653,0	235,1	20	653,0	228,6
25	601,0	216,4	25	601,0	210,4
30	555,0	199,8	30	555,0	194,3
35	514,0	185,0	35	514,0	179,9
40	477,0	171,7	40	477,0	167,0
45	444,0	159,8	45	444,0	155,4
1,50	415,0	149,4	1,50	415,0	145,3
55	388,0	139,7	55	388,0	135,8
60	363,0	130,7	60	363,0	127,1
65	341,0	122,8	65	341,0	119,4
70	321,0	115,6	70	321,0	112,4
75	302,0	108,7	75	302,0	105,7
80	285,0	102,6	80	285,0	99,8
85	269,0	96,8	85	269,0	94,2
90	255,0	91,8	90	255,0	89,3
95	241,0	86,8	95	241,0	84,4
2,00	229,0	82,4	2,00	229,0	80,2
05	217,0	78,1	05	217,0	76,0
10	207,0	74,5	10	207,0	72,5
15	197,0	70,9	15	197,0	69,0
20	187,0	67,3	20	187,0	65,5
25	179,0	64,4	25	179,0	62,7
30	170,0	61,2	30	170,0	59,5
35	163,0	58,7	35	163,0	57,1
40	156,0	56,2	40	156,0	54,6
45	149,0	53,6	45	149,0	52,2
2,50	143,0	51,5	2,50	143,0	50,1
55	137,0	49,3	55	137,0	48,0
60	131,0	47,2	60	131,0	45,9
65	126,0	45,4	65	126,0	44,1
70	121,0	43,6	70	121,0	42,4
75	116,0	41,8	75	116,0	40,6
80	111,0	40,0	80	111,0	38,9
85	107,0	38,5	85	107,0	37,5
90	103,0	37,1	90	103,0	36,1
95	99,2	35,7	95	99,2	34,7
3,00	95,5	34,4	3,00	95,5	33,4
05	92,0	33,1	05	92,0	32,2
10	88,7	31,9	10	88,7	31,0
15	85,5	30,8	15	85,5	29,9
20	82,5	29,7	20	82,5	28,9
25	79,6	28,7	25	79,6	27,9
30	76,8	27,6	30	76,8	26,9
35	74,1	26,7	35	74,1	25,9
40	71,6	25,8	40	71,6	25,1
45	69,2	24,9	45	69,2	24,2
3,50	66,8	24,0	3,50	66,8	23,4

Zahlentafel 41. *Brinellhärten – Zugfestigkeiten* (errechnet).
10 mm Kugeldurchmesser. $P = 3000$ kg.

Kohlenstoffstahl $\sigma_{zB} = 0{,}36\ H$.

d mm	HB	σ_{zB}
1,80		
85		
90		
95		
2,00		
05		
10		
15		
20		
25		
30		
35		
40		
45		
2,50	601,0	216,4
55	578,0	208,1
60	555,0	199,8
65	534,0	192,2
70	514,0	185,0
75	495,0	178,2
80	477,0	171,7
85	461,0	166,0
90	444,0	159,8
95	429,0	154,4
3,00	415,0	149,4
05	401,0	144,4
10	388,0	139,7
15	375,0	135,0
20	363,0	130,7
25	352,0	126,7
30	341,0	122,8
35	331,0	119,2
40	321,0	115,6
45	311,0	112,0
3,50	302,0	108,7
55	293,0	105,5
60	285,0	102,6
65	277,0	99,7
70	269,0	96,8
75	262,0	94,3
80	255,0	91,8
85	248,0	89,3
90	241,0	86,8
95	235,0	84,6

d mm	HB	σ_{zB}
4,00	229,0	82,4
05	223,0	80,3
10	217,0	78,1
15	212,0	76,3
20	207,0	74,5
25	201,0	72,4
30	197,0	70,9
35	192,0	69,1
40	187,0	67,3
45	183,0	65,9
4,50	179,0	64,4
55	174,0	62,6
60	170,0	61,2
65	167,0	60,1
70	163,0	58,7
75	159,0	57,2
80	156,0	56,2
85	152,0	54,7
90	149,0	53,6
95	146,0	52,6
5,00	143,0	51,5
05	140,0	50,4
10	137,0	49,3
15	134,0	48,2
20	131,0	47,2
25	128,0	46,1
30	126,0	45,4
35	123,0	44,3
40	121,0	43,6
45	118,0	42,5
5,50	116,0	41,8
55	114,0	41,0
60	111,0	40,0
65	109,0	39,2
70	107,0	38,5
75	105,0	37,8
80	103,0	37,1
85	101,0	36,4
90	99,2	35,7
95	97,3	35,0
6,00	95,5	34,4
05	93,7	33,7
10	92,0	33,1

Zahlentafel 42. *Brinellhärten – Zugfestigkeiten* (errechnet).
10 mm Kugeldurchmesser. $P = 3000$ kg.

Legierte Stähle $\sigma_{zB} = 0{,}35\,H$.

d mm	HB	σ_{zB}
1,80		
85		
90		
95		
2,00		
05		
10		
15		
20		
25		
30	712,0	249,2
35	682,0	238,7
40	653,0	228,6
45	627,0	219,5
2,50	601,0	210,4
55	578,0	202,3
60	555,0	194,3
65	534,0	186,9
70	514,0	179,9
75	495,0	173,3
80	477,0	167,0
85	461,0	161,4
90	444,0	155,4
95	429,0	150,2
3,00	415,0	145,3
05	401,0	140,4
10	388,0	135,8
15	375,0	131,3
20	363,0	127,1
25	352,0	123,2
30	341,0	119,4
35	331,0	115,9
40	321,4	112,4
45	311,0	108,9
3,50	302,0	105,7
55	293,0	102,6
60	285,0	99,8
65	277,0	97,0
70	269,0	94,2
75	262,0	91,7
80	255,0	89,3
85	248,0	86,8
90	241,0	84,4
95	235,0	82,3
4,00	229,0	80,2
05	223,0	78,1
10	217,0	76,0
15	212,0	74,2
20	207,0	72,5
25	201,0	70,4
30	197,0	69,0
35	192,0	67,2
40	187,0	65,5
45	183,0	64,1
4,50	179,0	62,7
55	174,0	60,9
60	170,0	59,5
65	167,0	58,5
70	163,0	57,1
75	159,0	55,7
80	156,0	54,6
85	152,0	53,2
90	149,0	52,2
95	146,0	51,1
5,00	143,0	50,1
05	140,0	49,0
10	137,0	48,0
15	134,0	46,9
20	131,0	45,9
25	128,0	44,8
30	126,0	44,1
35	123,0	43,1
40	121,0	42,4
45	118,0	41,3
5,50	116,0	40,6
55	114,0	39,9
60	111,0	38,9
65	109,0	38,2
70	107,0	37,5
75	105,0	36,8
80	103,0	36,1
85	101,0	35,4
90	99,2	34,7
95	97,3	34,1
6,00	95,5	33,4
05	93,7	32,8
10	92,0	32,2

Zahlentafel 43. *Mindestdicken der Prüfstücke für die Vickersprobe.*

HV_{kg/mm^2}	Mindestdicke a_{min} mm										
200	0,10	0,14	0,19	0,24	0,31	0,43	0,62	0,75	1,00	1,40	1,50
300	0,08	0,12	0,16	0,19	0,25	0,36	0,50	0,62	0,80	1,20	1,30
400	0,07	0,10	0,14	0,17	0,22	0,31	0,43	0,53	0,69	1,00	1,10
600	0,06	0,08	0,12	0,14	0,18	0,25	0,36	0,44	0,56	0,80	0,87
800	0,05	0,07	0,10	0,12	0,15	0,22	0,31	0,38	0,49	0,69	0,75
1000	0,04	0,06	0,09	0,11	0,14	0,19	0,28	0,34	0,44	0,62	0,67
P kg	0,5	1	2	3	5	10	20	30	50	100	120

Zahlentafel 44. *Vickershärten. d* in mm, $P = 0{,}4$ kg.

d	*HV*	*d*	*HV*	*d*	*HV*	*d*	*HV*	*d*	*HV*	*d*	*HV*
		0,050	297	0,080	116	0,110	61,3	0,140	37,8	0,170	25,7
		51	285	81	113	11	60,2	41	37,3	71	25,5
		52	274	82	110	12	59,1	42	36,8	72	25,1
0,023	1402	53	264	83	108	13	58,1	43	36,3	73	24,8
24	1288	54	254	84	105	14	57,1	44	35,8	74	24,5
0,025	1187	0,055	245	0,085	103	0,115	56,1	0,145	35,3	0,175	24,2
26	1097	56	237	86	100	16	55,1	46	34,8	76	23,9
27	1018	57	228	87	98,0	17	54,2	47	34,3	77	23,7
28	946	58	220	88	95,8	18	53,3	48	33,9	78	23,4
29	882	59	213	89	93,6	19	52,4	49	33,4	79	23,2
0,030	824	0,060	206	0,090	91,6	0,120	51,5	0,150	33,0	0,180	22,9
31	772	61	199	91	89,6	21	50,7	51	32,5	81	22,6
32	724	62	193	92	87,6	22	49,8	52	32,1	82	22,4
33	681	63	187	93	85,8	23	49,0	53	31,7	83	22,1
34	642	64	181	94	83,9	24	48,2	54	31,3	84	21,9
0,035	606	0,065	176	0,095	82,2	0,125	47,5	0,155	30,9	0,185	21,7
36	572	66	170	96	80,5	26	46,7	56	30,5	86	21,4
37	542	67	165	97	78,8	27	46,0	57	30,1	87	21,2
38	514	68	160	98	77,2	28	45,3	58	29,7	88	21,0
39	488	69	156	99	75,7	29	44,6	59	29,3	89	20,8
0,040	464	0,070	151	0,100	74,2	0,130	43,9	0,160	29,0	0,190	20,5
41	441	71	147	01	72,7	31	43,2	61	28,6	91	20,3
42	420	72	143	02	71,3	32	42,6	26	28,3	92	20,1
43	401	73	139	03	69,9	33	41,9	63	27,9	93	19,9
44	383	74	135	04	68,6	34	41,3	64	27,5	94	19,7
0,045	366	0,075	132	0,105	67,3	0,135	40,7	0,165	27,2	0,195	19,5
46	351	76	128	06	66,0	36	40,1	66	26,9	96	19,3
47	336	77	125	07	64,9	37	39,5	67	26,6	97	19,1
48	322	78	122	08	63,6	38	38,9	68	26,3	98	18,9
49	309	79	119	09	62,4	39	38,4	69	26,0	99	18,7
0,050	297	0,080	116	0,110	61,3	0,140	37,8	0,170	25,7	0,200	18,5

Zahlentafel 45. *Vickershärten.* d in mm, P = 0,450 kg.

d	*HV*	*d*	*HV*	*d*	*HV*	*d*	*HV*
		0,071	166	0,121	57,0	0,171	28,5
		72	161	22	56,0	72	28,2
		73	157	23	55,1	73	27,9
		74	152	24	54,3	74	27,6
0,025	1335	75	148	25	53,4	75	27,2
0,026	1234	0,076	144	0,126	52,6	0,176	26,9
27	1147	77	141	27	51,7	77	26,6
28	1064	78	137	28	50,9	78	26,3
29	992	79	134	29	50,1	79	26,0
30	927	80	130	30	49,4	80	25,8
0,031	868	0,081	127	0,131	48,6	0,181	25,5
32	815	82	124	32	47,9	82	25,2
33	766	83	121	33	47,2	83	24,9
34	722	84	118	34	46,5	84	24,6
35	681	85	115	35	45,8	85	24,4
0,036	644	0,086	113	0,136	45,1	0,186	24,1
37	610	87	110	37	44,5	87	23,9
38	578	88	108	38	43,8	88	23,6
39	549	89	105	39	43,2	89	23,4
40	522	90	103	40	42,6	90	23,1
0,041	496	0,091	101	0,141	42,0	0,191	22,9
42	473	92	98,6	42	41,4	92	22,6
43	451	93	96,5	43	40,8	93	22,4
44	431	94	94,4	44	40,2	94	22,2
45	412	95	92,5	45	39,7	95	21,9
0,046	394	0,096	90,5	0,146	39,1	0,196	21,7
47	378	97	88,7	47	38,6	97	21,5
48	362	98	86,9	48	38,1	98	21,3
49	348	99	85,1	49	37,6	99	21,1
50	334	100	83,4	50	37,1	200	20,9
0,051	321	0,101	81,8	0,151	36,6	0,201	20,7
52	309	2	80,2	52	36,1	2	20,5
53	297	3	78,7	53	35,6	3	20,2
54	286	4	77,2	54	35,2	4	20,1
55	276	5	75,7	55	34,7	5	19,9
0,056	266	0,106	74,3	0,156	34,3	0,206	19,7
57	257	7	72,9	57	33,9	7	19,5
58	248	8	71,5	58	33,4	8	19,3
59	240	9	70,2	59	33,0	9	19,1
60	232	10	69,0	60	32,6	10	18,9
0,061	224	0,111	67,7	0,161	32,2	0,211	18,7
62	217	12	66,5	62	31,8		
63	210	13	65,4	63	31,4		
64	204	14	64,2	64	31,0		
65	198	15	63,1	65	30,7		
0,066	192	0,116	62,0	0,166	30,3		
67	186	17	61,0	67	29,9		
68	180	18	59,9	68	29,6		
69	175	19	58,9	69	29,2		
70	170	20	57,9	70	28,9		
0,071	166	0,121	57,0	0,171	28,5		

Zahlentafeln 46. *Vickershärten. d in mm,* $P = 0{,}5$ kg.

d	*HV*	*d*	*HV*	*d*	*HV*	*d*	*HV*
		0,075	165	0,125	59,3	0,175	30,3
		76	161	26	58,4	76	29,9
		77	156	27	57,5	77	29,6
0,028	1183	78	152	28	56,6	78	29,3
29	1102	79	149	29	55,7	79	28,9
0,030	1030	0,080	145	0,130	54,9	0,180	28,6
31	965	81	141	31	54,0	81	28,3
32	905	82	138	32	53,2	82	28,0
33	851	83	135	33	52,4	83	27,7
34	802	84	131	34	51,6	84	27,4
0,035	757	0,085	128	0,135	50,9	0,185	27,1
36	715	86	125	36	50,1	86	26,8
37	677	87	122	37	49,4	87	26,5
38	642	88	120	38	48,7	88	26,2
39	610	89	117	39	48,0	89	26,0
0,040	579	0,090	114	0,140	47,3	0,190	25,7
41	552	91	112	41	46,6	91	25,4
42	526	92	110	42	46,0	92	25,2
43	501	93	107	43	45,3	93	24,9
44	479	94	105	44	44,7	94	24,6
0,045	458	0,095	103	0,145	44,1	0,195	24,4
46	438	96	101	46	43,5	96	24,1
47	420	97	98,5	47	42,9	97	23,9
48	402	98	96,5	48	42,3	98	23,7
49	386	99	94,6	49	41,8	99	23,4
0,050	371	0,100	92,7	0,150	41,2	0,200	23,2
51	356	1	90,0	51	40,7	1	22,9
52	343	2	89,1	52	40,1	2	22,7
53	330	3	87,4	53	39,6	3	22,5
54	318	4	85,7	54	39,1	4	22,3
0,055	307	0,105	84,1	0,155	38,6	0,205	22,1
56	296	6	82,5	56	38,1	6	21,8
57	285	7	81,0	57	37,6	7	21,6
58	276	8	79,5	58	37,1	8	21,4
59	266	9	78,0	59	36,7	9	21,2
0,060	258	0,110	76,6	0,160	36,2	0,210	21,0
61	249	11	75,3	61	35,8	11	20,8
62	241	12	73,9	62	35,3	12	20,6
63	234	13	72,6	63	34,9	13	20,4
0,064	226	14	71,3	64	34,5	14	20,2
65	219	0,115	70,1	0,165	34,1	0,215	20,1
66	213	16	68,9	66	33,6		
67	207	17	67,7	67	33,2		
68	201	18	66,6	68	32,9		
69	195	19	65,5	69	32,5		
0,070	189	0,120	64,4	0,170	32,1		
71	184	21	63,3	71	31,7		
72	179	22	62,3	72	31,3		
73	174	23	61,3	73	31,0		
74	169	24	60,3	74	30,6		
0,075	165	0,125	59,3	0,175	30,3		

Zahlentafel 47. *Vickershärten.* d in $^1/_{100}$ mm, P = 10 kg.

d	*HV*	*d*	*HV*	*d*	*HV*	*d*	*HV*
13,1	1081	19,2	503	27,2	251	46	87,6
13,2	1064	19,4	493	27,4	247	47	83,9
13,3	1048	19,6	483	27,6	243	48	80,5
13,4	1033	19,8	473	27,8	240	49	77,2
13,5	1018	20,0	464	28,0	237	50	74,2
13,6	1003	20,2	455	28,2	233	51	71,3
13,7	988	20,4	446	28,4	230	52	68,6
13,8	974	20,6	437	28,6	227	53	66,0
13,9	960	20,8	429	28,8	224	54	63,6
14,0	946	21,0	421	29,0	221	55	61,3
14,1	933	21,2	413	29,2	218	56	59,1
14,2	920	21,4	405	29,4	215	57	57,1
14,3	907	21,6	398	29,6	212	58	55,1
14,4	894	21,8	390	29,8	209	59	53,3
14,5	882	22,0	383	30,0	206	60	51,5
14,6	870	22,2	376	30,5	199	61	49,8
14,7	858	22,4	370	31,0	193	62	48,2
14,8	847	22,6	363	31,5	187	63	46,7
14,9	835	22,8	357	32,0	181	64	45,3
15,0	824	23,0	351	32,5	176	65	43,9
15,2	803	23,2	345	33,0	170	66	42,6
15,4	782	23,4	339	33,5	165	67	41,3
15,6	762	23,6	333	34,0	160	68	40,1
15,8	743	23,8	327	34,5	156	69	38,9
16,0	724	24,0	322	35,0	151	70	37,8
16,2	707	24,2	317	35,5	147	71	36,8
16,4	690	24,4	312	36,0	143	72	35,8
16,6	673	24,6	306	36,5	139	73	34,8
16,8	657	24,8	302	37,0	135	74	33,9
17,0	642	25,0	297	37,5	132	75	33,0
17,2	627	25,2	292	38,0	128	76	32,1
17,4	613	25,4	287	38,5	125	77	31,3
17,6	599	25,6	283	39,0	122	78	30,5
17,8	585	25,8	279	39,5	119	79	29,7
18,0	572	26,0	274	40,0	116	80	29,0
18,2	560	26,2	270	41	110	81	28,3
18,4	548	26,4	266	42	105	82	27,6
18,6	536	26,6	262	43	100	83	26,9
18,8	525	26,8	258	44	95,7	84	26,3
19,0	514	27,0	254	45	91,6	85	25,7

Zahlentafel 48. *Vickershärten.* d in $^1/_{100}$ mm, P = 20 kg.

d	HV	d	HV	d	HV	d	HV
18,6	1072	22,6	726	28,2	466	56	118
18,7	1062	22,7	720	28,4	460	57	114
18,8	1049	22,8	713	28,6	453	58	110
18,9	1038	22,9	707	28,8	447	59	107
19,0	1028	23,0	701	29,0	441	60	103
19,1	1016	23,1	695	29,2	435	61	99,7
19,2	1005	23,2	689	29,4	429	62	96,5
19,3	994	23,3	683	29,6	423	63	93,4
19,4	984	23,4	677	29,8	418	64	90,5
19,5	974	23,5	671	30,0	412	65	87,8
19,6	964	23,6	666	30,5	399	66	85,1
19,7	954	23,7	660	31,0	386	67	82,6
19,8	945	23,8	655	31,5	374	68	80,2
19,9	936	23,9	649	32,0	362	69	77,9
20,0	928	24,0	644	32,5	351	70	75,7
20,1	918	24,1	638	33,0	340	71	73,6
20,2	908	24,2	633	33,5	330	72	71,5
20,3	900	24,3	628	34,0	321	73	69,6
20,4	891	24,4	623	34,5	312	74	67,7
20,5	882	24,5	618	35,0	303	75	65,9
20,6	874	24,6	613	36	286	76	64,2
20,7	865	24,7	608	37	271	77	62,5
20,8	857	24,8	603	38	257	78	60,9
20,9	849	24,9	598	39	244	79	59,4
21,0	841	25,0	593	40	232	80	57,9
21,1	833	25,2	584	41	220	81	56,5
21,2	825	25,4	575	42	210	82	55,1
21,3	817	25,6	566	43	201	83	53,8
21,4	810	25,8	557	44	192	84	52,6
21,5	802	26,0	549	45	183	85	51,3
21,6	795	26,2	540	46	176	86	50,1
21,7	787	26,4	532	47	168	87	49,0
21,8	780	26,6	524	48	161	88	47,9
21,9	773	26,8	516	49	154	89	46,8
22,0	766	27,0	509	50	148	90	45,8
22,1	759	27,2	501	51	143	91	44,8
22,2	752	27,4	494	52	137	92	43,8
22,3	746	27,6	487	53	132	93	42,9
22,4	739	27,8	480	54	127	94	42,0
22,5	732	28,0	473	55	123	95	41,2

Zahlentafel 49. *Vickershärten.* d in $^1/_{100}$ mm, $P = 30$ kg.

d	HV	d	HV	d	HV	d	HV
		30,2	610	38,2	381	56	178
22,4	1108	30,4	602	38,4	377	57	171
22,6	1089	30,6	594	38,6	373	58	165
22,8	1070	30,8	586	38,8	370	59	160
23,0	1052	31,0	579	39,0	366	60	155
23,2	1033	31,2	571	39,2	362	61	150
23,4	1016	31,4	564	39,4	358	62	145
23,6	998	31,6	557	39,6	355	63	140
23,8	982	31,8	550	39,8	351	64	136
24,0	966	32,0	543	40,0	348	65	132
24,2	950	32,2	536	40,5	339	66	128
24,4	934	32,4	530	41,0	330	67	124
24,6	919	32,6	523	41,5	322	68	120
24,8	904	32,8	517	42,0	315	69	117
25,0	890	33,0	510	42,5	308	70	114
25,2	876	33,2	504	43,0	301	71	110
25,4	862	33,4	498	43,5	294	72	107
25,6	849	33,6	493	44,0	287	73	104
25,8	830	33,8	487	44,5	280	74	102
26,0	822	34,0	482	45,0	274	75	98,9
26,2	810	34,2	475	45,5	268	76	96,3
26,4	798	34,4	470	46,0	262	77	93,8
26,6	786	34,6	465	46,5	256	78	91,4
26,8	774	34,8	459	47,0	251	79	89,1
27,0	763	35,0	454	47,5	246	80	86,9
27,2	752	35,2	449	48,0	241	81	84,8
27,4	741	35,4	444	48,5	236	82	82,7
27,6	730	35,6	439	49,0	231	83	80,7
27,8	720	35,8	434	49,5	226	84	78,8
28,0	709	36,0	429	50,0	222	85	77,0
28,2	699	36,2	425	50,5	218	86	75,2
28,4	690	36,4	420	51,0	214	87	73,5
28,6	680	36,6	415	51,5	210	88	71,8
28,8	670	36,8	411	52,0	206	89	70,2
29,0	661	37,0	407	52,5	202	90	68,7
29,2	652	37,2	402	53,0	198	91	67,2
29,4	643	37,4	398	53,5	194	92	65,7
29,6	635	37,6	393	54,0	191	93	64,3
29,8	626	37,8	389	54,5	188	94	62,9
30,0	618	38,0	385	55,0	185	95	61,6

Zahlentafel 50. *Vickershärten.* d in $^1/_{100}$ mm, P = 31,25 kg.

d	*HV*	*d*	*HV*	*d*	*HV*	*d*	*HV*	*d*	*HV*
		45,5	280	70,5	117	95,5	63,5	120,5	39,9
		46,0	274	71,0	115	96,0	62,9	121,0	39,6
		46,5	268	71,5	113	96,5	62,2	121,5	39,3
22,0	1197	47,0	262	72,0	112	97,0	61,6	122,0	38,9
22,5	1145	47,5	257	72,5	110	97,5	61,0	122,5	38,6
23,0	1095	48,0	252	73,0	109	98,0	60,3	123,0	38,3
23,5	1049	48,5	246	73,5	107	98,5	59,7	123,5	38,0
24,0	1006	49,0	241	74,0	106	99,0	59,1	124,0	37,7
24,5	965	49,5	237	74,5	104	99,5	58,5	124,5	37,4
25,0	927	50,0	232	75,0	103	100,0	57,9	125,0	37,1
25,5	891	50,5	227	75,5	102	100,5	57,4	125,5	36,8
26,0	857	51,0	223	76,0	100	101,0	56,8	126,0	36,5
26,5	825	51,5	218	76,5	99,0	101,5	56,2	126,5	36,2
27,0	795	52,0	214	77,0	97,7	102,0	55,7	127,0	35,9
27,5	766	52,5	210	77,5	96,5	102,5	55,2	127,5	35,6
28,0	739	53,0	206	78,0	95,2	103,0	54,6	128,0	35,4
28,5	713	53,5	202	78,5	94,0	103,5	54,1	128,5	35,1
29,0	689	54,0	199	79,0	92,9	104,0	53,6	129,0	34,8
29,5	666	54,5	195	79,5	91,7	104,5	53,1	129,5	34,6
30,0	644	55,0	192	80,0	90,5	105,0	52,6	130,0	34,3
30,5	623	55,5	188	80,5	89,4	105,5	52,1	130,5	34,0
31,0	603	56,0	185	81,0	88,3	106,0	51,6	131,0	33,8
31,5	584	56,5	182	81,5	87,2	106,5	51,1	131,5	33,5
32,0	566	57,0	178	82,0	86,2	107,0	50,6	132,0	33,3
32,5	549	57,5	175	82,5	85,1	107,5	50,1	132,5	33,0
33,0	532	58,0	172	83,0	84,1	108,0	49,7	133,0	32,8
33,5	516	58,5	169	83,5	83,1	108,5	49,2	133,5	32,5
34,0	501	59,0	166	84,0	82,1	109,0	48,8	134,0	32,3
34,5	487	59,5	164	84,5	81,2	109,5	48,3	134,5	32,0
35,0	473	60,0	161	85,0	80,2	110,0	47,9	135,0	31,8
35,5	460	60,5	158	85,5	79,3	110,5	47,5	135,5	31,6
36,0	447	61,0	156	86,0	78,4	111,0	47,0	136,0	31,3
36,5	435	61,5	153	86,5	77,4	111,5	46,6	136,5	31,1
37,0	423	62,0	151	87,0	76,6	112,0	46,2	137,0	30,9
37,5	412	62,5	148	87,5	75,7	112,5	45,8	137,5	30,7
38,0	401	63,0	146	88,0	74,8	113,0	45,4	138,0	30,4
38,5	391	63,5	144	88,5	74,0	113,5	45,0	138,5	30,2
39,0	381	64,0	141	89,0	73,2	114,0	44,6	139,0	30,0
39,5	371	64,5	139	89,5	72,3	114,5	44,2		
40,0	362	65,0	137	90,0	71,5	115,0	43,8		
40,5	353	65,5	135	90,5	70,8	115,5	43,4		
41,0	345	66,0	133	91,0	70,0	116,0	43,1		
41,5	336	66,5	131	91,5	69,2	116,5	42,7		
42,0	329	67,0	129	92,0	68,5	117,0	42,3		
42,5	321	67,5	127	92,5	67,7	117,5	42,0		
43,0	313	68,0	125	93,0	67,0	118,0	41,6		
43,5	306	68,5	124	93,5	66,3	118,5	41,3		
44,0	299	69,0	122	94,0	65,6	119,0	40,9		
44,5	293	69,5	120	94,5	64,9	119,5	40,6		
45,0	286	70,0	118	95,0	64,2	120,0	40,2		
45,5	280	70,5	117	95,5	63,5	120,5	39,9		

Zahlentafel 51. *Vickershärten.* d in $^1/_{100}$ mm, $P = 40$ kg.

d	HV	d	HV	d	HV	d	HV
26,2	1080	34,2	634	45,5	359	71	147
26,4	1064	34,4	627	46,0	352	72	143
26,6	1048	34,6	620	46,5	344	73	139
26,8	1033	34,8	613	47,0	336	74	135
27,0	1017	35,0	606	47,5	329	75	132
27,2	1002	35,2	599	48,0	322	76	128
27,4	998	35,4	592	48,5	315	77	125
27,6	974	35,6	585	49,0	309	78	122
27,8	960	35,8	578	49,5	303	79	119
28,0	946	36,0	572	50,0	297	80	116
28,2	933	36,2	566	50,5	291	81	113
28,4	919	36,4	560	51,0	285	82	110
28,6	907	36,6	554	51,5	280	83	108
28,8	894	36,8	548	52,0	274	84	105
29,0	882	37,0	542	52,5	269	85	103
29,2	870	37,2	536	53,0	264	86	100
29,4	858	37,4	530	53,5	259	87	98,0
29,6	846	37,6	524	54,0	254	88	95,8
29,8	835	37,8	519	54,5	250	89	93,6
30,0	824	38,0	514	55,0	246	90	91,0
30,2	813	38,2	508	55,5	241	91	89,6
30,4	802	38,4	503	56,0	236	92	87,6
30,6	792	38,6	498	56,5	232	93	85,7
30,8	782	38,8	493	57,0	228	94	83,9
31,0	772	39,0	488	57,5	224	95	82,1
31,2	762	39,2	483	58,0	220	96	80,5
31,4	752	39,4	478	58,5	217	97	78,8
31,6	743	39,6	473	59,0	213	98	77,2
31,8	734	39,8	468	59,5	209	99	75,7
32,0	724	40,0	464	60,0	206	100	74,2
32,2	715	40,5	452	61	199	101	72,7
32,4	706	41,0	440	62	193	102	71,3
32,6	698	41,5	430	63	187	103	69,9
32,8	689	42,0	420	64	181	104	68,6
33,0	681	42,5	411	65	176	105	67,3
33,2	673	43,0	402	66	170	106	66,0
33,4	665	43,5	393	67	165	107	64,8
33,6	657	44,0	384	68	160	108	63,6
33,8	649	44,5	375	69	156	109	62,4
34,0	642	45,0	366	70	151	110	61,3

Zahlentafel 52. *Vickershärten*. d in $^1/_{100}$ mm, $P = 50$ kg.

d	*HV*	*d*	*HV*	*d*	*HV*	*d*	*HV*	*d*	*HV*
29,0	1102,5	34,9	761,2	40,8	557,0	46,7	425,1	52,6	335,0
29,1	1094,9	35,0	756,9	40,9	554,3	46,8	423,3	52,7	333,8
29,2	1085,7	35,1	752,6	41,0	551,6	46,9	421,5	52,8	332,6
29,3	1080,0	35,2	748,3	41,1	548,9	47,0	419,7	52,9	331,3
29,4	1072,7	35,3	744,1	41,2	546,2	47,1	418,0	53,0	330,1
29,5	1065,4	35,4	739,9	41,3	543,6	47,2	416,2	53,1	328,8
29,6	1058,0	35,5	735,7	41,4	541,0	47,3	414,4	53,2	327,6
29,7	1051,1	35,6	731,6	41,5	538,4	47,4	412,7	53,3	326,4
29,8	1044,1	35,7	727,5	41,6	535,8	47,5	410,9	53,4	325,2
29,9	1037,1	35,8	723,4	41,7	533,2	47,6	409,2	53,5	323,9
30,0	1030,2	35,9	719,4	41,8	530,5	47,7	407,5	53,6	322,7
30,1	1023,4	36,0	715,4	41,9	528,1	47,8	405,8	53,7	321,5
30,2	1016,6	36,1	711,5	42,0	525,6	47,9	404,1	53,8	320,3
30,3	1009,9	36,2	707,5	42,1	523,1	48,0	402,5	53,9	319,2
30,4	1003,3	36,3	703,6	42,2	520,7	48,1	400,8	54,0	318,0
30,5	996,7	36,4	699,8	42,3	518,2	48,2	399,1	54,1	316,8
30,6	990,2	36,5	695,9	42,4	515,8	48,3	397,4	54,2	315,6
30,7	983,8	36,6	692,2	42,5	513,3	48,4	395,8	54,3	314,5
30,8	977,4	36,7	688,4	42,6	510,9	48,5	394,2	54,4	313,3
30,9	971,1	36,8	684,7	42,7	508,5	48,6	392,6	54,5	312,2
31,0	964,8	36,9	681,0	42,8	506,2	48,7	390,9	54,6	311,0
31,1	958,6	37,0	677,3	42,9	503,8	48,8	389,3	54,7	309,9
31,2	952,5	37,1	673,6	43,0	501,5	48,9	387,8	54,8	308,8
31,3	946,4	37,2	670,0	43,1	499,1	49,0	386,2	54,9	307,6
31,4	940,4	37,3	666,4	43,2	496,8	49,1	384,6	55,0	306,5
31,5	934,4	37,4	662,9	43,3	494,5	49,2	383,0	55,1	305,4
31,6	928,5	37,5	659,3	43,4	492,3	49,3	381,5	55,2	304,3
31,7	922,7	37,6	655,8	43,5	490,0	49,4	379,9	55,3	303,2
31,8	916,8	37,7	652,3	43,6	487,8	49,5	378,4	55,4	302,1
31,9	911,1	37,8	648,8	43,7	485,5	49,6	376,8	55,5	301,0
32,0	905,4	37,9	645,7	43,8	483,3	49,7	375,4	55,6	299,9
32,1	899,8	38,0	642,1	43,9	481,1	49,8	373,9	55,7	298,9
32,2	894,2	38,1	638,7	44,0	478,9	49,9	372,4	55,8	297,8
32,3	888,7	38,2	635,3	44,1	476,8	50,0	370,9	55,9	296,7
32,4	883,2	38,3	632,1	44,2	474,6	50,1	369,4	56,0	295,7
32,5	877,8	38,4	628,8	44,3	472,5	50,2	367,9	56,1	294,7
32,6	872,4	38,5	625,5	44,4	470,3	50,3	366,5	56,2	293,6
32,7	867,1	38,6	622,3	44,5	468,2	50,4	365,0	56,3	292,5
32,8	861,8	38,7	619,1	44,6	466,1	50,5	363,6	56,4	291,5
32,9	856,6	38,8	615,9	44,7	464,0	50,6	362,2	56,5	290,5
33,0	851,4	38,9	612,7	44,8	462,0	50,7	360,7	56,6	289,4
33,1	846,3	39,0	609,6	44,9	459,9	50,8	359,3	56,7	288,4
33,2	841,2	39,1	606,5	45,0	457,9	50,9	357,9	56,8	287,4
33,3	836,2	39,2	603,4	45,1	455,8	51,0	356,5	56,9	286,4
33,4	831,1	39,3	600,3	45,2	453,8	51,1	355,1	57,0	285,4
33,5	826,2	39,4	597,3	45,3	451,8	51,2	353,7	57,1	284,4
33,6	821,3	39,5	594,3	45,4	449,8	51,3	352,3	57,2	283,4
33,7	816,4	39,6	591,1	45,5	447,9	54,4	351,0	57,3	282,4
33,8	811,6	39,7	288,3	45,6	445,9	51,5	349,6	57,4	281,4
33,9	807,5	39,8	585,3	45,7	444,0	51,6	348,2	57,5	280,4
34,0	802,1	39,9	582,4	45,8	442,0	51,7	346,9	57,6	279,5
34,1	797,4	40,0	579,5	45,9	440,1	51,8	345,6	57,7	278,5
34,2	792,7	40,1	576,6	46,0	438,2	51,9	344,2	57,8	277,5
34,3	788,1	40,2	573,7	46,1	436,3	52,0	342,9	57,9	276,6
34,4	783,5	40,3	570,9	46,2	434,4	52,1	341,6	58,0	275,6
34,5	779,5	40,4	568,1	46,3	432,5	52,2	340,3	58,1	274,7
34,6	774,5	40,5	565,3	46,4	430,7	52,3	339,0	58,2	273,7
34,7	770,0	40,6	562,5	46,5	428,8	52,4	337,7	58,3	272,8
34,8	765,6	40,7	559,7	46,6	427,0	52,5	336,4	58,4	271,9

Zahlentafel 52. *Vickershärten.* d in $^{1}/_{100}$ mm, P = 50 kg (Fortsetzung).

d	HV	d	HV	d	HV	d	HV	d	HV
58,5	270,9	62,9	234,4	67,3	204,7	71,7	180,4	76,1	160,1
58,6	270,0	63,0	233,6	67,4	204,1	71,8	179,8	76,2	159,7
58,7	269,1	63,1	232,9	67,5	203,5	71,9	179,4	76,3	159,3
58,8	268,2	63,2	232,1	67,6	202,9	72,0	178,9	76,4	158,8
58,9	267,3	63,3	231,4	67,7	202,3	72,1	178,4	76,5	158,4
59,0	266,4	63,4	230,7	67,8	201,7	72,2	177,9	76,6	158,0
59,1	265,5	63,5	229,9	67,9	201,1	72,3	177,4	76,7	157,7
59,2	264,6	63,6	229,2	68,0	200,5	72,4	176,9	76,8	157,2
59,3	263,7	63,7	228,5	68,1	199,9	72,5	176,4	76,9	156,8
59,4	262,8	63,8	227,8	68,2	199,3	72,6	175,9	77,0	156,4
59,5	261,9	63,9	227,1	68,3	198,7	72,7	175,5	77,1	156,0
59,6	261,0	64,0	226,4	68,4	198,2	72,8	175,0	77,2	155,6
59,7	260,3	64,1	225,7	68,5	197,6	72,9	174,5	77,3	155,2
59,8	259,2	64,2	225,0	68,6	197,0	73,0	174,0	77,4	154,8
59,9	258,4	64,3	224,3	68,7	196,4	73,1	173,5	77,5	154,4
60,0	257,6	64,4	223,6	68,8	195,9	73,2	173,0	77,6	154,0
60,1	256,7	64,5	222,9	68,9	195,3	73,3	172,6	77,7	153,6
60,2	255,8	64,6	222,2	69,0	194,7	73,4	172,1	77,8	153,2
60,3	255,0	64,7	221,5	69,1	194,2	73,5	171,6	77,9	152,8
60,4	254,2	64,8	220,8	69,2	193,6	73,6	171,2	78,0	152,4
60,5	253,3	64,9	220,1	69,3	193,1	73,7	170,7	78,1	152,0
60,6	252,5	65,0	219,5	69,4	192,5	73,8	170,2	78,2	151,6
60,7	251,6	65,1	218,8	69,5	192,0	73,9	169,8	78,3	151,2
60,8	250,8	65,2	218,1	69,6	191,4	74,0	169,3	78,4	150,8
60,9	250,0	65,3	217,4	69,7	190,9	74,1	168,9	78,5	150,5
61,0	249,2	65,4	216,8	69,8	190,3	74,2	168,4	78,6	150,1
61,1	248,4	65,5	216,1	69,9	189,7	74,3	168,0	78,8	149,7
61,2	247,6	65,6	215,1	70,0	189,2	74,4	167,5	78,8	149,3
61,3	246,7	65,7	214,8	70,1	188,7	74,5	167,1	78,9	148,9
61,4	245,9	65,8	214,2	70,2	188,1	74,6	166,6	79,0	148,6
61,5	245,1	65,9	213,5	70,3	187,6	74,7	166,2	79,1	148,2
61,6	244,3	66,0	212,9	70,4	187,1	74,8	165,7	79,2	147,8
61,7	243,6	66,1	212,2	70,5	186,5	74,9	165,3	79,3	147,5
61,8	242,8	66,2	211,6	70,6	186,0	75,0	164,8	79,4	147,1
61,9	242,0	66,3	210,9	70,7	185,5	75,1	164,4	79,5	146,7
62,0	241,2	66,4	210,3	70,8	185,0	75,2	164,0	79,6	146,3
62,1	240,4	66,5	209,7	70,9	184,5	75,3	163,5	79,7	146,0
62,2	239,7	66,6	209,0	71,0	183,9	75,4	163,1	79,8	145,6
62,3	238,9	66,7	208,4	71,1	183,4	75,5	162,7	79,9	145,2
62,4	238,1	66,8	207,8	71,2	182,9	75,6	162,2	80,0	144,9
62,5	237,4	66,9	207,2	71,3	182,3	75,7	161,8	81,0	141,3
62,6	236,6	67,0	206,5	71,4	181,9	75,8	161,4	82,0	137,9
62,7	235,9	67,1	205,9	71,5	181,4	75,9	160,9	83,0	134,6
62,8	235,1	67,2	205,3	71,6	180,9	76,0	160,5	84,0	131,4

Zahlentafel 53. *Vickershärten.* d in $^1/_{100}$ mm, $P = 60$ kg.

d	HV	d	HV	d	HV	d	HV	d	HV	d	HV
32,0	1086	43,0	602	50,0	444	55,5	363	62,0	289	73,0	209
33,0	1021	44,0	574	50,5	436	56,0	356	63,0	280	74,0	203
34,0	962	45,0	548	51,0	428	56,5	349	64,0	272	75,0	198
35,0	908	46,0	524	51,5	420	57,0	342	65,0	263	76,0	193
36,0	858	46,5	513	52,0	412	57,5	336	66,0	255	77,0	188
37,0	813	47,0	502	52,5	404	58,0	330	67,0	248	78,0	183
38,0	770	47,5	492	53,0	396	58,5	325	68,0	241	79,0	178
39,0	732	48,0	482	53,5	389	59,0	319	69,0	234	80,0	174
40,0	696	48,5	472	54,0	382	59,5	314	70,0	227	81,0	170
41,0	660	49,0	462	54,5	376	60,0	309	71,0	221	82,0	166
42,0	630	49,5	453	55,0	370	61,0	299	72,0	215	83,0	162

Zahlentafel 54. *Vickershärten.* d in $^1/_{100}$ mm, $P = 62{,}5$ kg.

d	HV	d	HV	d	HV	d	HV	d	HV
		50,5	454	70,5	233	90,5	142	110,5	94,9
		51,0	446	71,0	230	91,0	140	111,0	94,1
		51,5	437	71,5	227	91,5	138	111,5	93,2
32,0	1132	52,0	429	72,0	224	92,0	137	112,0	92,4
32,5	1097	52,5	420	72,5	220	92,5	135	112,5	91,6
33,0	1064	53,0	413	73,0	217	93,0	134	113,0	90,8
33,5	1033	53,5	405	73,5	215	93,5	133	113,5	90,0
34,0	1003	54,0	397	74,0	212	94,0	131	114,0	89,2
34,5	974	54,5	390	74,5	209	94,5	130	114,5	88,4
35,0	946	55,0	383	75,0	206	95,0	128	115,0	87,6
35,5	920	55,5	376	75,5	203	95,5	127	115,5	86,9
36,0	894	56,0	370	76,0	201	96,0	126	116,0	86,1
36,5	870	56,5	363	76,5	198	96,5	124	116,5	85,4
37,0	847	57,0	357	77,0	195	97,0	123	117,0	84,7
37,5	824	57,5	351	77,5	193	97,5	122	117,5	83,9
38,0	803	58,0	345	78,0	190	98,0	121	118,0	83,2
38,5	782	58,5	339	78,5	188	98,5	119	118,5	82,5
39,0	762	59,0	333	79,0	186	99,0	118	119,0	81,8
39,5	743	59,5	327	79,5	183	99,5	117	119,5	81,2
40,0	724	60,0	322	80,0	181	100,0	116	120,0	80,5
40,5	707	60,5	317	80,5	179	100,5	115	120,5	79,8
41,0	689	61,0	311	81,0	177	101,0	114	121,0	79,2
41,5	673	61,5	306	81,5	174	101,5	112	121,5	78,5
42,0	657	62,0	302	82,0	172	102,0	111	122,0	77,9
42,5	642	62,5	297	82,5	170	102,5	110	122,5	77,2
43,0	627	63,0	292	83,0	168	103,0	109	123,0	76,6
43,5	612	63,5	287	83,5	166	103,5	108	123,5	76,0
44,0	599	64,0	283	84,0	164	104,0	107	124,0	75,4
44,5	585	64,5	279	84,5	162	104,5	106	124,5	74,8
45,0	572	65,0	274	85,0	160	105,0	105	125,0	74,2
45,5	560	65,5	270	85,5	159	105,5	104	125,5	73,6
46,0	548	66,0	266	86,0	157	106,0	103	126,0	73,0
46,5	536	66,5	262	86,5	155	106,5	102	126,5	72,4
47,0	525	67,0	258	87,0	153	107,0	101	127,0	71,9
47,5	514	67,5	254	87,5	151	107,5	100	127,5	71,3
48,0	503	68,0	251	88,0	150	108,0	99,4	128,0	70,7
48,5	493	68,5	247	88,5	148	108,5	98,5	128,5	70,2
49,0	483	69,0	243	89,0	146	109,0	97,5	129,0	69,6
49,5	473	69,5	240	89,5	145	109,5	96,7	129,5	69,1
50,0	464	70,0	237	90,0	143	110,0	95,8	130,0	68,6
50,5	454	70,5	233	90,5	142	110,5	94,9	130,5	68,1

Zahlentafel 54. *Vickershärten.* d in $^1/_{100}$ mm, P = 62,5 kg (Fortsetzung).

d	HV	d	HV	d	HV	d	HV	d	HV
130,5	68,1	140,5	58,7	150,5	51,2	160,5	45,0	170,5	39,9
131,0	67,5	141,0	58,3	151,0	50,8	161,0	44,7	171,0	39,6
131,5	67,0	141,5	57,9	151,5	50,5	161,5	44,4	171,5	39,4
132,0	66,5	142,0	57,5	152,0	50,2	162,0	44,2	172,0	39,2
132,5	66,0	142,5	57,1	152,5	49,8	162,5	43,9	172,5	38,9
133,0	65,5	143,0	56,7	153,0	49,5	163,0	43,6	173,0	38,7
133,5	65,0	143,5	56,3	153,5	49,2	163,5	43,4	173,5	38,5
134,0	64,5	144,0	55,9	154,0	48,9	164,0	43,1	174,0	38,3
134,5	64,1	144,5	55,5	154,5	48,6	164,5	42,8	174,5	38,1
135,0	63,0	145,0	55,1	155,0	48,2	165,0	42,6	175,0	37,8
135,5	63,1	145,5	54,7	155,5	47,9	165,5	42,3	175,5	37,6
136,0	62,7	146,0	54,4	156,0	47,6	166,0	42,1	176,0	37,4
136,5	62,2	146,5	54,0	156,5	47,3	166,5	41,8	176,5	37,2
137,0	61,8	147,0	53,6	157,0	47,0	167,0	41,6	177,0	37,0
137,5	61,3	147,5	53,3	157,5	46,7	167,5	41,3	177,5	36,8
138,0	60,9	148,0	52,9	158,0	46,4	168,0	41,1	178,0	36,6
138,5	60,4	148,5	52,6	158,5	46,1	168,5	40,8	178,5	36,4
139,0	60,0	149,0	52,2	159,0	45,8	169,0	40,6	179,0	36,2
139,5	59,6	149,5	51,9	159,5	45,6	169,5	40,3	179,5	36,0
140,0	59,1	150,0	51,5	160,0	45,3	170,0	40,1		
140,5	58,7	150,5	51,2	160,5	45,0	170,5	39,9		

Zahlentafel 55. *Vickershärten.* d in $^1/_{100}$ mm, P = 80 kg.

d	HV	d	HV	d	HV	d	HV	d	HV	d	HV
37,0	1084	47,5	658	53,5	518	59,5	419	71,0	295	83,0	216
38,0	1028	48,0	644	54,0	508	60,0	412	72,0	286	84,0	210
39,0	976	48,5	631	54,5	499	61,0	398	73,0	279	85,0	206
40,0	928	49,0	618	55,0	490	62,0	386	74,0	271	86,0	201
41,0	880	49,5	606	55,5	481	63,0	374	75,0	264	87,0	197
42,0	840	50,0	594	56,0	472	64,0	362	76,0	257	88,0	192
43,0	804	50,5	582	56,5	464	65,0	352	77,0	251	89,0	188
44,0	768	51,0	570	57,0	456	66,0	341	78,0	244	90,0	183
45,0	732	51,5	559	57,5	448	67,0	330	79,0	238	91,0	179
46,0	702	52,0	548	58,0	440	68,0	321	80,0	232	92,0	175
46,5	687	52,5	538	58,5	433	69,0	312	81,0	227	93,0	171
47,0	672	53,0	528	59,0	426	70,0	303	82,0	221	94,0	168

Zahlentafel 56. *Vickershärten.* d in $^1/_{100}$ mm, P = 100 kg.

d	HV	d	HV	d	HV	d	HV	d	HV	d	HV
41,0	1104	50,0	742	56,5	581	66,0	425	79,0	298	92,0	219
42,0	1052	50,5	727	57,0	570	67,0	413	80,0	290	93,0	215
43,0	1003	51,0	712	57,5	560	68,0	401	81,0	283	94,0	210
44,0	960	51,5	699	58,0	550	69,0	390	82,0	276	95,0	206
45,0	916	52,0	685	58,5	541	70,0	378	83,0	269	96,0	201
46,0	876	52,5	673	59,0	532	71,0	368	84,0	263	97,0	197
46,5	858	53,0	660	59,5	524	72,0	358	85,0	256	98,0	193
47,0	840	53,5	648	60,0	515	73,0	349	86,0	251	99,0	189
47,5	823	54,0	636	61,0	499	74,0	339	87,0	246	100,0	185
48,0	806	54,5	625	62,0	483	75,0	330	88,0	240	101,0	182
48,5	789	55,0	614	63,0	469	76,0	321	89,0	235	102,0	178
49,0	772	55,5	603	64,0	454	77,0	313	90,0	229	103,0	175
49,5	757	56,0	592	65,0	440	78,0	305	91,0	224	104,0	171

VI. Vergleichende Härteprüfungen.

Zahlentafel 57. *Zulässige Streuwerte für den Vergleich von Brinellhärten und von Rockwellhärten mit Vickershärten.*

Richtwerte für Stahl.

In Fällen, in denen die Einhaltung von Härteangaben nach BRINELL oder nach ROCKWELL durch das Verfahren nach VICKERS geprüft werden soll, sind auch die Härtewerte zuzulassen, die die vorgeschriebenen Grenzwerte um den Streuwert unter- bzw. überschreiten.

HB	*HV*		*H Rc*	*HV*		*H Rc*	*HV*		*H Rc* 62,5	*HV*	
kg/mm²	Streuwert kg/mm²	Nennwert kg/mm²		Streuwert kg/mm²	Nennwert kg/mm²		Streuwert kg/mm²	Nennwert kg/mm²		Streuwert kg/mm²	Nennwert kg/mm²
HB = *HV*	<300	>300	unsicher	—	<300				unsicher	—	<305
300		300				53		575	65	± 30	305
320		322	30		300	54		595	66		320
340		346	31		310	55	± 50	610			
360		370	32		315	56		630	67		335
380		394	33	± 25	325	57		650	68	± 40	350
400	± 0	418	34		330	58		670	69		370
420		442	35		340	59		690	70		390
440		466	36		350	60		710			
460		490							71		410
480		514	37		360	61		730	72	± 50	435
500		538	38		370	62		755	73		455
			39		380	63		780	74		480
unsicher	—	>538	40	± 30	390	64		805			
			41		400	65	± 60	830	75		510
			42		415	66		860	76	± 60	540
			43		425	67		890	77		575
			44		440	68		925	78		610
						69		965			
			45		450				79		650
			46		465				80	± 70	690
			47		480				81		730
			48	± 40	495				82		780
			49		510						
			50		525				83		830
			51		540				84	± 80	890
			52		560				85		965

Zahlentafel 58. *Brinell-Vickers-Rockwell-Rückprall-Härten für chemisch und mechanisch-technologisch einheitliche Stähle mit einem Gehalt an* C, Cr, Ni, V, Mo, Si *und* Mn bis 4 *vH*.

Vergleichende Mittelwerte mit bedingter Sicherheit s. Seiten 14 u. 15.

Für kaltverformte Stähle nicht gültig.

HB	*HV*	*HRb*	*HRc*		Shore	*HB*	*HV*	*HRb*	*HRc*		Shore
			150	62,5					150	62,5	
100		—	—	—	—	164		85,8	2,5	—	26,9
105		—	—	—	—	165		86,0	3,0	—	27,0
110		65,5	—	—	19,3	166		86,3	3,4	—	27,1
111		66,1	—	—	19,4	167		86,5	3,8	—	27,3
112		66,7	—	—	19,6	168		86,8	4,2	—	27,4
113		67,3	—	—	19,7	169		87,0	4,6	—	27,6
114		67,9	—	—	19,9	170		87,3	5,0	—	27,7
115		68,5	—	—	20,0	171		87,6	5,3	—	27,8
116		69,0	—	—	20,1	172		87,8	5,6	—	28,0
117		69,5	—	—	20,3	173		88,1	5,9	—	28,1
118		70,0	—	—	20,4	174		88,3	6,2	—	28,3
119		70,5	—	—	20,6	175		88,6	6,5	—	28,4
120		71,0	—	—	20,7	176		88,8	6,8	—	28,5
121		71,5	—	—	20,9	177		89,0	7,1	—	28,7
122		72,0	—	—	21,0	178		89,3	7,4	—	28,8
123		72,5	—	—	21,2	179		89,5	7,7	—	29,0
124		73,0	—	—	21,3	180		89,7	8,0	—	29,1
125		73,5	—	—	21,5	181		89,9	8,3	—	29,2
126		73,9	—	—	21,7	182		90,1	8,6	—	29,4
127		74,3	—	—	21,8	183		90,4	8,9	—	29,5
128		74,7	—	—	22,0	184		90,6	9,2	—	29,6
129		75,2	—	—	22,1	185		90,8	9,5	—	29,8
130		75,5	—	—	22,3	186		91,0	9,8	—	30,0
131		75,9	—	—	22,4	187		91,3	10,1	—	30,1
132		76,3	—	—	22,6	188		91,5	10,4	—	30,3
133		76,7	—	—	22,7	189		91,8	10,7	—	30,4
134		77,0	—	—	22,9	190		92,0	11,0	54,5	30,6
135		77,3	—	—	23,0	191		92,2	11,2	54,6	30,7
136		77,7	—	—	23,1	192		92,4	11,3	54,7	30,8
137		78,0	—	—	23,3	193		92,6	11,5	54,7	31,0
138		78,4	—	—	23,4	194		92,8	11,6	54,8	31,1
139		78,7	—	—	23,6	195		93,0	11,8	54,9	31,2
140		79,0	—	—	23,7	196		93,2	12,0	54,9	31,3
141		79,3	—	—	23,8	197		93,4	12,1	55,0	31,5
142		79,6	—	—	24,0	198		93,6	12,3	55,1	31,6
143		80,0	—	—	24,1	199		93,8	12,4	55,2	31,8
144		80,3	—	—	24,3	200		94,0	12,6	55,3	31,9
145		80,6	—	—	24,4	201		94,2	12,8	55,4	32,0
146		80,9	—	—	24,5	202		94,4	12,9	55,5	32,2
147		81,2	—	—	24,7	203		94,6	13,1	55,5	32,3
148		81,5	—	—	24,8	204		94,8	13,2	55,6	32,5
149		81,8	—	—	25,0	205		95,0	13,4	55,7	32,6
150		82,1	—	—	25,1	206		95,2	13,6	55,8	32,7
151		82,4	—	—	25,2	207		95,4	13,7	55,9	32,9
152		82,7	—	—	25,3	208		95,6	13,9	55,9	33,0
153		82,9	—	—	25,5	209		95,8	14,0	56,0	32,2
154		83,2	—	—	25,6	210		96,0	14,2	56,1	33,3
155		83,5	—	—	25,7	211		96,2	14,4	56,2	33,4
156		83,8	—	—	25,8	212		96,4	14,5	56,3	33,6
157		84,0	—	—	26,0	213		96,6	14,7	56,3	33,7
158		84,3	—	—	26,1	214		96,8	14,8	56,4	33,9
159		84,5	—	—	26,3	215		97,0	15,0	56,5	34,0
160		84,8	1,0	—	26,4	216		97,2	15,2	56,6	34,1
161		85,0	1,4	—	26,5	217		97,4	15,4	56,7	34,3
162		85,3	1,8	—	26,6	218		97,6	15,6	56,8	34,4
163		85,5	2,2	—	26,8	219		97,7	15,8	56,9	34,6

Zahlentafel 58. *Brinell-Vickers-Rockwell-Rückprall-Härten für chemisch und mechanisch-technologisch einheitliche Stähle mit einem Gehalt an* C, Cr, Ni, V, Mo, Si *und* Mn *bis 4 vH.* (Fortsetzung).

Vergleichende Mittelwerte mit bedingter Sicherheit s. Seite 14 u. 15.

Für kaltverformte Stähle nicht gültig!

HB	*HV*	*HRb*	*HRc*		Shore	*HB*	*HV*	*HRb*	*HRc*		Shore
			150	62,5					150	62,5	
220		97,9	16,0	57,0	34,7	276		—	26,2	62,6	42,2
221		98,1	16,2	57,1	34,8	277		—	26,3	62,7	42,4
222		98,2	16,4	57,2	35,0	278		—	26,5	62,7	42,5
223		98,3	16,6	57,4	35,1	279		—	26,6	62,8	42,6
224		98,5	16,8	57,4	35,2	280		—	26,8	62,9	42,8
225		98,7	17,0	57,5	35,4	281		—	27,0	63,0	42,9
226		98,9	17,2	57,6	35,5	282		—	27,1	63,1	43,1
227		99,1	17,4	57,7	35,7	283		—	27,3	63,1	43,2
228		99,2	17,6	57,8	35,8	284		—	27,4	63,2	43,3
229		99,4	17,8	57,9	36,0	285		—	27,6	63,3	43,5
230		99,6	18,0	58,0	36,1	286		—	27,7	63,4	43,6
231		99,8	18,2	58,1	36,2	287		—	27,9	63,4	43,8
232		100,0	18,4	58,2	36,4	288		—	28,0	63,5	43,9
233		100,1	18,6	58,3	36,5	289		—	28,2	63,5	44,1
234		100,3	18,8	58,4	36,7	290		—	28,3	63,6	44,2
235		100,5	19,0	58,5	36,8	291		—	28,4	63,7	44,3
236		100,6	19,2	58,6	36,9	292		—	28,6	63,8	44,5
237		100,8	19,4	58,7	37,1	293		—	28,7	63,8	44,6
238		100,9	19,6	58,8	37,2	294		—	28,9	63,9	44,7
239		101,1	19,8	58,9	37,4	295		—	29,0	64,0	44,9
240		101,2	20,0	59,0	37,5	296		—	29,2	64,1	45,0
241		—	20,2	59,1	37,6	297		—	29,4	64,2	45,2
242		—	20,4	59,2	37,8	298		—	29,6	64,3	45,3
243		—	20,6	59,3	37,9	299		—	29,8	64,4	45,5
244		—	20,8	59,4	38,1	300		—	30,0	64,5	45,6
245		—	21,0	59,5	38,2	301		—	30,2	64,6	45,7
246		—	21,2	59,6	38,3	302		—	30,4	64,7	45,9
247		—	21,4	59,7	38,4	303		—	30,6	64,8	46,0
248		—	21,6	59,8	38,6	304		—	30,8	64,9	46,2
249		—	21,8	59,9	38,7	305		—	31,0	65,0	46,3
250		—	22,0	60,0	38,8	306		—	31,1	65,1	46,4
251		—	22,2	60,2	38,9	307		—	31,2	65,2	46,5
252		—	22,3	60,3	39,1	308	309	—	31,3	65,3	46,7
253		—	22,5	60,5	39,2	309	310	—	31,4	65,4	46,8
254		—	22,6	60,6	39,4	310	311	—	31,5	65,5	46,9
255		—	22,8	60,8	39,5	311	312	—	31,6	65,6	47,0
256		—	23,0	60,9	39,6	312	313	—	31,7	65,7	47,2
257		—	23,1	61,0	39,7	313	314	—	31,9	65,9	47,3
258		—	23,3	61,1	39,9	314	315	—	32,0	66,0	47,5
259		—	23,4	61,2	40,0	315	316	—	32,1	66,1	47,6
260		—	23,6	61,3	40,1	316	317	—	32,2	66,1	47,7
261		—	23,8	61,4	40,2	317	318	—	32,3	66,2	47,8
262		—	23,9	61,5	40,3	318	320	—	32,3	66,2	48,0
263		—	24,1	61,5	40,5	319	321	—	32,4	66,3	48,1
264		—	24,2	61,6	40,6	320	322	—	32,4	66,3	48,2
265		—	24,4	61,7	40,7	321	323	—	32,6	66,4	48,3
266		—	24,6	61,8	40,8	322	324	—	32,7	66,5	48,5
267		—	24,7	61,9	41,0	323	326	—	32,9	66,5	48,6
268		—	24,9	61,9	41,1	324	327	—	33,0	66,6	48,8
269		—	25,0	62,0	41,3	325	328	—	33,2	66,7	48,9
270		—	25,2	62,1	41,4	326	329	—	33,3	66,7	49,0
271		—	25,4	62,2	41,5	327	330	—	33,5	66,8	49,1
272		—	25,5	62,3	41,7	328	332	—	33,6	66,8	49,3
273		—	25,7	62,3	41,8	329	333	—	33,7	66,9	49,4
274		—	25,8	62,4	42,0	330	334	—	33,9	66,9	49,5
275		—	26,0	62,5	42,1	331	335	—	34,1	67,0	49,6

Zahlentafel 58. *Brinell-Vickers-Rockwell-Rückprall-Härten für chemisch und mechanisch-technologisch einheitliche Stähle mit einem Gehalt an* C, Cr, Ni, V, Mo, Si *und* Mn *bis 4 vH.* (Fortsetzung).

Vergleichende Mittelwerte mit bedingter Sicherheit s. Seite 14 u. 15.

Für kaltverformte Stähle nicht gültig!

HB	*HV*	*HRc*		Shore	*HB*	*HV*	*HRc*		Shore
		150	62,5				150	62,5	
332	336	34,3	67,1	49,8	388	404	41,3	70,7	57,1
333	338	34,6	67,3	49,9	389	405	41,4	70,7	57,3
334	339	34,8	67,4	50,1	390	406	41,5	70,8	57,4
335	340	35,0	67,5	50,2	391	407	41,6	70,9	57,5
336	341	35,1	67,5	50,3	392	408	41,7	70,9	57,6
337	342	35,2	67,6	50,4	393	409	41,9	71,0	57,8
338	344	35,2	67,6	50,6	394	410	42,0	71,0	57,9
339	345	35,3	67,7	50,7	395	411	42,1	71,1	58,0
340	346	35,4	67,7	50,8	396	412	42,2	71,1	58,1
341	347	35,5	67,8	50,9	397	414	42,3	71,2	58,2
342	348	35,7	67,9	51,0	398	415	42,3	71,2	58,4
343	350	35,8	67,9	51,2	399	417	42,4	71,2	58,5
344	351	36,0	68,0	51,3	400	418	42,5	71,2	58,6
345	352	36,1	68,1	51,4	401	419	42,6	71,2	58,7
346	353	36,2	68,2	51,5	402	420	42,6	71,3	58,8
347	354	36,4	68,2	51,7	403	421	42,7	71,3	59,0
348	356	36,5	68,3	51,8	404	422	42,7	71,4	59,1
349	357	36,7	68,3	52,0	405	423	42,8	71,4	59,2
350	358	36,8	68,4	52,1	406	424	42,9	71,5	59,3
351	359	36,9	68,5	52,2	407	426	43,0	71,5	59,4
352	360	37,1	68,5	52,4	408	427	43,2	71,6	59,6
353	362	37,2	68,6	52,5	409	429	43,3	71,6	59,7
354	363	37,4	68,6	52,7	410	430	43,4	71,7	59,8
355	364	37,5	68,7	52,8	411	431	43,5	71,8	59,9
356	365	37,6	68,8	52,9	412	432	43,7	71,9	60,1
357	366	37,7	68,8	53,0	413	434	43,8	71,9	60,2
358	368	37,8	68,9	53,2	414	435	44,0	72,0	60,4
359	369	37,9	68,9	53,3	415	436	44,1	72,1	60,5
360	370	38,0	69,0	53,4	416	437	44,1	72,1	60,6
361	371	38,1	69,1	53,5	417	438	44,2	72,1	60,7
362	372	38,2	69,1	53,7	418	440	44,2	72,2	60,9
363	374	38,3	69,1	53,8	419	441	44,3	72,2	61,0
364	375	38,4	69,2	54,0	420	442	44,3	72,2	61,1
365	376	38,5	69,2	54,1	421	443	44,3	72,3	61,2
366	377	38,6	69,3	54,2	422	444	44,4	72,3	61,4
367	378	38,7	69,4	54,3	423	446	44,4	72,4	61,5
368	380	38,9	69,4	54,5	424	447	44,5	72,4	61,6
369	381	39,0	69,5	54,6	425	448	44,5	72,5	61,8
370	382	39,1	69,6	54,7	426	449	44,6	72,6	61,9
371	383	39,2	69,7	54,8	427	450	44,7	72,7	62,0
372	384	39,4	69,7	54,9	428	452	44,8	72,7	62,2
373	385	39,5	69,8	55,1	429	453	44,9	72,8	62,3
374	386	39,7	69,8	55,2	430	454	44,9	72,9	62,4
375	387	39,8	69,8	55,3	431	455	45,1	73,0	62,5
376	388	39,9	69,9	55,4	432	456	45,3	73,1	62,7
377	390	40,0	70,0	55,6	433	458	45,4	73,2	62,8
378	391	40,0	70,0	55,7	434	459	45,6	73,3	63,0
379	393	40,1	70,1	55,9	435	460	45,8	73,4	63,1
380	394	40,2	70,1	56,0	436	461	45,9	73,4	63,2
381	395	40,4	70,2	56,1	437	462	46,0	73,5	63,4
382	396	40,5	70,3	56,3	438	464	46,0	73,5	63,5
383	398	40,7	70,3	56,4	439	465	46,1	73,6	63,7
384	399	40,8	70,4	56,5	440	466	46,2	73,6	63,8
385	400	41,0	70,5	56,7	441	467	46,3	73,7	63,9
386	401	41,1	70,6	56,8	442	468	46,4	73,7	64,0
387	402	41,2	70,6	57,0	443	470	46,6	73,8	64,2

Zahlentafel 58. *Brinell-Vickers-Rockwell-Rückprall-Härten für chemisch und mechanisch-technologisch einheitliche Stähle mit einem Gehalt an* C, Cr, Ni, V, Mo, Si *und* Mn *bis 4 vH.* (Fortsetzung).

Vergleichende Mittelwerte mit bedingter Sicherheit s. Seite 14 u. 15.

Für kaltverformte Stähle nicht gültig!

HB	*HV*	*HRc*		Shore	*HB*	*HV*	*HRc*		Shore
		150	62,5				150	62,5	
444	471	46,7	73,8	64,3	500	538	50,8	75,9	71,5
445	472	46,8	73,9	64,4	501	539	50,9	75,9	71,6
446	473	46,8	73,9	64,5	502	541	50,9	76,0	71,7
447	474	46,8	74,0	64,6	503	542	51,0	76,0	71,9
448	476	46,9	74,0	64,8	504	544	51,1	76,1	72,0
449	477	46,9	74,1	65,0	505	545	51,2	76,1	72,1
450	478	46,9	74,1	65,1	506	546	51,3	76,2	72,2
451	479	47,0	74,1	65,2	507	548	51,4	76,2	72,3
452	480	47,2	74,2	65,3	508	549	51,6	76,3	72,5
453	482	47,3	74,2	65,5	509	551	51,7	76,3	72,6
454	483	47,5	74,3	65,6	510	552	51,8	76,4	72,7
455	484	47,6	74,3	65,7	511	554	51,8	76,4	72,8
456	485	47,6	74,3	65,8	512	555	51,9	76,4	73,0
457	486	47,7	74,3	66,0	513	557	51,9	76,5	73,1
458	488	47,7	74,4	66,1	514	559	52,0	76,5	73,3
459	489	47,8	74,4	66,3	515	560	52,0	76,5	73,3
460	490	47,8	74,4	66,4	516	561	52,1	76,5	73,5
461	491	47,9	74,4	66,5	517	562	52,2	76,6	73,6
462	493	47,9	74,5	66,6	518	563	52,3	76,6	73,8
463	494	48,0	74,5	66,8	519	564	52,4	76,7	73,9
464	495	48,0	74,6	66,9	520	565	52,5	76,7	74,0
465	496	48,1	74,6	67,0	521	566	52,5	76,7	74,1
466	497	48,2	74,6	67,1	522	567	52,6	76,7	74,2
467	498	48,3	74,7	67,2	523	568	52,6	76,8	74,4
468	500	48,3	74,7	67,4	524	569	52,7	76,8	74,5
469	501	48,4	74,7	67,5	525	570	52,7	76,8	74,6
470	502	48,5	74,7	67,6	526	571	52,8	76,9	74,7
471	503	48,6	74,7	67,7	527	573	52,9	76,9	74,8
472	504	48,7	74,8	67,8	528	574	52,9	77,0	75,0
473	506	48,7	74,8	68,0	529	576	53,0	77,0	75,1
474	507	48,8	74,9	68,1	530	577	53,1	77,1	75,2
475	508	48,9	74,9	68,2	531	578	53,2	77,1	75,3
476	509	49,0	74,9	68,3	532	579	53,3	77,1	75,5
477	510	49,1	75,0	68,5	533	581	53,3	77,2	75,6
478	512	49,1	75,0	68,6	534	582	53,4	77,2	75,8
479	513	49,2	75,1	68,8	535	583	53,5	77,2	75,9
480	514	49,3	75,1	68,9	536	584	53,6	77,3	76,0
481	515	49,4	75,2	69,0	537	586	53,7	77,3	76,1
482	516	49,5	75,2	69,2	538	587	53,7	77,4	76,3
483	518	49,6	75,3	69,3	539	589	53,8	77,4	76,4
484	519	49,7	75,3	69,5	540	590	53,9	77,4	76,5
485	520	49,8	75,4	69,6	541	591	54,0	77,4	76,6
486	521	49,9	75,4	69,7	542	592	54,0	77,5	76,8
487	522	50,0	75,5	69,8	543	594	54,1	77,5	76,9
488	524	50,0	75,5	70,0	544	595	54,1	77,6	77,1
489	525	50,1	75,6	70,1	545	596	54,2	77,6	77,2
490	526	50,2	75,6	70,2	546	597	54,3	77,6	77,3
491	527	50,3	75,6	70,3	547	598	54,4	77,7	77,4
492	528	50,4	75,7	70,5	548	600	54,4	77,7	77,6
493	530	50,4	75,7	70,6	549	601	54,5	77,8	77,7
494	531	50,5	75,8	70,8	550	602	54,6	77,8	77,8
495	532	50,6	75,8	70,9	551	604	54,7	77,8	77,9
496	533	50,6	75,8	71,0	552	605	54,7	77,9	78,0
497	534	50,7	75,8	71,1	553	607	54,8	77,9	78,2
498	536	50,7	75,9	71,3	554	608	54,9	78,0	78,3
499	537	50,8	75,9	71,4	555	610	55,0	78,0	78,4

Zahlentafel 58. *Brinell-Vickers-Rockwell-Rückprall-Härten für chemisch und mechanisch-technologisch einheitliche Stähle mit einem Gehalt an* C, Cr, Ni, V, Mo, Si *und* Mn *bis 4 vH.* (Fortsetzung).

Vergleichende Mittelwerte mit bedingter Sicherheit s. Seite 14 u. 15.

Für kaltverformte Stähle nicht gültig!

HB	*HV*	*HRc*		Shore	*HB*	*HV*	*HRc*		Shore
		150	62,5				150	62,5	
556	611	55,0	78,0	78,5	612	680	58,5	79,7	85,4
557	613	55,1	78,1	78,6	613	681	58,5	79,7	85,6
558	614	55,1	78,1	78,8	614	683	58,6	79,8	85,7
559	616	55,2	78,1	78,9	615	684	58,7	79,8	85,8
560	617	55,2	78,2	79,1	616	685	58,8	79,8	85,9
561	618	55,3	78,2	79,1	617	686	58,8	79,8	86,0
562	619	55,4	78,2	79,2	618	688	58,9	79,9	86,1
563	621	55,6	78,3	79,4	619	689	58,9	80,0	86,3
564	622	55,7	78,3	79,5	620	690	59,0	80,0	86,4
565	623	55,8	78,4	79,6	621	691	59,0	80,0	86,5
566	624	55,8	78,4	79,7	622	692	59,1	80,0	86,7
567	625	55,8	78,4	79,8	623	694	59,1	80,1	86,8
568	627	55,9	78,4	80,0	624	695	59,2	80,1	87,0
569	628	55,9	78,4	80,1	625	696	59,2	80,1	87,1
570	629	55,9	78,4	80,2	626	697	59,3	80,1	87,2
571	630	56,0	78,4	80,3	627	699	59,3	80,1	87,3
572	631	56,0	78,5	80,5	628	700	59,4	80,2	87,5
573	633	56,2	78,5	80,6	629	702	59,4	80,2	87,6
574	634	56,2	78,6	80,8	630	703	59,5	80,2	87,7
575	635	56,2	78,6	80,9	631	704	59,6	80,2	87,8
576	636	56,3	78,6	81,0	632	706	59,7	80,2	87,9
577	637	56,4	78,7	81,1	633	707	59,8	80,3	88,1
578	639	56,4	78,7	81,3	634	709	59,9	80,4	88,2
579	640	56,5	78,8	81,4	635	710	60,0	80,5	88,3
580	641	56,6	78,8	81,5	636	711	60,1	80,5	88,4
581	642	56,7	78,8	81,6	637	712	60,2	80,6	88,5
582	643	56,7	78,8	81,8	638	714	60,2	80,6	88,7
583	645	56,8	78,9	81,9	639	715	60,3	80,7	88,8
584	646	56,9	78,9	82,1	640	716	60,4	80,7	88,9
585	647	56,9	78,9	82,2	641	717	60,5	80,7	89,0
586	648	57,0	78,9	82,3	642	719	60,6	80,8	89,1
587	649	57,0	78,9	82,5	643	720	60,6	80,8	89,3
588	650	57,1	79,0	82,6	644	722	60,7	80,9	89,4
589	651	57,2	79,0	82,8	645	723	60,8	80,9	89,5
590	652	57,2	79,1	82,9	646	724	60,8	80,9	89,6
591	653	57,3	79,1	83,0	647	726	60,9	80,9	89,8
592	654	57,3	79,1	83,1	648	727	60,9	81,0	89,9
593	656	57,4	79,2	83,2	649	729	61,0	81,0	90,1
594	657	57,4	79,2	83,3	650	730	61,0	81,0	90,2
595	658	57,5	79,2	83,4	651	731	61,0	81,0	90,3
596	659	57,6	79,2	83,5	652	732	61,1	81,0	90,4
597	660	57,6	79,3	83,6	653	734	61,1	81,1	90,6
598	662	57,7	79,3	83,8	654	735	61,2	81,1	90,7
599	663	57,7	79,4	83,9	655	736	61,2	81,1	90,8
600	664	57,8	79,4	84,0	656	737	61,3	81,1	90,9
601	665	57,8	79,4	84,1	657	739	61,4	81,2	91,0
602	666	57,9	79,4	84,2	658	740	61,4	81,2	91,2
603	668	57,9	79,5	84,4	659	742	61,5	81,3	91,3
604	669	58,0	79,5	84,5	660	743	61,6	81,3	91,4
605	670	58,0	79,5	84,6	661	744	61,7	81,3	91,5
606	671	58,1	79,5	84,7	662	745	61,7	81,3	91,6
607	673	58,1	79,5	84,8	663	747	61,8	81,4	91,8
608	674	58,2	79,6	85,0	664	748	61,8	81,4	91,9
609	676	58,2	79,6	85,1	665	749	61,9	81,4	92,0
610	677	58,3	79,6	85,2	666	750	61,9	81,4	92,1
611	678	58,4	79,6	85,3	667	751	61,9	81,4	92,2

Zahlentafel 58. *Brinell-Vickers-Rockwell-Rückprall-Härten für chemisch und mechanisch-technologisch einheitliche Stähle mit einem Gehalt an* C, Cr, Ni, V, Mo, Si *und* Mn *bis 4 vH.* (Fortsetzung).

Vergleichende Mittelwerte mit bedingter Sicherheit s. Seite 14 u. 15.

Für kaltverformte Stähle nicht gültig!

HB	*HV*	*HRc*		Shore	*HB*	*HV*	*HRc*		Shore
		150	62,5				150	62,5	
668	753	62,0	81,5	92,4	725	827	64,9	82,9	99,3
669	754	62,0	81,5	92,5	726	828	65,0	82,9	99,4
670	755	62,0	81,5	92,6	727	830	65,0	83,0	99,5
671	756	62,1	81,5	92,7	728	831	65,1	83,0	99,7
672	757	62,2	81,6	92,8	729	833	65,1	83,1	99,8
673	759	62,2	81,6	93,0	730	834	65,2	83,1	99,9
674	760	62,3	81,7	93,1	731	835	65,3	83,1	100,0
675	761	62,4	81,7	93,2	732	837	65,3	83,1	100,0
676	762	62,4	81,7	93,3	733	838	65,4	83,2	100,3
677	763	62,5	81,7	93,4	734	840	65,4	83,2	100,4
678	765	62,5	81,8	93,6	735	841	65,5	83,2	100,5
679	766	62,6	81,8	93,7	736	843	65,5	83,2	100,6
680	767	62,6	81,8	93,8	737	845	65,6	83,2	100,7
681	768	62,6	81,8	93,9	738	846	65,6	83,3	100,9
882	770	62,7	81,8	94,0	739	848	65,7	83,3	101,0
683	771	62,7	81,9	94,1	740	850	65,7	83,3	101,1
684	773	62,8	81,9	94,3	741	851	65,7	83,3	101,2
685	774	62,8	81,9	94,4	742	852	65,8	83,3	101,3
686	775	62,8	81,9	94,5	743	854	65,8	83,4	101,5
687	776	62,9	81,9	94,7	744	855	65,8	83,4	101,6
688	778	62,9	82,0	94,8	745	856	65,9	83,4	101,7
689	779	63,0	82,0	95,0	746	857	66,0	83,4	101,8
690	780	63,0	82,0	95,1	747	859	66,0	83,4	101,9
691	781	63,0	82,0	95,2	748	860	66,1	83,5	102,1
692	783	63,0	82,0	95,3	749	862	66,1	83,5	102,2
693	784	63,1	82,1	95,5	750	863	66,2	83,6	102,3
694	785	63,1	82,1	95,6	751	864	66,2	83,6	102,4
695	786	63,2	82,1	95,7	752	866	66,3	83,6	102,6
696	787	63,2	82,1	95,8	753	867	66,3	83,7	102,7
697	789	63,3	82,1	95,9	754	869	66,4	83,7	102,9
698	790	63,3	82,2	96,1	755	870	66,4	83,7	103,0
699	792	63,4	82,2	96,2	756	871	66,4	83,7	103,1
700	793	63,5	82,2	96,3	757	872	66,5	83,7	103,2
701	794	63,6	82,2	96,4	758	873	66,5	83,8	103,4
702	795	63,6	82,2	96,5	759	874	66,6	83,8	103,5
703	797	63,7	82,3	96,7	760	875	66,6	83,8	103,6
704	798	63,7	82,3	96,8	761	877	66,6	83,8	103,7
705	799	63,8	82,3	96,9	762	878	66,7	83,8	103,8
706	800	63,9	82,4	97,0	763	880	66,7	83,9	104,0
707	802	64,0	82,4	97,1	764	881	66,8	83,9	104,1
708	803	64,0	82,5	97,3	765	883	66,8	83,9	104,2
709	805	64,1	82,5	97,4	766	884	66,8	83,9	104,3
710	806	64,2	82,6	97,5	767	886	66,9	83,9	104,4
711	807	64,3	82,6	97,6	768	887	66,9	84,0	104,6
712	809	64,3	82,6	97,7	769	889	67,0	84,0	104,7
713	810	64,4	82,7	97,9	770	890	67,0	84,0	104,8
714	812	64,4	82,7	98,0	771	891	67,0	84,0	104,9
715	813	64,5	82,7	98,1	772	892	67,1	84,0	105,0
716	815	64,5	82,7	98,2	773	894	67,1	84,0	105,2
717	816	64,5	82,7	98,3	774	895	67,2	84,1	105,3
718	818	64,6	82,8	98,5	775	896	67,2	84,1	105,4
719	820	64,6	82,8	98,6	776	—	—	—	105,5
720	821	64,6	82,8	98,7	777	—	—	—	105,6
721	822	64,7	82,8	98,8	778	—	—	—	105,8
722	823	64,7	82,8	98,9	779	—	—	—	105,9
723	825	64,8	82,9	99,1	780	—	—	—	106,0
724	826	64,8	82,9	99,2					

Zahlentafel 59. *Vickers-, Brinell-, Rockwell-C-Härten – Zugfestigkeiten (errechnet) für legierte Stähle und für Kohlenstoffstahl.*
Vergleichende Mittelwerte bedingter Sicherheit s. Seiten 12 u. 15.

Hv	*HBn*	σ_{zB}		*HV*	*HBn*	σ_{zB}		*HV*	*HBn*	σ_{zB}	
		0,35 · *HB*	0,36 · *HB*			0,35 · *HB*	0,36 · *HB*			0,35 · *HB*	0,36 · *HB*
100	100	35,00	36,00	157	157	54,95	56,52	214	214	74,90	77,04
101	101	35,35	36,36	158	158	55,30	56,88	215	215	75,25	77,40
102	102	35,70	36,72	159	159	55,65	57,24	216	216	75,60	77,76
103	103	36,05	37,08	160	160	56,00	57,60	217	217	75,95	78,12
104	104	36,40	37,44	161	161	56,35	57,96	218	218	76,30	78,48
105	105	36,75	37,80	162	162	56,70	58,32	219	219	76,65	78,84
106	106	37,10	38,16	163	163	57,05	58,68	220	220	77,00	79,20
107	107	37,45	38,52	164	164	57,40	59,04	221	221	77,35	79,56
108	108	37,80	38,88	165	165	57,75	59,40	222	222	77,70	79,92
109	109	38,15	39,24	166	166	58,10	59,76	223	223	78,05	80,28
110	110	38,50	39,60	167	167	58,45	60,12	224	224	78,40	80,64
111	111	38,85	39,96	168	168	58,80	60,48	225	225	78,75	81,00
112	112	39,20	40,32	169	169	59,15	60,84	226	226	79,10	81,36
113	113	39,55	40,68	170	170	59,50	61,20	227	227	79,45	81,72
114	114	39,90	41,04	171	171	59,85	61,56	228	228	79,80	82,08
115	115	40,25	41,40	172	172	60,20	61,92	229	229	80,15	82,44
116	116	40,60	41,76	173	173	60,55	62,28	230	230	80,50	82,80
117	117	40,95	42,12	174	174	60,90	62,64	231	231	80,85	83,16
118	118	41,30	42,48	175	175	61,25	63,00	232	232	81,20	83,52
119	119	41,65	42,84	176	176	61,60	63,36	233	233	81,55	83,88
120	120	42,00	43,20	177	177	61,95	63,72	234	234	81,90	84,24
121	121	42,35	43,56	178	178	62,30	64,08	235	235	82,25	84,60
122	122	42,70	43,92	179	179	62,65	64,44	236	236	82,60	84,96
123	123	43,05	44,28	180	180	63,00	64,80	237	237	82,95	85,32
124	124	43,40	44,64	181	181	63,35	65,16	238	238	83,30	85,68
125	125	43,75	45,00	182	182	63,70	65,52	239	239	83,65	86,04
126	126	44,10	45,36	183	183	64,05	65,88	240	240	84,00	86,40
127	127	44,45	45,72	184	184	64,40	66,24	241	241	84,35	86,76
128	128	44,80	46,08	185	185	64,75	66,60	242	242	84,70	87,12
129	129	45,15	46,44	186	186	65,10	66,96	243	243	85,05	87,48
130	130	45,50	46,80	187	187	65,45	67,32	244	244	85,40	87,84
131	131	45,85	47,16	188	188	65,80	67,68	245	245	85,75	88,20
132	132	46,20	47,52	189	189	66,15	68,04	246	246	86,10	88,56
133	133	46,55	47,88	190	190	66,50	68,40	247	247	86,45	88,92
134	134	46,90	48,24	191	191	66,85	68,76	248	248	86,80	89,28
135	135	47,25	48,60	192	192	67,20	69,12	249	249	87,15	89,64
136	136	47,60	48,96	193	193	67,55	69,48	250	250	87,50	90,00
137	137	47,95	49,32	194	194	67,90	69,84	251	251	87,85	90,36
138	138	48,30	49,68	195	195	68,25	70,20	252	252	88,20	90,72
139	139	48,65	50,04	196	196	68,60	70,56	253	253	88,55	91,08
140	140	49,00	50,40	197	197	68,95	70,92	254	254	88,90	91,44
141	141	49,35	50,76	198	198	69,30	71,28	255	255	89,25	91,80
142	142	49,70	51,12	199	199	69,65	71,64	256	256	89,60	92,16
143	143	50,05	51,48	200	200	70,00	72,00	257	257	89,95	92,52
144	144	50,40	51,84	201	201	70,35	72,36	258	258	90,30	92,88
145	145	50,75	52,20	202	202	70,70	72,72	259	259	90,65	93,24
146	146	51,10	52,56	203	203	71,05	73,08	260	260	91,00	93,60
147	147	51,45	52,92	204	204	71,40	73,44	261	261	91,35	93,96
148	148	51,80	53,28	205	205	71,75	73,80	262	262	91,70	94,32
149	149	52,15	53,64	206	206	72,10	74,16	263	263	92,05	94,68
150	150	52,50	54,00	207	207	72,45	74,52	264	264	92,40	95,04
151	151	52,85	54,36	208	208	72,80	74,88	265	265	92,75	95,40
152	152	53,20	54,72	209	209	73,15	75,24	266	266	93,10	95,76
153	153	53,55	55,08	210	210	73,50	75,60	267	267	93,45	96,12
154	154	53,90	55,40	211	211	73,85	75,96	268	268	93,80	96,48
155	155	54,25	55,60	212	212	74,20	76,32	269	269	94,15	96,84
156	156	54,60	56,16	213	213	74,55	76,68	270	270	94,50	97,20

Zahlentafel 59. *Vickers-, Brinell-, Rockwell-C-Härten – Zugfestigkeiten (errechnet) für legierte Stähle und für Kohlenstoffstahl* (Fortsetzung).

Vergleichende Mittelwerte bedingter Sicherheit s. Seiten 12 u. 15.

HV	*H Bn*	σ_{zB}		*HV*	*H Bn*	σ_{zB}		*HV*	*H Bn*	σ_{zB}	
		0,35 · *HB*	0,36 · *HB*			0,35 · *HB*	0,36 · *HB*			0,35 · *HB*	0,36 · *HB*
271	271	94,85	97,56	328	325	113,75	117,00	385	373	130,55	134,28
272	272	95,20	97,92	329	326	114,10	117,36	386	374	130,90	134,64
273	273	95,55	98,28	330	327	114,45	117,72	387	375	131,25	135,00
274	274	95,90	98,64	331	328	114,80	118,08	388	376	131,60	135,36
275	275	96,25	99,00	332	328	114,80	118,08	389	377	131,95	135,72
276	276	96,60	99,36	333	329	115,15	118,44	390	377	131,95	135,72
277	277	96,95	99,72	334	330	115,50	118,80	391	378	132,30	136,08
278	278	97,30	100,08	335	331	115,85	119,16	392	379	132,65	136,44
279	279	97,65	100,44	336	332	116,20	119,52	393	379	132,65	136,44
280	280	98,00	100,80	337	333	116,55	119,88	394	380	133,00	136,80
281	281	98,35	101,16	338	333	116,55	119,88	395	381	133,35	137,16
282	282	98,70	101,52	339	334	116,90	120,24	396	382	133,70	137,52
283	283	99,05	101,88	340	335	117,25	120,60	397	383	134,05	137,88
284	284	99,40	102,24	341	336	117,60	120,96	398	383	134,05	137,88
285	285	99,75	102,60	342	337	117,95	121,32	399	384	134,40	138,24
286	286	100,10	102,96	343	338	118,30	121,68	400	385	134,75	138,60
287	287	100,45	103,32	344	338	118,30	121,68	401	386	135,10	138,96
288	288	100,80	103,68	345	339	118,65	122,04	402	387	135,45	139,32
289	289	101,15	104,04	346	340	119,00	122,40	403	388	135,80	139,68
290	290	101,50	104,50	347	341	119,35	122,76	404	388	135,80	139,68
291	291	101,85	104,76	348	342	119,70	123,12	405	389	136,15	140,04
292	292	102,20	105,12	349	343	120,05	123,48	406	390	136,50	140,40
293	293	102,55	105,48	350	343	120,05	123,48	407	391	136,85	140,76
294	294	102,90	105,84	351	344	120,40	123,84	408	392	137,20	141,12
295	295	103,25	106,20	352	345	120,75	124,20	409	393	137,55	141,48
296	296	103,60	106,56	353	346	121,10	124,56	410	394	137,90	141,84
297	297	103,95	106,92	354	347	121,45	124,92	411	395	138,25	142,20
298	298	104,30	107,28	355	348	121,80	125,28	412	396	138,60	142,56
299	299	104,65	107,64	356	348	121,80	125,28	413	397	138,95	142,92
300	300	105,00	108,00	357	349	122,15	125,64	414	397	138,95	142,92
301	301	105,35	108,36	558	350	122,50	126,00	415	398	139,30	143,28
302	302	105,70	108,72	359	351	122,85	126,36	416	399	139,65	143,64
303	303	106,05	109,08	360	352	123,20	126,72	417	399	139,65	143,64
304	304	106,40	109,44	361	353	123,55	127,08	418	400	140,00	144,00
305	305	106,75	109,80	362	353	123,55	127,08	419	401	140,35	144,36
306	306	107,10	110,16	363	354	123,90	127,44	420	402	140,70	144,72
307	307	107,45	110,52	364	355	124,25	127,80	421	403	141,05	145,08
308	308	107,80	110,88	365	356	124,60	128,16	422	404	141,40	145,44
309	308	107,80	110,88	366	357	124,95	128,52	423	405	141,75	145,80
310	309	108,15	111,24	367	358	125,30	128,88	424	406	142,10	146,16
311	310	108,50	111,60	368	358	125,30	128,88	425	407	142,45	146,52
312	311	108,85	111,96	369	359	125,65	129,22	426	407	142,45	146,52
313	312	109,20	112,32	370	360	126,00	129,60	427	408	142,80	146,88
314	313	109,55	112,68	371	361	126,35	129,96	428	409	143,15	147,24
315	314	109,90	113,04	372	362	126,70	130,32	429	409	143,15	147,24
316	315	110,25	113,40	373	363	127,05	130,68	430	410	143,50	147,60
317	316	110,60	113,76	374	363	127,05	130,68	431	411	143,85	147,96
318	317	110,95	114,12	375	364	127,40	131,04	432	412	144,20	148,32
319	318	111,30	114,48	376	365	127,75	131,40	433	413	144,55	148,68
320	318	111,30	114,48	377	366	128,10	131,76	434	413	144,55	148,68
321	319	111,65	114,84	378	367	128,45	132,12	435	414	144,90	149,04
322	320	112,00	115,20	379	368	128,80	132,48	436	415	145,25	149,40
323	321	112,35	115,56	380	368	128,80	132,48	437	416	145,60	149,76
324	322	112,70	115,92	381	369	129,15	132,84	438	417	145,95	150,12
325	323	113,05	116,28	382	370	129,50	133,20	439	418	146,30	150,48
326	323	113,05	116,28	383	371	129,85	133,56	440	418	146,30	150,48
327	324	113,40	116,64	384	372	130,20	133,92	441	419	146,65	150,84

Zahlentafel 59. *Vickers-, Brinell-, Rockwell-C-Härten – Zugfestigkeiten (errechnet) für legierte Stähle und für Kohlenstoffstahl* (Fortsetzung).

Vergleichende Mittelwerte bedingter Sicherheit s. Seiten 12 u. 15.

HV	*HBn*	σ_{zB}		*HV*	*HBn*	σ_{zB}		*HV*	*HBn*	σ_{zB}	
		0,35 · *HB*	0,36 · *HB*			0,35 · *HB*	0,36 · *HB*			0,35 · *HB*	0,36 · *HB*
442	420	147,00	151,20	499	468	163,80	168,48	556	513	179,55	184,68
443	421	147,35	151,56	500	468	163,80	168,48	557	513	179,55	184,68
444	422	147,70	151,92	501	469	164,15	168,84	558	514	179,90	185,04
445	423	148,05	152,28	502	470	164,50	169,20	559	514	179,90	185,04
446	423	148,05	152,28	503	471	164,85	169,56	560	515	180,25	185,40
447	424	148,40	152,64	504	472	165,20	169,92	561	516	180,60	185,76
448	425	148,75	153,00	505	473	165,55	170,28	562	517	180,95	186,12
449	426	149,10	153,35	506	474	165,90	170,64	563	518	181,30	186,48
450	427	149,45	153,72	507	474	165,90	170,64	564	519	181,65	186,84
451	428	149,80	154,08	508	475	166,25	171,00	565	520	182,00	187,20
452	428	149,80	154,08	509	476	166,60	171,36	566	521	182,35	187,56
453	429	150,15	154,44	510	477	166,95	171,72	567	522	182,70	187,92
454	430	150,50	154,80	511	478	167,30	172,08	568	523	183,05	188,28
455	431	150,85	155,16	512	478	167,30	172,08	569	524	183,40	188,64
456	432	151,20	155,52	513	479	167,65	172,44	570	525	183,75	189,00
457	433	151,55	155,88	514	480	168,00	172,80	571	526	184,10	189,36
458	433	151,55	155,88	515	481	168,35	173,16	572	527	184,45	189,72
459	434	151,90	156,24	516	482	168,70	173,52	573	527	184,45	189,72
460	435	152,25	156,60	517	483	169,05	173,88	574	528	184,80	190,08
461	436	152,60	156,96	518	483	169,05	173,88	575	529	185,15	190,44
462	437	152,95	157,32	519	484	169,40	174,24	576	529	185,15	190,44
463	438	153,30	157,68	520	485	169,75	174,60	577	530	185,50	190,80
464	438	153,30	157,68	521	486	170,10	174,96	578	531	185,85	191,16
465	439	153,65	158,04	522	487	170,45	175,32	579	532	186,20	191,52
466	440	154,00	158,40	523	488	170,80	175,68	580	533	186,55	191,88
467	441	154,35	158,76	524	488	170,80	175,68	581	533	186,55	191,88
468	442	154,70	159,12	525	489	171,15	176,04	582	534	186,90	192,24
469	443	155,05	159,48	526	490	171,50	176,40	583	535	187,25	192,60
470	443	155,05	159,48	527	491	171,85	176,76	584	536	187,60	192,96
471	444	155,40	159,84	528	492	172,20	177,12	585	537	187,95	193,32
472	445	155,75	160,20	529	493	172,55	177,48	586	537	187,95	193,32
473	446	156,10	160,56	530	494	172,90	177,84	587	538	188,30	193,68
474	447	156,45	160,92	531	495	173,25	178,20	588	539	188,65	194,04
475	448	156,80	161,28	532	495	173,25	178,20	589	539	188,65	194,04
476	448	156,80	161,28	533	496	173,60	178,56	590	540	189,00	194,40
477	449	157,15	161,64	534	497	173,95	178,92	591	541	189,35	194,76
478	450	157,50	162,00	535	498	174,30	179,28	592	542	189,70	195,12
479	451	157,85	162,36	536	498	174,30	179,28	593	543	190,05	195,48
480	452	158,20	162,72	537	499	174,65	179,64	594	543	190,05	195,48
481	453	158,55	163,08	538	500	175,00	180,00	595	544	190,40	195,84
482	453	158,55	163,08	539	501	175,35	180,36	596	545	190,75	196,20
483	454	158,90	163,44	540	502	175,70	180,72	597	546	191,10	196,56
484	455	159,25	163,80	541	502	175,70	180,72	598	547	191,45	196,92
485	456	159,60	164,16	542	503	176,05	181,08	599	548	191,80	197,28
486	457	159,95	164,52	543	504	176,40	181,44	600	548	191,80	197,28
487	458	160,30	164,88	544	504	176,40	181,44	601	549	192,15	197,64
488	458	160,30	164,88	545	505	176,75	181,80	602	550	192,50	198,00
489	459	160,65	165,24	546	506	177,10	182,16	603	551	192,85	198,36
490	460	161,00	165,60	547	507	177,45	182,52	604	551	192,85	198,36
491	461	161,35	165,96	548	507	177,45	182,52	605	552	193,20	198,72
492	462	161,70	166,32	549	508	177,80	182,88	606	553	193,55	199,08
493	462	161,70	166,32	550	509	178,15	183,24	607	553	193,55	199,08
494	463	162,05	166,68	551	509	178,15	183,24	608	554	193,90	199,44
495	464	162,40	167,04	552	510	178,50	183,60	609	555	194,25	199,80
496	465	162,75	167,40	553	511	178,85	183,96	610	555	194,25	199,80
497	466	163,10	167,76	554	511	178,85	183,96	611	556	194,60	200,16
498	467	163,45	168,12	555	512	179,20	184,32	612	557	194,95	200,52

Zahlentafel 59. *Vickers-, Brinell-, Rockwell-C-Härten – Zugfestigkeiten (errechnet) für legierte Stähle und für Kohlenstoffstahl* (Fortsetzung).
Vergleichende Mittelwerte bedingter Sicherheit s. Seiten 12 u. 15.

HV	*HBn*	σ_{zB}		*HV*	*HBn*	σ_{zB}		*HV*	*HBn*	σ_{zB}	
		0,35 · *HB*	0,36 · *HB*			0,35 · *HB*	0,36 · *HB*			0,35 *HV*	0,36 · *HV*
613	557	194,95	200,52	670	605	211,75	217,80	727	648	226,80	233,28
614	558	195,30	200,88	671	606	212,10	218,16	728	649	227,15	233,64
615	559	195,65	201,24	672	607	212,45	218,52	729	649	227,15	233,64
616	559	195,65	201,24	673	607	212,45	218,52	730	650	227,50	234,00
617	560	196,00	201,60	674	608	212,80	218,88	731	651	227,85	234,36
618	561	196,35	201,96	675	609	213,15	219,24	732	652	228,20	234,72
619	562	196,70	202,32	676	609	213,15	219,24	733	653	228,55	235,08
620	563	197,05	202,68	677	610	213,50	219,60	734	653	228,55	235,08
621	563	197,05	202,68	678	611	213,85	219,96	735	654	228,90	235,44
622	564	197,40	203,04	679	612	214,20	220,32	736	655	229,25	235,80
623	565	197,75	203,40	680	612	214,20	220,32	737	656	229,60	236,16
624	566	198,10	203,76	681	613	214,55	220,68	738	657	229,95	236,52
625	567	198,45	204,12	682	614	214,90	221,04	739	658	230,30	236,88
626	568	198,80	204,48	683	614	214,90	221,04	740	658	230,30	236,88
627	568	198,80	204,48	684	615	215,25	221,40	741	659	230,65	237,24
628	569	199,15	204,84	685	616	215,60	221,76	742	660	231,00	237,60
629	570	199,50	205,20	686	617	215,95	222,12	743	660	231,00	237,60
630	571	199,85	205,60	687	618	216,30	222,48	744	661	231,35	237,96
631	572	200,20	205,92	688	618	216,30	222,48	745	662	231,70	238,32
632	573	200,55	206,28	689	619	216,65	222,84	746	663	232,05	238,68
633	573	200,55	206,28	690	620	217,00	223,20	747	663	232,05	238,68
634	574	200,90	206,64	691	621	217,35	223,56	748	664	232,40	239,04
635	575	201,25	207,00	692	622	217,70	223,92	749	665	232,75	239,40
636	576	201,60	207,36	693	623	218,05	224,28	750	666	233,10	239,76
637	577	201,95	207,72	694	623	218,05	224,28	751	667	233,45	240,12
638	578	202,30	208,08	695	624	218,40	224,64	752	668	233,80	240,48
639	578	202,30	208,08	696	625	218,75	225,00	753	668	233,80	240,48
640	579	202,65	208,44	697	626	219,10	225,36	754	669	234,15	240,84
641	580	203,00	208,80	698	627	219,45	225,72	755	670	234,50	241,20
642	581	203,35	209,16	699	627	219,45	225,72	756	671	234,85	241,56
643	582	203,70	209,52	700	628	219,80	226,08	757	672	235,20	241,92
644	583	204,05	209,88	701	629	220,15	226,44	758	673	235,55	242,28
645	583	204,05	209,88	702	629	220,15	226,44	759	673	235,55	242,28
646	584	204,40	210,24	703	630	220,50	226,80	760	674	235,90	242,64
647	585	204,75	210,60	704	631	220,85	227,16	761	675	236,25	243,00
648	586	205,10	210,96	705	632	221,20	227,52	762	676	236,60	243,36
649	587	205,45	211,32	706	632	221,20	227,52	763	677	236,95	243,72
650	588	205,80	211,68	707	633	221,55	227,80	764	678	237,30	244,08
651	589	206,15	212,04	708	634	221,90	228,16	765	678	237,30	244,08
652	590	206,50	212,40	709	634	221,90	228,16	766	679	237,65	244,44
635	591	206,85	212,76	710	635	222,25	228,52	767	680	238,00	244,80
654	592	207,20	213,12	711	636	222,60	228,96	768	681	238,35	245,16
655	593	207,55	213,48	712	637	222,95	229,32	769	682	238,70	245,52
656	593	207,55	213,48	713	638	223,30	229,68	770	682	238,70	245,52
657	594	207,90	213,84	714	638	223,30	229,68	771	683	239,05	245,88
658	595	208,25	214,20	715	639	223,65	230,04	772	684	239,40	246,24
659	596	208,60	214,56	716	640	224,00	230,40	773	684	239,40	246,24
660	597	208,95	214,92	717	641	224,35	230,76	774	685	239,75	246,60
661	598	209,30	215,28	718	642	224,70	231,12	775	686	240,10	246,96
662	598	209,30	215,28	719	642	224,70	231,12	776	687	240,45	247,32
663	599	209,65	215,64	720	643	225,05	231,48	777	688	240,80	247,68
664	600	210,00	216,00	721	644	225,40	231,84	778	688	240,80	247,68
665	601	210,35	216,36	722	644	225,40	231,84	779	689	241,15	248,04
666	602	210,70	216,72	723	645	225,75	232,20	780	690	241,50	248,40
667	603	211,05	217,08	724	646	226,10	232,56	781	691	241,85	248,76
668	603	211,05	217,08	725	647	226,45	232,92	782	692	242,20	249,12
669	604	211,40	217,44	726	648	226,80	233,28	783	692	242,20	249,12

Zahlentafel 59. *Vickers-, Brinell-, Rockwell-C-Härten – Zugfestigkeiten (errechnet) für legierte Stähle und für Kohlenstoffstahl* (Fortsetzung).
Vergleichende Mittelwerte bedingter Sicherheit s. Seiten 12 u. 15.

HV	*HBn*	σ_{zB}		*HV*	*HBn*	σ_{zB}		*HV*	*HBn*	σ_{zB}	
		0,35 · *HB*	0,36 · *HB*			0,35 · *HB*	0,36 · *HB*			0,35 · *HB*	0,36 · *HB*
784	693	242,55	249,48	810	713	249,55	256,68	836	732	256,20	263,53
785	694	242,90	249,84	811	714	249,90	257,04	837	732	256,20	263,53
786	695	243,25	250,20	812	714	249,90	257,04	838	733	256,55	263,88
787	696	243,60	250,56	813	715	250,25	257,40	839	734	256,90	264,24
788	697	243,95	250,92	814	716	250,60	257,76	840	734	256,90	264,24
789	697	243,95	250,92	815	716	250,60	257,76	841	735	257,25	264,60
790	698	244,30	251,28	816	717	250,95	258,12	842	736	257,60	264,96
791	699	244,65	251,64	817	718	251,30	258,48	843	736	257,60	264,96
792	699	244,65	251,64	818	718	251,30	258,48	844	737	257,95	265,32
793	700	245,00	252,00	819	719	251,65	258,84	845	737	257,95	265,32
794	701	245,35	252,36	820	719	251,65	258,84	846	738	258,30	265,68
795	702	245,70	252,72	821	720	252,00	259,20	847	739	258,65	266,04
796	703	246,05	253,08	822	721	252,35	259,56	848	739	258,65	266,04
797	703	246,05	253,08	823	722	252,70	259,92	849	740	259,00	266,40
798	704	246,40	253,44	824	723	253,05	260,28	850	740	259,00	266,40
799	705	246,75	253,80	825	723	253,05	260,28	851	741	259,35	266,76
800	706	247,10	254,16	826	724	253,40	260,64	852	742	259,70	267,12
801	707	247,45	254,52	827	725	253,75	261,00	853	743	260,05	267,48
802	707	247,45	254,52	828	726	254,10	261,36	854	743	260,05	267,48
803	708	247,80	254,88	829	727	254,45	261,72	855	744	260,40	267,84
804	709	248,15	255,24	830	727	254,45	261,72	856	745	260,75	268,20
805	709	248,15	255,24	831	728	254,80	262,08	857	746	261,10	268,56
806	710	248,50	255,60	832	729	255,15	262,44	858	747	261,45	268,92
807	711	248,85	255,96	833	729	255,15	262,44	859	747	261,45	268,92
808	712	249,20	256,32	834	730	255,50	262,80	860	748	261,80	269,28
809	712	249,20	256,32	835	731	255,85	263,16				

VII. Tafeln für Biegeprüfungen.

Zahlentafel 60. *Trägheits- und Widerstandsmomente kreisförmiger Querschnitte.*

$$J = \frac{\pi \cdot d^4}{64}, \qquad W = \frac{\pi \cdot d^3}{32}.$$

d	J	W	d	J	W	d	J	W
1	0,0491	0,0982	51	332086	13023	101	5108055	101150
2	0,7854	0,7854	52	358908	13804	102	5313378	104184
3	3,976	2,651	53	387323	14616	103	5524830	107278
4	12,57	6,283	54	417393	15459	104	5742532	110433
5	30,68	12,27	55	449180	16334	105	5966604	113650
6	63,62	21,21	56	482750	17241	106	6197171	116928
7	117,9	33,67	57	518166	18181	107	6434357	120268
8	201,1	50,27	58	555497	19155	108	6678287	123672
9	322,1	71,57	59	594810	20163	109	6929087	127139
10	490,9	98,17	60	636172	21206	110	7186886	130671
11	718,7	130,7	61	679651	22284	111	7451813	134267
12	1018	169,6	62	725332	23398	112	7723997	137929
13	1402	215,7	63	773272	24548	113	8003571	141656
14	1886	269,4	64	823550	25736	114	8290666	145450
15	2485	331,3	65	876240	26961	115	8585417	149312
16	3217	402,1	66	931420	28225	116	8887958	153241
17	4100	482,3	67	989166	29527	117	9198425	157238
18	5153	572,6	68	1049556	30869	118	9516956	161304
19	6397	673,4	69	1112660	32251	119	9843689	165440
20	7854	785,4	70	1178588	33674	120	10178763	169646
21	9547	909,2	71	1247393	35138	121	10522320	173923
22	11499	1045	72	1319167	36644	122	10874501	178271
23	13737	1194	73	1393995	38192	123	11235450	182690
24	16286	1357	74	1471963	39738	124	11605311	187182
25	19175	1534	75	1553156	41417	125	11984229	191748
26	22432	1726	76	1637662	43096	126	12372350	196387
27	26087	1932	77	1725571	44820	127	12769824	201100
28	30172	2155	78	1816972	46589	128	13176799	205887
29	34719	2394	79	1911967	48404	129	13593424	210751
30	39761	2651	80	2010619	50265	130	14019852	215690
31	45333	2925	81	2113051	52174	131	14456235	220706
32	51472	3217	82	2219347	54130	132	14902727	225799
33	58214	3528	83	2329605	56135	133	15359483	230970
34	65597	3859	84	2443920	58189	134	15826658	236219
35	73662	4209	85	2562392	60292	135	16204411	241547
36	82448	4580	86	2685120	62445	136	16792899	246954
37	91998	4973	87	2812205	64648	137	17292282	252442
38	102354	5387	88	2943748	66903	138	17802721	258010
39	113561	5824	89	3079853	69210	139	18324378	263660
40	125664	6283	90	3220623	71569	140	18857416	269392
41	138709	6766	91	3366165	73982	141	19401999	275206
42	152745	7274	92	3516586	76448	142	19958294	281103
43	167820	7806	93	3671992	78968	143	20526466	287083
44	183984	8363	94	3832492	81542	144	21106684	293148
45	201289	8946	95	3998198	84173	145	21699116	299298
46	219787	9556	96	4169220	86859	146	22303933	305533
47	239531	10193	97	4345671	89601	147	22921307	311855
48	260576	10857	98	4527664	92401	148	23551409	318262
49	282979	11550	99	4715315	95259	149	24194414	324757
50	306796	12272	100	4908738	98175	150	24850496	331340

Zahlentafel 61. *Widerstandsmomente für Gußeisen-Probestäbe.*

d = 8,0 bis 50,0 mm.

d mm	*W*	*d* mm	*W*	*d* mm	*W*	*d* mm	*W*	*d* mm	*W*
8,0	50,3	25,0	1534,0	28,5	2272,7	32,0	3217,0	37,0	4972,9
5	60,3	1	1552,4	6	2296,7	1	3247,2	5	5177,2
9,0	71,6	2	1571,1	7	2320,9	2	3277,7	38,0	5387,1
5	84,2	3	1589,9	8	2345,2	3	3308,3	5	5602,6
10,0	98,2	4	1608,8	9	2369,8	4	3339,1	39,0	5823,6
5	113,7	25,5	1627,8	29,0	2394,4	32,5	3370,2	5	6050,5
11,0	130,7	6	1647,1	1	2419,2	6	3401,4	40,0	6283,2
5	149,3	7	1666,5	2	2444,3	7	3432,8	5	6521,8
12,0	169,6	8	1686,1	3	2469,5	8	3464,4	41,0	6766,4
5	191,7	9	1705,7	4	2494,8	9	3496,1	5	7016,8
13,0	215,7	26,0	1725,5	29,5	2520,4	33,0	3528,1	42,0	7273,6
5	241,5	1	1745,6	6	2546,1	1	3560,3	5	7536,3
14,0	269,4	2	1765,7	7	2572,0	2	3592,6	43,0	7805,6
5	299,3	3	1785,9	8	2598,1	3	3625,2	5	8080,9
15,0	331,3	4	1806,4	9	2624,3	4	3658,0	44,0	8363,0
5	365,6	26,5	1827,0	30,0	2650,7	33,5	3690,9	5	8651,1
16,0	402,1	6	1847,8	1	2677,3	6	3724,1	45,0	8946,1
5	441,0	7	1868,7	2	2704,1	7	3757,5	5	9247,6
17,0	482,3	8	1889,8	3	2731,0	8	3790,9	46,0	9555,9
5	526,1	9	1911,0	4	2758,1	9	3824,7	5	9870,5
18,0	572,6	27,0	1932,4	30,5	2785,5	34,0	3858,7	47,0	10192,6
5	621,6	1	1954,0	6	2813,0	1	3892,8	5	10521,3
19,0	673,4	2	1975,7	7	2840,6	2	3927,2	48,0	10857,1
5	728,0	3	1997,5	8	2868,5	3	3961,8	5	11200,0
20,0	785,4	4	2019,6	9	2896,6	4	3996,5	49,0	11550,0
5	845,8	27,5	2041,8	31,0	2924,7	34,5	4031,5	5	11907,0
21,0	909,2	6	2064,1	1	2953,1	6	4066,6	50,0	12271,6
5	975,7	7	2086,6	2	2981,7	7	4102,0		
22,0	1045,4	8	2109,3	3	3010,4	8	4137,5		
5	1118,3	9	2132,2	4	3039,4	9	4173,3		
23,0	1194,5	28,0	2155,1	31,5	3068,6	35,0	4209,3		
5	1274,1	1	2178,3	6	3097,9	5	4392,3		
24,0	1357,2	2	2201,7	7	3127,4	36,0	4580,5		
5	1434,8	3	2225,1	8	3157,0	5	4774,0		
		4	2248,8	9	3187,0				

Zahlentafel 62. *Ermittelung des c-Wertes zur Bestimmung der Biegefestigkeiten an Gußeisenstäben mit kreisförmigen Querschnitten.*

d = Stabdurchmesser $\quad W$ = Widerstandsmoment

L_{min} = Stablänge = $L_s + 2 \cdot d \quad L_s$ = Stützweite = $20 \cdot d$

$$c = \frac{L_s}{4 \cdot W}\ ^{1)}.$$

d mm	L_s mm	*L* mm	*W*	*c*	*d* mm	L_s mm	*L* mm	*W*	*c*
8,0	160	176	50,3	0,7952	11,0	220	242	130,7	0,4208
5	170	187	60,3	0,7048	5	230	253	149,3	0,3851
9,0	180	198	71,6	0,6285	12,0	240	264	169,6	0,3538
5	190	209	84,2	0,5641	5	250	275	191,7	0,3260
10,0	200	220	98,2	0,5092	13,0	260	286	215,7	0,3014
5	210	231	113,7	0,4618	5	270	297	241,5	0,2795

[1]) Belastung in der Stabmitte angreifend.

Zahlentafel 62. *Ermittelung des c-Wertes zur Bestimmung der Biegefestigkeiten an Gußeisenstäben mit kreisförmigen Querschnitten* (Fortsetzung).

d = Stabdurchmesser W = Widerstandsmoment

L_{min} = Stablänge = $L_s + 2 \cdot d$ L_s = Stützweite = $20 \cdot d$ $c = \frac{L_s}{4 \cdot W}$[1]).

d mm	L_s mm	L mm	W	c	d mm	L_s mm	L mm	W	c
14,0	280	308	269,4	0,2598	33,0	660	726	3528,1	0,0468
5	290	319	299,3	0,2422	5	670	737	3690,9	0,0454
15,0	300	330	331,3	0,2264	34,0	680	748	3858,7	0,0441
5	310	341	365,6	0,2120	5	690	759	4031,5	0,0428
16,0	320	352	402,1	0,1990	35,0	700	770	4209,3	0,0416
5	330	363	441,0	0,1871	5	710	781	4392,3	0,0404
17,0	340	374	482,3	0,1762	36,0	720	792	4580,5	0,0393
5	350	385	526,1	0,1663	5	730	803	4774,0	0,0382
18,0	360	396	572,6	0,1572	37,0	740	814	4972,9	0,0372
5	370	407	621,6	0,1488	5	750	825	5177,2	0,0362
19,0	380	418	673,4	0,1411	38,0	760	836	5387,1	0,0353
5	390	429	728,0	0,1339	5	770	847	5602,6	0,0344
20,0	400	440	785,4	0,1273	39,0	780	858	5823,6	0,0335
5	410	451	845,8	0,1212	5	790	869	6050,5	0,0326
21,0	420	462	909,2	0,1155	40,0	800	880	6283,2	0,0318
5	430	473	975,7	0,1102	5	810	891	6521,8	0,03105
22,0	440	484	1045,4	0,1053	41,0	820	902	6766,4	0,03030
5	450	495	1118,3	0,1006	5	830	913	7016,8	0,02958
23,0	460	506	1194,5	0,0963	42,0	840	924	7273,6	0,02887
5	470	517	1274,1	0,0922	5	850	935	7536,3	0,02820
24,0	480	528	1357,2	0,0884	43,0	860	946	7805,6	0,02754
5	490	539	1443,8	0,0849	5	870	957	8080,9	0,02691
25,0	500	550	1534,0	0,0815	44,0	880	968	8363,0	0,02630
5	510	561	1627,8	0,0783	5	890	979	8651,1	0,02572
26,0	520	572	1725,5	0,0753	45,0	900	990	8946,1	0,02515
5	530	583	1827,0	0,0725	5	910	1001	9247,6	0,02460
27,0	540	594	1932,4	0,0699	46,0	920	1012	9559,9	0,02407
5	550	605	2041,7	0,0674	5	930	1023	9870,5	0,02355
28,0	560	616	2155,1	0,0650	47,0	940	1034	10192,6	0,02306
5	570	627	2272,7	0,0627	5	950	1045	10521,3	0,02257
29,0	580	638	2394,4	0,0606	48,0	960	1056	10857,1	0,02211
5	590	649	2520,3	0,0585	5	970	1067	11200,0	0,02165
30,0	600	660	2650,7	0,0566	49,0	980	1078	11550,0	0,02121
5	610	671	2785,5	0,0548	5	990	1089	11907,0	0,02079
31,0	620	682	2924,7	0,0530	50,0	1000	1100	12271,6	0,02037
5	630	693	3068,6	0,0513					
32,0	640	704	3217,0	0,0497					
5	650	715	3370,2	0,0482					

[1]) Belastung in der Stabmitte angreifend.

Zahlentafel 63. *Biegefestigkeiten. Gußeisen-Probestab.*

d = 10 mm, L_s = 200 mm.

P kg	σ_{bB} kg/mm²	P kg	σ_{bB} kg/mm²	P kg	σ_{bB} kg/mm²	P kg	σ_{bB} kg/mm²
5	2,5	35	17,8	65	33,1	95	48,4
10	5,1	40	20,4	70	35,6	100	50,9
15	7,6	45	22,9	75	38,2	05	53,5
20	10,2	50	25,5	80	40,7	10	56,0
25	12,7	55	28,0	85	43,3	15	58,6
30	15,3	60	30,6	90	45,8	20	61,1

Zahlentafel 64. *Biegefestigkeiten. Gußeisen-Probestab.*
$d = 15$ mm, $L_s = 300$ mm.

P kg	σ_{bB} kg/mm²	P kg	σ_{bB} kg/mm²	P kg	σ_{bB} kg/mm²
		100	22,6	200	45,3
		05	23,8	05	46,4
		10	24,9	10	47,5
		15	26,0	15	48,7
		20	27,2	20	49,8
25	5,7	25	28,3	25	50,9
30	6,8	30	29,4	30	52,1
35	7,9	35	30,6	35	53,2
40	9,1	40	31,7	40	54,3
45	10,2	45	32,8	45	55,5
50	11,3	150	34,0	250	56,6
55	12,5	55	35,1	55	57,7
60	13,6	60	36,2	60	58,9
65	14,7	65	37,4	65	60,0
70	15,8	70	38,5	70	61,1
75	17,0	75	39,6	75	62,3
80	18,1	80	40,8		
85	19,2	85	41,9		
90	20,4	90	43,0		
95	21,5	95	44,1		
100	22,6	200	45,3		

Zahlentafel 65. *Biegefestigkeiten. Gußeisen-Probestab.*
$d = 20$ mm, $L_s = 400$ mm.

P kg	σ_{bB} kg/mm²	P kg	σ_{bB} kg/mm²	P kg	σ_{bB} kg/mm²	P kg	σ_{bB} kg/mm²
5	0,6	25	15,9	45	31,2	65	46,5
10	1,3	30	16,5	250	31,8	70	47,1
15	1,9	35	17,2	55	32,5	75	47,7
20	2,5	40	17,8	60	33,1	80	48,4
25	3,2	45	18,5	65	33,7	85	49,0
30	3,8	150	19,1	70	34,4	90	49,6
35	4,5	55	19,7	75	35,0	95	50,3
40	5,1	60	20,4	80	35,6	400	50,9
45	5,7	65	21,0	85	36,3	05	51,6
50	6,4	70	21,6	90	36,9	10	52,2
55	7,0	75	22,3	95	37,6	15	52,8
60	7,6	80	22,9	300	38,2	20	53,5
65	8,3	85	23,6	05	38,8	25	54,1
70	8,9	90	24,2	10	39,5	30	54,7
75	9,5	95	24,8	15	40,1	35	55,4
80	10,2	200	25,5	20	40,7	40	56,0
85	10,8	05	26,1	25	41,4	45	56,6
90	11,5	10	26,7	30	42,0	450	57,3
95	12,1	15	27,4	35	42,6	55	57,9
100	12,7	20	28,0	40	43,3	60	58,6
05	13,4	25	28,6	45	43,9	65	59,2
10	14,0	30	29,3	350	44,6	70	59,8
15	14,6	35	29,9	55	45,2	75	60,5
20	15,3	40	30,6	60	45,8	80	61,1

Zahlentafel 66. ***Biegefestigkeiten.*** *Gußeisen-Probestab.*

$d = 25$ mm, $L_s = 500$ mm.

P kg	σ_{bB} kg/mm²	P kg	σ_{bB} kg/mm²	P kg	σ_{bB} kg/mm²
		250	20,4	500	40,8
		55	20,8	05	41,2
		60	21,2	10	41,6
		65	21,6	15	42,0
		70	22,0	20	42,4
		75	22,4	25	42,8
		80	22,8	30	43,2
30	2,4	85	23,2	35	43,6
35	2,9	90	23,6	40	44,0
40	3,3	95	24,0	45	44,4
45	3,7				
50	4,1	300	24,5	550	44,8
55	4,5	05	24,9	55	45,2
60	4,9	10	25,3	60	45,6
65	5,3	15	25,7	65	46,0
70	5,7	20	26,1	70	46,5
75	6,1	25	26,5	75	46,9
80	6,5	30	26,9	80	47,3
85	6,9	35	27,3	85	47,7
90	7,3	40	27,7	90	48,1
95	7,7	45	28,1	95	48,5
100	8,2	350	28,5	600	48,9
05	8,6	55	28,9	05	49,3
10	9,0	60	29,3	10	49,7
15	9,4	65	29,7	15	50,1
20	9,8	70	30,2	20	50,5
25	10,2	75	30,6	25	50,9
30	10,6	80	31,0	30	51,3
35	11,0	85	31,4	35	51,8
40	11,4	90	31,8	40	52,2
45	11,8	95	32,2	45	52,6
150	12,2	400	32,6	650	53,0
55	12,6	05	33,0	55	53,4
60	13,0	10	33,4	60	53,8
65	13,4	15	33,8	65	54,2
70	13,9	20	34,2	70	54,6
75	14,3	25	34,6	75	55,0
80	14,7	30	35,1	80	55,4
85	15,1	35	35,5	85	55,8
90	15,5	40	35,9	90	56,2
95	15,9	45	36,3	95	56,6
200	16,3	450	36,7	700	57,1
05	16,7	55	37,1	05	57,5
10	17,1	60	37,5	10	57,9
15	17,5	65	37,9	15	58,3
20	17,9	70	38,3	20	58,7
25	18,3	75	38,7	25	59,1
30	18,7	80	39,1	30	59,5
35	19,2	85	39,5	735	59,9
40	19,6	90	39,9	40	60,3
45	20,0	95	40,3	45	60,7
250	20,4	500	40,8	750	61,1

Zahlentafel 67. *Biegefestigkeiten. Gußeisen-Probestab.*

d = 29,0 bis 30,8 mm.

P kg \ d	29,0	29,2	29,4	29,6	29,8	30,0	30,2	30,4	30,6	30,8
500	30,3	29,9	29,5	29,1	28,7	28,3	27,9	27,6	27,2	26,9
10	30,9	30,4	30,0	29,6	29,3	28,9	28,5	28,1	27,7	27,4
20	31,5	31,0	30,6	30,2	29,8	29,4	29,0	28,7	28,3	27,9
30	32,1	31,6	31,2	30,8	30,4	30,0	29,6	29,2	28,8	28,5
40	32,7	32,2	31,8	31,4	31,0	30,6	30,1	29,8	29,4	29,0
550	33,3	32,8	32,4	32,0	31,6	31,1	30,7	30,3	29,9	29,5
60	33,9	33,4	33,0	32,5	32,1	31,7	31,2	30,9	30,5	30,1
70	34,5	34,0	33,6	33,1	32,7	32,3	31,8	31,4	31,0	30,6
80	35,1	34,6	34,2	33,7	33,3	32,8	32,4	32,0	31,6	31,1
90	35,8	35,2	34,8	34,3	33,9	33,4	32,9	32,5	32,1	31,7
600	36,4	35,8	35,3	34,9	34,4	34,0	33,5	33,1	32,6	32,2
10	37,0	36,4	35,9	35,4	35,0	34,5	34,0	33,6	33,2	32,8
20	37,6	37,0	36,5	36,0	35,6	35,1	34,6	34,2	33,7	33,3
30	38,2	37,6	37,1	36,6	36,2	35,7	35,2	34,7	34,3	33,8
40	38,8	38,2	37,6	37,2	36,7	36,2	35,7	35,3	34,8	34,4
650	39,4	38,8	38,3	37,8	37,3	36,8	36,3	35,8	35,4	34,9
60	40,0	39,4	38,9	38,3	37,9	37,4	36,8	36,4	35,9	35,4
70	40,6	40,0	39,5	38,9	38,5	37,9	37,4	36,9	36,4	36,0
80	41,2	40,6	40,1	39,5	39,0	38,5	37,9	37,5	37,0	36,5
90	41,8	41,2	40,6	40,1	39,6	39,1	38,5	38,0	37,5	37,1
700	42,4	41,8	41,2	40,7	40,2	39,6	39,1	38,6	38,1	37,6
10	43,0	42,4	41,8	41,3	40,8	40,2	39,6	39,1	38,6	38,1
20	43,6	43,0	42,4	41,8	41,3	40,8	40,2	39,7	39,4	38,7
30	44,2	43,6	42,9	42,4	41,9	41,3	40,7	40,2	39,7	39,2
40	44,8	44,2	43,6	43,0	42,5	41,9	41,3	40,8	40,3	39,7
750	45,5	44,8	44,2	43,6	43,1	42,6	41,9	41,3	40,8	40,3
60	46,1	45,4	44,8	44,2	43,6	43,0	42,4	41,9	41,3	40,8
70	46,7	46,0	45,4	44,7	44,2	43,6	43,0	42,4	41,9	41,3
80	47,3	46,6	45,9	45,3	44,8	44,1	43,5	43,0	42,4	41,9
90	47,9	47,2	46,5	45,9	45,3	44,7	44,1	43,5	43,0	42,4
800	48,5	47,8	47,1	46,5	45,9	45,3	44,6	44,1	43,5	43,0
10	49,1	48,4	47,7	47,1	46,5	45,8	45,2	44,6	44,1	43,5
20	49,7	49,0	48,3	47,6	47,1	46,4	45,8	45,2	44,6	44,0
30	50,3	49,6	48,9	48,2	47,6	47,0	46,3	45,7	45,2	44,6
40	50,9	50,1	49,5	48,8	48,2	47,5	46,9	46,3	45,7	45,1
850	51,5	50,7	50,1	49,4	48,8	48,1	47,4	46,8	46,2	45,6
60	52,1	51,3	50,7	50,0	49,4	48,7	48,0	47,4	46,8	46,2
70	52,7	51,9	51,2	50,5	49,9	49,2	48,5	47,9	47,3	46,7
80	53,3	52,5	51,8	51,1	50,5	49,8	49,1	48,5	47,9	47,3
90	53,9	53,1	52,4	51,7	51,1	50,4	49,7	49,0	48,4	47,7
900	54,5	53,7	53,0	52,3	51,7	50,9	50,2	49,6	49,0	48,3
10	55,1	54,3	53,6	52,9	52,2	51,5	50,8	50,1	49,5	48,9
20	55,8	54,9	54,2	53,5	52,8	52,1	51,3	50,7	50,0	49,4
30	56,4	55,5	54,8	54,0	53,4	52,6	51,9	51,2	50,6	49,9
40	57,0	56,1	55,4	54,6	54,0	53,2	52,5	51,8	51,1	50,5

Zahlentafel 67. *Biegefestigkeiten. Gußeisen-Probestab.*
d = 29,0 bis 30,8 mm.
(Fortsetzung.)

P kg \ d	29,0	29,2	29,4	29,6	29,8	30,0	30,2	30,4	30,6	30,8
950	57,6	56,7	56,0	55,2	54,5	53,8	53,0	52,3	51,7	51,0
60	58,2	57,3	56,5	55,8	55,1	54,3	53,6	52,9	52,2	51,6
70	58,8	57,9	57,1	56,4	55,7	54,9	54,1	53,4	52,8	52,1
80	59,4	58,5	57,7	56,9	56,3	55,5	54,7	54,0	53,3	52,6
90	60,0	59,1	58,3	57,5	56,8	56,0	55,2	54,5	53,9	53,2
1000	60,6	59,7	58,9	58,1	57,4	56,6	55,8	55,1	54,4	53,7
10	61,2	60,3	59,5	58,7	58,0	57,2	56,4	55,7	54,9	54,2
20	61,8	60,9	60,1	59,3	58,5	57,7	56,9	56,2	55,5	54,8
30	62,4	61,5	60,7	59,8	59,1	58,3	57,5	56,8	56,0	55,3
40	63,0	62,1	61,3	60,4	59,7	58,9	58,0	57,3	56,6	55,8
1050	63,6	62,7	61,8	61,0	60,3	59,4	58,6	57,9	57,1	56,4
60	64,2	63,3	62,4	61,6	60,8	60,0	59,1	58,4	57,7	56,9
70	64,8	63,9	63,0	62,2	61,4	60,6	59,7	59,0	58,2	57,5
80	65,4	64,5	63,6	62,7	62,0	61,1	60,3	59,5	58,8	58,0
90	66,1	65,1	64,2	63,3	62,6	61,7	60,8	60,1	59,3	58,5
1100	66,7	65,7	64,8	63,9	63,1	62,3	61,4	60,6	59,8	59,1

Zahlentafel 68. *Biegefestigkeiten. Gußeisen-Probestab.*
d = 31,0 bis 32,8 mm.

P kg \ d	31,0	31,2	31,4	31,6	31,8	32,0	32,2	32,4	32,6	32,8
500	26,5	26,2	25,9	25,5	25,2	24,9	24,6	24,3	24,0	23,2
10	27,0	26,7	26,4	26,0	25,7	25,3	25,0	24,7	24,4	23,7
20	27,6	27,2	26,9	26,5	26,2	25,8	25,5	25,2	24,9	24,2
30	28,1	27,7	27,4	27,0	26,7	26,3	26,0	25,7	25,4	24,6
40	28,6	28,2	27,9	27,5	27,2	26,8	26,5	26,2	25,9	25,1
550	29,2	28,8	28,4	28,1	27,7	27,3	27,0	26,7	26,3	25,6
60	29,7	29,3	29,0	28,6	28,2	27,8	27,5	27,2	26,8	26,0
70	30,2	29,8	29,5	29,1	28,7	28,3	28,0	27,7	27,3	26,5
80	30,7	30,3	30,0	29,6	29,2	28,8	28,5	28,1	27,8	27,0
90	31,3	30,9	30,5	30,1	29,7	29,3	29,0	28,6	28,3	27,4
600	31,8	31,4	31,0	30,6	30,2	29,8	29,5	29,1	28,7	27,9
10	32,3	31,9	31,5	31,1	30,7	30,3	30,0	29,6	29,2	28,4
20	32,9	32,4	32,1	31,6	31,0	30,8	30,4	30,1	29,7	28,8
30	33,4	32,9	32,6	32,1	31,8	31,3	30,9	30,6	30,2	29,3
40	33,9	33,5	33,1	32,6	32,3	31,8	31,4	31,0	30,7	29,8
650	34,5	34,0	33,6	33,2	32,8	32,3	31,9	31,5	31,1	30,2
60	35,0	34,5	34,1	33,7	33,3	32,8	32,4	32,0	31,6	30,7
70	35,5	35,0	34,6	34,2	33,8	33,3	32,9	32,5	32,1	31,2
80	36,0	35,6	35,2	34,7	34,3	33,8	33,4	33,0	32,6	31,6
90	36,6	36,1	35,7	35,2	34,8	34,3	33,9	33,5	33,1	32,1

Zahlentafel 68. *Biegefestigkeiten. Gußeisen-Probestab.*
d = 31,0 bis 32,8 mm.
(Fortsetzung.)

P kg \ d	31,0	31,2	31,4	31,6	31,8	32,0	32,2	32,4	32,6	32,8
700	37,1	36,6	36,2	35,7	35,3	34,8	34,4	34,0	33,5	32,6
10	37,6	37,1	36,7	36,2	35,8	35,3	34,9	34,4	34,0	33,0
20	38,2	37,7	37,2	36,7	36,3	35,8	35,4	34,9	34,5	33,5
30	38,7	38,2	37,7	37,2	36,8	36,3	35,8	35,4	35,0	33,9
40	39,2	38,7	38,3	37,7	37,3	36,8	36,3	35,9	35,4	34,4
750	39,8	39,2	38,8	38,3	37,8	37,3	36,8	36,4	35,9	34,9
60	40,3	39,7	39,3	38,8	38,3	37,8	37,3	36,9	36,4	35,3
70	40,8	40,3	39,8	39,3	38,8	38,3	37,8	37,3	36,9	35,8
80	41,3	40,8	40,3	39,8	39,3	38,8	38,3	37,8	37,4	36,3
90	41,9	41,3	40,8	40,3	39,8	39,3	38,8	38,3	37,8	36,7
800	42,4	41,8	41,4	40,8	40,3	39,8	39,3	38,8	38,3	37,2
10	42,9	42,4	41,9	41,3	40,8	40,3	39,8	39,3	38,8	37,7
20	43,5	42,9	42,4	41,8	41,3	40,8	40,3	39,8	39,3	38,1
30	44,0	43,4	42,9	42,3	41,8	41,3	40,8	40,3	39,8	38,6
40	44,5	43,9	43,4	42,8	42,3	41,7	41,2	40,7	40,2	39,1
850	45,1	44,5	43,9	43,4	42,8	42,2	41,7	41,2	40,7	39,5
60	45,6	45,0	44,5	43,9	43,3	42,7	42,2	41,7	41,2	40,0
70	46,1	45,5	45,0	44,4	43,8	43,2	42,7	42,2	41,7	40,5
80	46,6	46,0	45,5	44,9	44,4	43,7	43,2	42,7	42,2	40,9
90	47,2	46,5	46,0	45,4	44,9	44,2	43,7	43,2	42,6	41,4
900	47,7	47,1	46,5	45,9	45,4	44,7	44,2	43,7	43,1	41,9
10	48,2	47,6	47,0	46,4	45,9	45,2	44,7	44,1	43,6	42,3
20	48,8	48,1	47,6	46,9	46,4	45,7	45,2	44,6	44,1	42,8
30	49,3	48,6	48,1	47,4	46,9	46,2	45,7	45,1	44,5	43,2
40	49,8	49,2	48,6	47,9	47,4	46,7	46,2	45,6	45,0	43,7
950	50,4	49,7	49,1	48,5	47,9	47,2	46,6	46,1	45,5	44,2
60	50,9	50,2	49,6	49,0	48,4	47,7	47,1	46,6	46,0	44,6
70	51,4	50,7	50,1	49,5	48,9	48,2	47,6	47,0	46,5	45,1
80	51,9	51,3	50,7	50,0	49,4	48,7	48,1	47,5	46,9	45,6
90	52,5	51,8	51,2	50,5	49,9	49,2	48,6	48,0	47,4	46,0
1000	52,0	52,3	51,7	51,0	50,4	49,7	49,1	48,5	47,9	46,5
10	53,5	52,8	52,2	51,5	50,9	50,2	49,6	49,0	48,4	47,0
20	54,1	53,3	52,7	52,0	51,4	50,7	50,1	49,5	48,9	47,4
30	54,6	53,9	53,3	52,5	51,9	51,2	50,6	50,0	49,3	47,9
40	55,1	54,4	53,8	53,0	52,4	51,7	51,1	50,4	49,8	48,4
1050	55,7	54,9	54,3	53,6	52,9	52,2	51,6	50,9	50,3	48,8
60	56,2	55,4	54,8	54,1	53,4	52,7	52,0	51,4	50,8	49,3
70	56,7	56,0	55,3	54,6	53,9	53,2	52,5	51,9	51,3	49,8
80	57,2	56,5	55,8	55,1	54,4	53,7	53,0	52,4	51,7	50,2
90	57,8	57,0	56,4	55,6	54,9	54,2	53,5	52,9	52,2	50,7
1100	58,3	57,5	56,9	56,1	55,4	54,7	54,0	53,4	52,7	51,2

Zahlentafel 69. *Biegefestigkeiten. Gußeisen-Probestab.*
$d = 35$ mm, $L_s = 700$ mm.

P kg	σ_{bB} kg/mm²	P kg	σ_{bB} kg/mm²	P kg	σ_{bB} kg/mm²	P kg	σ_{bB} kg/mm²	P kg	σ_{bB} kg/mm²	P kg	σ_{bB} kg/mm²
		250	10,4	500	20,8	750	31,2	1000	41,6	1250	52,0
		55	10,6	05	21,0	55	31,4	05	41,8	55	52,2
		60	10,8	10	21,2	60	31,6	10	42,0	60	52,4
		65	11,0	15	21,4	65	31,8	15	42,2	65	52,6
		70	11,2	20	21,6	70	32,0	20	42,4	70	52,8
		75	11,4	25	21,8	75	32,2	25	42,6	75	53,0
		80	11,7	30	22,0	80	32,4	30	42,8	80	53,3
		85	11,9	35	22,3	85	32,7	35	43,1	85	53,5
		90	12,1	40	22,5	90	32,9	40	43,3	90	53,7
		95	12,3	45	22,7	95	33,1	45	43,5	95	53,9
		300	12,5	550	22,9	800	33,3	1050	43,7	1300	54,1
		05	12,7	55	23,1	05	33,5	55	43,9	05	54,3
60	2,5	10	12,9	60	23,3	10	33,7	60	44,1	10	54,5
65	2,7	15	13,1	65	23,5	15	33,9	65	44,3	15	54,7
70	2,9	20	13,3	70	23,7	20	34,1	70	44,5	20	54,9
75	3,1	25	13,5	75	23,9	25	34,3	75	44,7	25	55,1
80	3,3	30	13,7	80	24,1	30	34,5	80	44,9	30	53,3
85	3,5	35	13,9	85	24,3	35	34,7	85	45,1	35	55,5
90	3,7	40	14,1	90	24,5	40	34,9	90	45,3	40	55,7
95	4,0	45	14,4	95	24,8	45	35,2	95	45,6	45	56,0
100	4,2	350	14,6	600	25,0	850	35,4	1100	45,8	1350	56,2
05	4,4	55	14,8	05	25,2	55	35,6	05	46,0	55	56,4
10	4,6	60	15,0	10	25,4	60	35,8	10	46,2	60	56,6
15	4,8	65	15,2	15	25,6	65	36,0	15	46,4	65	56,8
20	5,0	70	15,4	20	25,8	70	36,2	20	46,6	70	57,0
25	5,2	75	15,6	25	26,0	75	36,4	25	46,8	75	57,2
30	5,4	80	15,8	30	26,2	80	36,6	30	47,0	80	57,4
35	5,6	85	16,0	35	26,4	85	36,8	35	47,2	85	57,6
40	5,8	90	16,2	40	26,6	90	37,0	40	47,4	90	57,8
45	6,0	95	16,4	45	26,8	95	37,2	45	47,6	95	58,0
150	6,2	400	16,6	650	27,0	900	37,4	1150	47,8	1400	58,2
55	6,5	05	16,8	55	27,2	05	37,7	55	48,1	05	58,5
60	6,7	10	17,1	60	27,5	10	37,9	60	48,3	10	58,7
65	6,9	15	17,3	65	27,7	15	38,1	65	48,5	15	58,9
70	7,1	20	17,5	70	27,9	20	38,3	70	48,7	20	59,1
75	7,3	25	17,7	75	28,1	25	38,5	75	48,9	25	59,3
80	7,5	30	17,9	80	28,3	30	38,7	80	49,1	30	59,5
85	7,7	35	18,1	85	28,5	35	38,9	85	49,3	35	59,7
90	7,9	40	18,3	90	28,7	40	39,1	90	49,5	40	59,9
95	8,1	45	18,5	95	28,9	45	39,3	95	49,7	45	60,1
200	8,3	450	18,7	700	29,1	950	39,5	1200	49,9	1450	60,3
05	8,5	55	18,9	05	29,3	55	39,7	05	50,1	55	60,5
10	8,7	60	19,1	10	29,5	60	39,9	10	50,3	60	60,7
15	8,9	65	19,3	15	29,7	65	40,1	15	50,5	65	60,9
20	9,2	70	19,6	20	30,0	70	40,4	20	50,8		
25	9,4	75	19,8	25	30,2	75	40,6	25	51,0	1470	61,2
30	9,6	80	20,0	30	30,4	80	40,8	30	51,2		
35	9,8	85	20,2	35	30,6	85	41,0	35	51,4		
40	10,0	90	20,4	40	30,8	90	41,2	40	51,6		
45	10,2	95	20,6	45	31,0	95	41,4	45	51,8		
250	10,4	500	20,8	750	31,2	1000	41,6	1250	52,0		

Zahlentafel 70. *Biegefestigkeiten. Gußeisen-Probestab.*
$d = 40$ mm, $L_s = 800$ mm.

P kg	σ_{bB} kg/mm²
80	2,5
85	2,7
90	2,9
95	3,0
100	3,2
05	3,3
10	3,5
15	3,7
20	3,8
25	4,0
30	4,1
35	4,3
40	4,5
45	4,6
150	4,8
55	4,9
60	5,1
65	5,2
70	5,4
75	5,6
80	5,7
85	5,9
90	6,0
95	6,2
200	6,4
05	6,5
10	6,7
15	6,8
20	7,0
25	7,2
30	7,3
35	7,5
40	7,6
45	7,8
250	8,0
55	8,1
60	8,3
65	8,4
70	8,6
75	8,8
80	8,9
85	9,1
90	9,2
95	9,4
300	9,5
05	9,7
10	9,9
15	10,0
20	10,2
25	10,3
30	10,5
35	10,7
40	10,8
45	11,0

P kg	σ_{bB} kg/mm²
45	11,0
350	11,1
55	11,3
60	11,4
65	11,6
70	11,8
75	11,9
80	12,1
85	12,2
90	12,4
95	12,6
400	12,7
05	12,9
10	13,0
15	13,2
20	13,4
25	13,5
30	13,7
35	13,8
40	14,0
45	14,2
450	14,3
55	14,5
60	14,6
65	14,8
70	14,9
75	15,1
80	15,3
85	15,4
90	15,6
95	15,7
500	15,9
05	16,1
10	16,2
15	16,4
20	16,5
25	16,7
30	16,9
35	17,0
40	17,2
45	17,3
550	17,5
55	17,6
60	17,8
65	18,0
70	18,1
75	18,3
80	18,4
85	18,6
90	18,8
95	18,9
600	19,1
05	19,2
10	19,4

P kg	σ_{bB} kg/mm²
10	19,4
15	19,6
20	19,7
25	19,9
30	20,0
35	20,2
40	20,4
45	20,5
650	20,7
55	20,8
60	21,0
65	21,1
70	21,3
75	21,5
80	21,6
85	21,8
90	21,9
95	22,1
700	22,3
05	22,4
10	22,6
15	22,7
20	22,9
25	23,1
30	23,2
35	23,4
40	23,5
45	23,7
750	23,9
55	24,0
60	24,2
65	24,3
70	24,5
75	24,6
80	24,8
85	25,0
90	25,1
95	25,3
800	25,4
05	25,6
10	25,8
15	25,9
20	26,1
25	26,2
30	26,4
35	26,6
40	26,7
45	26,9
850	27,0
55	27,2
60	27,3
65	27,5
70	27,7
75	27,8

P kg	σ_{bB} kg/mm²
75	27,8
80	28,0
85	28,1
90	28,3
95	28,5
900	28,6
05	28,8
10	28,9
15	29,1
20	29,3
25	29,4
30	29,6
35	29,7
40	29,9
45	30,1
950	30,2
55	30,4
60	30,5
65	30,7
70	30,8
75	31,0
80	31,2
85	31,3
90	31,5
95	31,6
1000	31,8
05	32,0
10	32,1
15	32,3
20	32,4
25	32,6
30	32,8
35	32,9
40	33,1
45	33,2
1050	33,4
55	33,5
60	33,7
65	33,9
70	34,0
75	34,2
80	34,3
85	34,5
90	34,7
95	34,8
1100	35,0
05	35,1
10	35,3
15	35,5
20	35,6
25	35,8
30	35,9
35	36,1
40	36,3

P kg	σ_{bB} kg/mm²
40	36,3
45	36,4
1150	36,6
55	36,7
60	36,9
65	37,0
70	37,2
75	37,4
80	37,5
85	37,7
90	37,8
95	38,0
1200	38,2
05	38,3
10	38,5
15	38,6
20	38,8
25	39,0
30	39,1
35	39,3
40	39,4
45	39,6
1250	39,8
55	39,9
60	40,1
65	40,2
70	40,4
75	40,5
80	40,7
85	40,9
90	41,0
95	41,2
1300	41,3
05	41,5
10	41,7
15	41,8
20	42,0
25	42,1
30	42,3
35	42,5
40	42,6
45	42,8
1350	42,9
55	43,1
60	43,2
65	43,4
70	43,6
75	43,7
80	43,9
85	44,0
90	44,2
95	44,4
1400	44,5
05	44,7

P kg	σ_{bB} kg/mm²
05	44,7
10	44,8
15	45,0
20	45,2
25	45,3
30	45,5
35	45,6
40	45,8
45	46,0
1450	46,1
55	46,3
60	46,4
65	46,6
70	46,7
75	46,9
80	47,1
85	47,2
90	47,4
95	47,5
1500	47,7
05	47,9
10	48,0
15	48,2
20	48,3
25	48,5
30	48,7
35	48,8
40	49,0
45	49,1
1550	49,3
55	49,4
60	49,6
65	49,8
70	49,9
75	50,1
80	50,2
85	50,4
90	50,6
95	50,7
1600	50,9
05	51,0
10	51,2
15	51,4
20	51,5
25	51,7
30	51,8
35	52,0
40	52,2
45	52,3
1650	52,5
55	52,6
60	52,8
65	52,9
70	53,1

P kg	σ_{bB} kg/mm²
70	53,1
75	53,3
80	53,4
85	53,6
90	53,7
95	53,9
1700	54,1
05	54,2
10	54,4
15	54,5
20	54,7
25	54,9
30	55,0
35	55,2
40	55,3
45	55,5
1750	55,7
55	55,8
60	56,0
65	56,1
70	56,3
75	56,4
80	56,6
85	56,8
90	56,9
95	57,1
1800	57,2
05	57,4
10	57,6
15	57,7
20	57,9
25	58,0
30	58,2
35	58,4
40	58,5
45	58,7
1850	58,8
55	59,0
60	59,1
65	59,3
70	59,5
75	59,6
80	59,8
85	59,9
90	60,1
95	60,3
1900	60,4
05	60,6
10	60,7
15	60,9
20	61,1

Zahlentafel 71. *Hin- und Herbiegeversuch.*
Nach DIN 51211 bzw. 51201 Abschnitt IIIe.

Biegezahlen.

d = Drahtdurchmesser; D = Durchmesser der Biegerollen; u = unverseilt; v = verseilt.
Vgl. S. 17.

d	σ_B / D	120 bis 140 kg/mm²		141 bis 160 kg/mm²		161 bis 180 kg/mm²	
mm	mm	u	v	u	v	u	v
0,4	5,0	46	43	42	39	38	36
0,45		40	38	36	34	33	31
0,5		35	33	31	29	28	26
0,55		30	28	27	25	25	23
0,6		26	24	24	22	22	20
0,65		22	20	21	19	19	18
0,7		19	18	18	17	17	16
0,75		17	16	16	15	15	14
0,8		15	14	14	13	13	12
0,85		14	13	13	12	12	11
0,9		13	12	12	11	11	10
0,95		12	11	11	10	10	9
1,0		11	10	10	0	9	8
1,1	10,0	35	33	31	29	28	26
1,2		29	27	26	24	23	21
1,3		24	22	22	20	19	18
1,4		20	19	18	17	16	15
1,5		18	17	16	15	14	13
1,6		16	15	14	13	13	12
1,7		14	13	12	11	11	10
1,8		13	12	11	10	10	9
1,9		12	11	10	9	9	8
2,0		11	10	9	8	8	7

Zahlentafel 72. *Verwindeversuch.*

Mindestverwindezahlen.

d = Drahtdurchmesser; V_l = Verwindelänge; u = unverseilt; v = verseilt.
Vgl. S. 17.

σ_B	$d \geqq 0{,}5$, $V_l = 100 \cdot d$		$d < 0{,}5$, V_l = 50 mm	
kg/mm²	u	v	u	v
120—140	32	24	$\frac{16}{d}$	$\frac{12}{d}$
141—160	28	21	$\frac{14}{d}$	$\frac{10}{d}$
161—180	25	18	$\frac{12}{d}$	$\frac{9}{d}$

Zahlentafel 73. *Aufweitungen, bezogen auf D_0.*
Vgl. Abb. 25, S. 18 (Technische Überwachung).

	Werkstoff: Stahl							
	σ_B = 35 bis 45 kg/mm²				σ_B = 45 bis 55 kg/mm²			
	s mm				*s* mm			
	≦ 4		> 4 bis 8		≦ 4		> 4 bis 8	
D_0 mm	10 vH	D_1 mm	6 vH	D_1 mm	8 vH	D_1 mm	5 vH	D_1 mm
10	1,0	11,0	0,6	10,6	0,8	10,8	0,50	10,5
15	1,5	16,5	0,9	15,9	1,2	16,2	0,75	15,8
20	2,0	22,0	1,2	21,2	1,6	21,6	1,00	21,0
25	2,5	27,5	1,5	26,5	2,0	27,0	1,25	26,3
30	3,0	33,0	1,8	31,8	2,4	32,4	1,50	31,5
35	3,5	38,5	2,1	37,1	2,8	37,8	1,75	36,8
40	4,0	44,0	2,4	42,4	3,2	43,2	2,00	42,0
45	4,5	49,5	2,7	47,7	3,6	48,6	2,25	47,3
50	5,0	55,0	3,0	53,0	4,0	54,0	2,50	52,5
55	5,5	60,5	3,3	58,3	4,4	59,4	2,75	57,8
60	6,0	66,0	3,6	63,6	4,8	64,8	3,00	63,0
65	6,5	71,5	3,9	68,9	5,2	70,2	3,25	68,3
70	7,0	77,0	4,2	74,2	5,6	75,6	3,50	73,5
75	7,5	82,5	4,5	79,5	6,0	81,0	3,75	78,8
80	8,0	88,0	4,8	84,8	6,4	86,4	4,00	84,0
85	8,5	93,5	5,1	90,1	6,8	91,8	4,25	89,3
90	9,0	99,0	5,4	95,4	7,2	97,2	4,50	94,5
95	9,5	104,5	5,7	100,7	7,6	102,6	4,75	99,8
100	10,0	110,0	6,0	106,0	8,0	108,0	5,00	105,0
105	10,5	115,5	6,3	111,3	8,4	113,4	5,25	110,3
110	11,0	121,0	6,6	116,6	8,8	118,8	5,50	115,5
115	11,5	126,5	6,9	121,9	9,2	124,2	5,75	120,8
120	12,0	132,0	7,2	127,2	9,6	129,6	6,00	126,0
125	12,5	137,5	7,5	132,5	10,0	135,0	6,25	131,3
130	13,0	143,0	7,8	137,8	10,4	140,4	6,50	136,5
135	13,5	148,5	8,1	143,1	10,8	145,8	6,75	141,8
140	14,0	154,0	8,4	148,4	11,2	151,2	7,00	147,0

VIII. Hilfstafeln.

Zahlentafel 74. *Wichte verschiedener Werkstoffe.*

Werkstoff	Wichte
Aluminium, rein	2,69
Aluminium, gegossen	2,56
Aluminium, gehämmert	2,75
Antimon	6,6
Asbest	2,1 bis 2,8
Asbestpappe	1,2
Asbestzement	2,0
Asphalt	1,1 bis 1,5
Baumwolle	1,47 bis 1,5
Backstein	2,65
Beton	1,8 bis 2,45
Blei	11,3
Borax	1,7 bis 1,8
Brennstoffe (feste):	
Anthrazit	1,4 bis 1,7
Braunkohle	1,2 bis 1,5
Steinkohle	1,2 bis 1,5
Holz	0,31 bis 1,03
Holzkohle, lufterfüllt	0,4
Koks	1,4 bis 1,5
Torf, porenfrei	1,3 bis 1,8
Bronze (je nach Zusammensetzung)	7,6 bis 8,6
Deltametall	8,6
Eis	0,9
Eisen, chemisch rein	7,86
Eisen, Draht	7,6 bis 7,9
Eisen, Flußeisen	7,85
Eisen, Flußstahl	7,82 bis 7,87
Eisen, Grauguß	7,1
Eisen, Stabeisen	7,6 bis 7,8
Eisen, Schweißeisen	7,6 bis 7,75
Eisen, Schweißstahl	7,86
Erde, magere, trocken	1,34
Erde, lehmige, trocken	1,6 bis 1,9
Fette	0,92 bis 0,94
Galalith	1,3 bis 1,4
Gips, gegossen, trocken	0,97
Gips, gebrannt	1,81
Glas, bleifrei	2,5 bis 2,7
Glas, bleihaltig	2,9 bis 3,9
Glockenmetall	8,8
Gold	19,3
Graphit	1,9 bis 2,3
Gummifabrikate	1,0 bis 2,0
Kalkmörtel, trocken	1,6
Kalkstein	2,46 bis 2,8
Kalziumkarbid (1 kg Kalziumkarbid ergibt 0,3 cbm Azetylen)	2,26
Kobalt	8,72
Kochsalz	2,16
Kohle, Steinkohle	1,2 bis 1,5
Kohle, Kokspulver	1,4
Kohle, Holzkohle, luftfrei	1,4
Kork	0,24
Kunststoffe:	
Phenolplaste, nichtgeschichtet	1,4 bis 1,8
Phenolplaste, geschichtet	1,4
Thermoplaste	1,3 bis 1,4
Plexiglas	1,18
Pollopas	1,5
Kupfer, gegossen	8,3 bis 8,92
Kupfer, gewalzt	8,9 bis 9,0
Kupfer, elektrolyt	8,9 bis 8,95
Lagermetalle	7,1 bis 10,6
Leder	0,9 bis 1,0
Linoleum	1,15 bis 1,8
Magnesium	1,74
Marmor	2,5 bis 2,8
Messing, gegossen	8,4 bis 8,7
Messing, gewalzt	8,6 bis 9,0
Neusilber	8,4 bis 8,7
Nickel	8,3 bis 8,9
Papier, gew.	0,7 bis 1,15
Phosphorbronze	8,8
Porzellan	2,4 bis 2,5
Platin, gehämmert	21,3 bis 21,5
Platin, gegossen	21,15
Quecksilber	13,53
Rotguß	8,6
Schafwolle	1,32
Schlacke (Hochofen)	2,5 bis 3,0
Schnee, trocken	0,12
Schwefel	1,98 bis 2,07
Silber	10,42 bis 10,6
Stahl, gewöhnlich	7,85
Stahl, Schnellstahl	8,1 bis 9,0
Stahlguß	7,8
Weißmetall	7,5 bis 10,1
Wismut, gegossen	9,82
Wismut, flüssig	10,05
Wolfram	19,1
Zement, erhärtet	2,7 bis 3,0
Ziegelmauerwerk	1,4 bis 1,6
Zink, gegossen	6,85
Zink, gewalzt	7,13 bis 7,20
Zinn, gegossen	7,2
Zinn, gewalzt	7,4

Zahlentafel 75. *Bruchteile eines englischen Zolls und ihre Dezimalen.*

Achtel	Sechzehntel	Zweiunddreißigstel	Vierundsechzigstel	
$^{1}/_{8}$ = 0,125	$^{1}/_{16}$ = 0,0625	$^{1}/_{32}$ = 0,0312	$^{1}/_{64}$ = 0,0156	$^{33}/_{64}$ = 0,5156
$^{3}/_{8}$ = 0,375	$^{3}/_{16}$ = 0,1875	$^{3}/_{32}$ = 0,0937	$^{3}/_{64}$ = 0,0469	$^{35}/_{64}$ = 0,5468
$^{5}/_{8}$ = 0,625	$^{5}/_{16}$ = 0,3125	$^{5}/_{32}$ = 0,1562	$^{5}/_{64}$ = 0,0781	$^{37}/_{64}$ = 0,5781
$^{7}/_{8}$ = 0,875	$^{7}/_{16}$ = 0,4375	$^{7}/_{32}$ = 0,2187	$^{7}/_{64}$ = 0,1093	$^{39}/_{64}$ = 0,6093
	$^{9}/_{16}$ = 0,5625	$^{9}/_{32}$ = 0,2812	$^{9}/_{64}$ = 0,1406	$^{41}/_{64}$ = 0,6406
	$^{11}/_{16}$ = 0,6875	$^{11}/_{32}$ = 0,3437	$^{11}/_{64}$ = 0,1719	$^{43}/_{64}$ = 0,6719
	$^{13}/_{16}$ = 0,8125	$^{13}/_{32}$ = 0,4062	$^{13}/_{64}$ = 0,2031	$^{45}/_{64}$ = 0,7031
	$^{15}/_{16}$ = 0,9375	$^{15}/_{32}$ = 0,4687	$^{15}/_{64}$ = 0,2344	$^{47}/_{64}$ = 0,7343
		$^{17}/_{32}$ = 0,5312	$^{17}/_{64}$ = 0,2656	$^{49}/_{64}$ = 0,7656
		$^{19}/_{32}$ = 0,5937	$^{19}/_{64}$ = 0,2968	$^{51}/_{64}$ = 0,7968
		$^{21}/_{32}$ = 0,6562	$^{21}/_{64}$ = 0,3281	$^{53}/_{64}$ = 0,8281
		$^{23}/_{32}$ = 0,7187	$^{23}/_{64}$ = 0,3593	$^{55}/_{64}$ = 0,8593
		$^{25}/_{32}$ = 0,7812	$^{25}/_{64}$ = 0,3906	$^{57}/_{64}$ = 0,8906
		$^{27}/_{32}$ = 0,8437	$^{27}/_{64}$ = 0,4218	$^{59}/_{64}$ = 0,9218
		$^{29}/_{32}$ = 0,9062	$^{29}/_{64}$ = 0,4531	$^{61}/_{64}$ = 0,9531
		$^{31}/_{32}$ = 0,9687	$^{31}/_{64}$ = 0,4844	$^{63}/_{64}$ = 0,9844

Zahlentafel 76. *Millimeter – englische Zoll.*

mm	Zoll	mm	Zoll	mm	Zoll	mm	Zoll	mm	Zoll	mm	Zoll
1	0,039	18	0,709	35	1,38	52	2,05	69	2,72	86	3,39
2	0,079	19	0,748	36	1,42	53	2,09	70	2,76	87	3,43
3	0,118	20	0,787	37	1,46	54	2,13	71	2,80	88	3,46
4	0,157	21	0,827	38	1,50	55	2,17	72	2,83	89	3,50
5	0,197	22	0,866	39	1,54	56	2,20	73	2,87	90	3,54
6	0,236	23	0,906	40	1,57	57	2,24	74	2,91	91	3,58
7	0,276	24	0,945	41	1,61	58	2,28	75	2,95	92	3,62
8	0,315	25	0,984	42	1,65	59	2,32	76	2,99	93	3,66
9	0,354	26	1,02	43	1,69	60	2,36	77	3,03	94	3,70
10	0,394	27	1,06	44	1,73	61	2,40	78	3,07	95	3,74
11	0,433	28	1,10	45	1,77	62	2,44	79	3,11	96	3,78
12	0,472	29	1,14	46	1,81	63	2,48	80	3,15	97	3,82
13	0,512	30	1,18	47	1,85	64	2,52	81	3,19	98	3,86
14	0,551	31	1,22	48	1,89	65	2,56	82	3,23	99	3,90
15	0,591	32	1,26	49	1,93	66	2,60	83	3,27	100	3,94
16	0,630	33	1,30	50	1,97	67	2,64	84	3,31	200	7,87
17	0,669	34	1,34	51	2,01	68	2,68	85	3,35	300	11,81

Zahlentafel 77. *Englische Zoll – Millimeter.*

Zoll	Millimeter	Zoll	Millimeter	Zoll	Millimeter
1/32	0,793	3/8	9,524	23/32	18,256
1/16	1,587	13/32	10,318	3/4	19,049
3/32	2,381	7/16	11,112	25/32	19,843
1/8	3,174	15/32	11,906	13/16	20,637
5/32	3,968	1/2	12,699	27/32	21,431
3/16	4,762	17/32	13,493	7/8	22,224
7/32	5,556	9/16	14,287	29/32	23,018
1/4	6,349	19/32	15,081	15/16	23,812
9/32	7,143	5/8	15,874	31/32	24,606
5/16	7,937	21/32	16,668	1	25,399
11/32	8,731	11/16	17,462		

Zoll		1/8	1/4	3/8	1/2	5/8	3/4	7/8
1	25,399	28,574	31,749	34,924	38,099	41,274	44,449	47,624
2	50,799	53,974	57,148	60,323	63,498	66,673	69,848	73,023
3	76,198	79,373	82,548	85,723	88,898	92,073	95,247	98,423
4	101,598	104,773	107,947	111,122	114,297	117,472	120,647	123,822
5	126,998	130,172	133,347	136,522	139,697	142,872	146,047	149,222
6	152,397	155,572	158,746	161,921	165,096	168,271	171,446	174,621
7	177,796	180,971	184,146	187,321	190,496	193,671	196,846	200,021
8	203,196	206,371	209,545	212,720	215,895	219,070	222,245	225,420
9	228,595	231,770	234,945	238,120	241,295	244,470	247,645	250,820
10	253,995	257,169	260,344	263,519	266,694	269,869	273,044	276,219
11	279,394	282,569	285,744	288,919	292,094	295,269	298,444	301,619
12	304,794	307,968	311,143	314,318	317,493	320,668	323,843	327,018

Vergleich zwischen englisch-amerikanischen und metrischen Längenmaßen:

1 Zoll (1″ auch 1 inch) .... 25,4 mm
1 Fuß (1 ft.) = 12″ .... 304,8 mm
1 Yard (1 yd.) = 3 Fuß .... 914,4 mm
1 mm (Millimeter) .... 0,03937 bzw. etwa 1/25 Zoll
1 cm (Zentimeter) .... 0,3937 bzw. etwa 2/5 Zoll
1 m (Meter) = 39,37 Zoll .... 3,28 Fuß bzw. 1,09 Yard

Tafel für Festigkeitsbestimmungen.

Zahlentafel 78. *Rundstab* $d = 14,3$ mm. $F_0 = 160,61\ \text{mm}^2$.

Zugfestigkeiten.

P kg	σ_B kg/mm²	P kg	σ_B kg/mm²	P kg	σ_B kg/mm²	P kg	σ_B kg/mm²	P kg	σ_B kg/mm²
3000	18,68	5850	36,43	8700	54,17	11550	71,92	14400	89,66
50	18,99	5900	36,74	50	54,48	11600	72,23	50	89,97
3100	19,30	50	36,96	8800	54,79	50	72,54	14500	90,28
50	19,61	6000	37,36	50	55,10	11700	72,85	50	90,59
3200	19,93	50	37,67	8900	55,41	50	73,18	14600	90,91
50	20,24	6100	37,98	50	55,73	11800	73,47	50	91,22
3300	20,55	50	38,29	9000	56,04	50	73,78	14700	91,53
50	20,86	6200	38,60	50	56,35	11900	74,10	50	91,84
3400	21,17	50	38,92	9100	56,66	50	74,41	14800	92,15
50	21,48	6300	39,23	50	56,97	12000	74,72	50	92,46
3500	21,79	50	39,54	9200	57,28	50	75,03	14900	92,78
50	22,10	6400	39,85	50	57,59	12100	75,34	50	93,09
3600	22,42	50	40,16	9300	57,91	50	75,65	15000	93,40
50	22,73	6500	40,47	50	58,22	12200	75,96	50	93,71
3700	23,04	50	40,78	9400	58,53	50	76,28	15100	94,02
50	23,35	6600	41,04	50	58,84	12300	76,59	50	94,33
3800	23,66	50	41,41	9500	59,15	50	76,90	15200	94,64
50	23,97	6700	41,72	50	59,46	12400	77,21	50	94,95
3900	24,28	50	42,03	9600	59,77	50	77,52	15300	95,26
50	24,59	6800	42,34	50	60,09	12500	77,83	50	95,58
4000	24,91	50	42,65	9700	60,40	50	78,14	15400	95,89
50	25,22	6900	42,96	50	60,71	12600	78,45	50	96,20
4100	25,53	50	43,27	9800	61,02	50	78,77	15500	96,51
50	25,84	7000	43,59	50	61,33	12700	79,08	50	96,82
4200	26,15	50	43,90	9900	61,64	50	79,39	15600	97,13
50	26,46	7100	44,21	50	61,95	12800	79,70	50	97,44
4300	26,78	50	44,52	10000	62,27	50	80,01	15700	97,76
50	27,09	7200	44,83	50	62,58	12900	80,32	50	98,07
4400	27,40	50	45,14	10100	62,89	50	80,63	15800	98,38
50	27,71	7300	45,45	50	63,20	13000	80,94	50	98,69
4500	28,02	50	45,76	10200	63,51	50	81,26	15900	99,00
50	28,33	7400	46,08	50	63,82	13100	81,57	50	99,31
4600	28,64	50	46,39	10300	64,13	50	81,88	16000	99,62
50	28,95	7500	46,70	50	64,44	13200	82,19	50	99,94
4700	29,26	50	47,01	10400	64,76	50	82,50	16100	100,25
50	29,57	7600	47,32	50	65,07	13300	82,81	50	100,56
4800	29,89	50	47,52	10500	65,38	50	83,13	16200	100,87
50	30,20	7700	47,94	50	65,69	13400	83,44	50	101,18
4900	30,51	50	48,25	10600	66,00	50	83,75	16300	101,49
50	30,82	7800	48,56	50	66,31	13500	84,06	50	101,81
5000	31,13	50	48,88	10700	66,61	50	84,37	16400	102,12
50	31,44	7900	49,19	50	66,93	13600	84,68	50	102,43
5100	31,76	50	49,50	10800	67,25	50	84,99	16500	102,74
50	32,07	8000	49,81	50	67,56	13700	85,30	50	103,05
5200	32,38	50	50,12	10900	67,87	50	85,61	16600	103,36
50	32,69	8100	50,43	50	68,18	13800	85,93	50	103,67
5300	33,01	50	50,75	11000	68,49	50	86,24	16700	103,98
50	33,31	8200	51,07	50	68,80	13900	86,55	50	104,29
5400	33,62	50	51,37	11100	69,11	50	86,86	16800	104,61
50	33,93	8300	51,68	50	69,43	14000	87,17	50	104,92
5500	34,25	50	51,99	11200	69,74	50	87,48	16900	105,23
50	34,56	8400	52,30	50	70,05	14100	87,79	50	105,54
5600	34,87	50	52,61	11300	70,36	50	88,10	17000	105,85
50	35,18	8500	52,93	50	70,67	14200	88,42	50	106,16
5700	35,49	50	53,24	11400	70,98	50	88,73	17100	106,48
50	35,80	8600	53,55	50	71,29	14300	89,04	50	106,79
5800	36,11	50	53,86	11500	71,61	50	89,35	17200	107,10

Dehnungen. $L_0 = 50$ mm. $\delta = 2(L - L_0) = 2\,\Delta L$.

Einschnürungen. *Rundstab* $d = 14{,}3$ mm.

d_1 mm	φ vH	d_1 mm	φ vH	d_1 mm	φ vH	d_1 mm	φ vH	d_1 mm	φ vH
14,3	0,00	12,8	19,88	11,3	37,56	9,8	53,04	8,3	66,32
2	1,39	7	21,13	2	38,66	7	53,99	2	67,12
1	2,53	6	22,36	1	39,75	6	54,93	1	67,92
14,0	4,25	5	23,59	11,0	40,83	5	55,87	8,0	68,83
9	5,51	4	24,81	9	41,90	4	56,78	9	69,48
8	6,87	3	26,02	8	42,96	3	57,71	8	70,25
7	8,21	2	27,21	7	44,01	2	58,61	7	71,01
6	9,55	1	28,40	6	45,05	1	59,50	6	71,76
5	10,87	12,0	29,57	5	46,09	9,0	60,39	5	72,50
4	12,13	9	30,75	4	47,11	9	61,27	4	73,23
3	13,69	8	31,91	3	48,12	8	62,13	3	73,94
2	14,80	7	33,06	2	49,12	7	62,99	2	74,65
1	16,08	6	34,20	1	50,11	6	63,84	1	75,35
13,0	17,36	5	35,33	10,0	51,10	5	64,67	7,0	75,98
9	18,62	4	36,45	9	52,07	4	65,50